工程經濟學

主　編　牟紹波、向　號
副主編　饒　芳、張秋風

崧燁文化

前言

工程經濟學是一門工程技術科學與經濟科學相結合的交叉學科。本書注重理論聯繫實際，思路清晰，案例豐富，具有一定的深度和廣度。本書不僅可作為高等學校工程類、管理類本科專業和研究生相關專業的教材，也可作為工程技術人員和管理人員學習和培訓用的教材。

本書由牟紹波和向號任主編。全書共分 8 章，內容包括：緒論、經濟效益及評價指標體系、工程經濟分析的可比性原理、工程經濟分析的基本方法、不確定性分析、建設項目可行性研究及企業技術改造經濟分析、價值工程、工程項目後評價。其中，第一章由向號、張秋鳳、唐選坤編寫，第二章由牟紹波、張秋鳳、楊洋編寫，第三章由牟紹波、吳佳、周杉杉編寫，第四章由牟紹波、向奕萱、曾雪、辜鵬編寫，第五章由向號、向奕萱、曹小英編寫，第六章由向號、楊璐、張秋鳳、範柳編寫，第七章由饒芳、遊燦宇、陳明月編寫，第八章由饒芳、遊燦宇、楊璐和吳佳編寫。全書由牟紹波統稿，向號審稿。

在編寫過程中參閱了大量的參考書籍和文獻資料，在此對這些作者表示衷心感謝！由於編者水準有限，書中難免存在缺點和不足之處，懇請廣大讀者批評指正。

編者

目錄

第一章　緒論　1

第一節　工程經濟學的定義與研究對象　1
第二節　工程經濟學的學科性質與特點　2
第三節　工程經濟學的內容與研究方法　4
思考與練習　5

第二章　經濟效益及評價指標體系　6

第一節　經濟效益的概念及一般表達式　6
第二節　經濟效益評價的基本原則　8
第三節　經濟效益評價指標體系　10
第四節　工程經濟分析的基本原則和一般程序　13
思考與練習　16

第三章　工程經濟分析的可比性原理　17

第一節　技術方案經濟比較的可比原則　17
第二節　現金流量　19
第三節　資金時間價值與資金等值　23
第四節　資金等值計算及基本公式　30

| 第五節 | 名義利率、實際利率與連續複利 | 38 |
| 思考與練習 | | 41 |

第四章　工程經濟分析的基本方法　43

第一節	工程經濟分析概述	43
第二節	投資回收期法和投資效果系數法	45
第三節	現值法	50
第四節	年值法和終值法	52
第五節	費用比較法	53
第六節	收益率法	55
第七節	多方案比選	62
第八節	收益-費用分析法——B/C 法	80
思考與練習		82

第五章　不確定性分析　87

第一節	不確定性分析的概念	87
第二節	盈虧平衡分析	88
第三節	敏感性分析	92
第四節	概率分析	97
第五節	案例分析	105
思考與練習		108

第六章　建設項目可行性研究及企業技術改造經濟分析　110

第一節	可行性研究概述	110
第二節	可行性研究的階段劃分和工作內容	113
第三節	投資估算與成本估算	121

第四節	建設項目經濟評價	138
第五節	技術改造項目經濟分析	153
思考與練習		159

第七章　價值工程　161

第一節	價值工程的基本原理	161
第二節	VE的組織與對象選擇	170
第三節	功能分析和評價	177
第四節	方案創新	189
第五節	方案評價	191
第六節	案例分析	198
思考與練習		202

第八章　工程項目後評價　203

第一節	工程項目後評價概述	203
第二節	項目後評價的內容及方法	208
第三節	項目前期工作與實施的後評價	219
第四節	項目營運後評價	223
思考與練習		226

第一章 緒論

第一節 工程經濟學的定義與研究對象

一、工程經濟學的定義

工程經濟學（Engineering Economics）是工程與經濟的交叉學科，是研究如何有效利用資源，提高經濟效益的學科。

有關工程經濟學的定義有很多種，歸納起來主要有以下幾種觀點：

（1）工程經濟學是研究技術方案、技術政策、技術規劃、技術措施等經濟效果的學科，通過經濟效益的計算以求找到最好的技術方案。

（2）工程經濟學是研究技術與經濟的關係，以期達到技術與經濟最佳結合的學科。

（3）工程經濟學是研究生產、建設中各種技術經濟問題的學科。

（4）工程經濟學是研究技術因素與經濟因素最佳結合的學科。

綜上，工程經濟學是利用經濟學的理論和分析方法，研究經濟規律在工程問題中的應用，具體而言是研究工程項目的效益和費用，並對此進行系統計量和評價的學科。

經濟學的一個基本假定是資源具有稀缺性。資源的稀缺是相對的，這裡指與我們的需要相比，滿足這些需要的東西是非常有限的。由於資源稀缺，就要對資源進行合理配置，因此，需要對各種資源配置方案進行評價。本學科的任務就在於，通過一定的判斷標準選擇恰當的方案。

二、工程經濟學的研究對象

工程經濟學的實質是尋求工程技術與經濟效果的內在聯繫，揭示二者協調發展

的內在規律，促進工程技術的先進性與經濟的合理統一。工程經濟學的對象是各種工程項目，而這些項目可以是已建項目、新建項目、擴建項目、技術引進項目、技術改造項目等。工程經濟學的核心是工程項目的經濟性分析。它的研究對象可概括為以下三個方面：

（1）工程經濟學是研究工程技術實踐的經濟效果，尋求提高經濟效果的途徑與方法的科學。

（2）工程經濟學是研究工程技術和經濟的辯證關係，探討工程技術與經濟相互促進、協調發展途徑的科學。技術和經濟是人類社會發展不可缺少的兩個方面，其關係極為密切。

（3）工程經濟學是研究如何通過技術創新推動技術進步，進而獲得經濟增長的科學。

第二節　工程經濟學的學科性質與特點

一、工程經濟學的學科性質

1. 工程經濟學是一門與自然科學、社會科學密切相關的邊緣學科

要組織生產，進行預測、決策和對技術方案做出分析、論證，都離不開科學技術和現代化管理；進行工程項目的投資決策，需要運用數學優化方法和現代計算手段；從事和做好某一行業的企業管理和技術經濟工作，也必須瞭解該行業的生產技術等。因此，自然科學是本課程的基礎。進行工程經濟分析，就是為獲得更高的經濟效益，而經濟效益的取得離不開管理的改進、職工積極性和創造性的發揮，因此本課程與社會學、心理學等社會科學相聯繫。

2. 工程經濟學是一門與生產建設、經濟發展有著直接聯繫的應用性學科

無論是工程經濟還是企業管理的研究，都要與中國國情和生產建設實踐密切結合，包括自然資源的特點、物質技術條件和政治、社會、經濟狀況等。研究所需資料和數據應當來自生產實際，研究目的都是為了更好地配置和利用社會資源，不斷提高經濟效益。因此，工程經濟學是一門應用性較強的學科。

3. 工程經濟學是一門定性與定量分析並重的學科

工程經濟與企業管理都要求有一套系統全面的研究方法。隨著自然科學與社會科學的交叉與融合，使系統論、數學、電子計算機進入工程經濟和企業管理領域，使過去只能定性分析的因素，現在可以定量化。但是，現實仍存在大量無法定量化的因素，如技術政策、社會價值、企業文化等。因此，在研究中必須注意定性與定量的結合。

二、工程經濟學的特點

工程經濟學是工程技術和經濟相結合的綜合性邊緣學科。因此，它具有邊緣學科的特點，即具有綜合性、系統性、可預測性和實踐性等特點。工程經濟學必須以自然規律為基礎，但既不同於技術科學研究自然規律本身，又不同於其他經濟科學研究經濟規律本身，而是將經濟科學作為理論指導和方法論。工程經濟學的任務不是創造和發明新技術，而是對成熟的技術和新技術進行經濟性分析、比較和評價，從經濟的角度為技術的採用和發展提供決策依據。工程經濟學也不研究經濟規律，它是在尊重客觀規律的前提下，對工程方案的經濟效果進行分析和評價。

工程經濟學具有如下特點：

1. 工程經濟學強調的是技術可行性基礎上的經濟分析

工程經濟學的研究是在技術可行性研究的基礎上，進行經濟合理性的研究與論證工作。它為技術可行性提供經濟依據，並為改進技術方案提供符合社會採納條件的改進方案和途徑。

2. 工程技術的經濟分析和評價與所處的客觀環境關係密切

技術方案的擇優過程必須受到自然環境和社會環境的客觀條件制約。工程經濟學是研究技術在某種特定社會經濟環境下的效果的科學，是把技術問題放在社會的政治、經濟與自然環境的大系統中加以綜合分析、綜合評價的科學。因此，工程經濟學的特點之一是系統的綜合評價。

3. 工程經濟學是對新技術的各種可行方案的未來「差異」進行經濟效果分析比較的科學

工程經濟學的著眼點，除研究各方案可行性與合理性之外，還放在各方案之間的經濟效果差別上，把各方案中相等的因素在具體分析中略去，以簡化分析和計算。

4. 工程經濟學所討論的經濟效果問題幾乎都和「未來」有關

著眼於「未來」，也就是對技術政策、技術措施制定後，或技術方案被採納後，將要帶來的經濟效果進行計算、分析與比較。工程經濟學關心的不是某方案已經花費了多少代價，它不考慮過去發生的、在今後的決策過程中已無法控制的、已用去的那部分費用的多少，而只考慮從現在起可獲得同樣使用效果的各種機會或方案的經濟效果。既然工程經濟學討論的是各方案未來的經濟效果問題，那就意味著它們會有「不確定性因素」與「隨機因素」的預測與估計，這將關係到技術效果評價的結果。因此，工程經濟學是建立在預測基礎上的科學。

綜上所述，工程經濟學具有很強的技術和經濟的綜合性、技術與環境的系統性、方案差異的對比性、對未來的預測性及方案的擇優性等特點。

第三節　工程經濟學的內容與研究方法

一、工程經濟學的內容

實踐中經常碰到的工程經濟問題主要有：
（1）如何計算某方案的經濟效果；
（2）幾個相互競爭的方案應該選擇哪一個；
（3）在資金有限的情況下，應該選擇哪一個方案；
（4）正在使用的技術、設備是否應該更新換代；
（5）公共工程項目的預期效益多大時，才能接受其建設費用；
（6）遵從安全而保守的行動準則，還是從事能夠帶來較大潛在收益的高風險活動。

據此，工程經濟學研究的主要內容包括如下方面：

1. 方案評價方法

研究方案的評價指標，以分析方案的可行性。

2. 投資方案選擇

投資項目往往具有多個方案，分析多個方案之間的關係，進行多方案選擇是工程經濟學研究的重要內容。

3. 籌資分析

隨著社會主義市場經濟體制的建立，建設項目資金來源多元化已成為必然。因此，需要研究在市場經濟體制下，如何建立籌資主體和籌資機制，怎樣分析各種籌資方式的成本和風險。

4. 財務分析

研究項目對各投資主體的貢獻，從企業財務角度分析項目的可行性。

5. 經濟分析

研究項目對國民經濟的貢獻，從國民經濟角度分析項目的可行性。

6. 更新分析

研究資產的更新問題，做出何時更換資產更佳的分析。

7. 風險和不確定性分析

任何一項經濟活動，受各種不確定性因素的影響，都會使期望的目標與實際狀況發生差異，可能會造成經濟損失。為此，需要識別和估計風險，進行不確定性分析。

二、工程經濟學的研究方法

工程經濟學是工程技術與經濟核算相結合的邊緣交叉學科，是自然科學、社會

第一章 緒論

科學密切交融的綜合科學，一門與生產建設、經濟發展有著直接聯繫的應用性學科。研究方法主要包括：

1. 費用效益分析法

費用效益分析法是工程經濟分析的基本方法。通過項目的投入（即費用）和產出（即效益）的對比分析，定量考察工程項目的經濟效益狀況，研究工程的經濟性。具體包括靜態分析、動態分析，確定性分析、不確定性分析等。

2. 方案比較法

工程經濟分析的一個突出特徵是進行方案優選，優選的前提就是比較方案。通過對方案經濟效益水準的比較，確定相對較優方案作為實施方案。

3. 預測法

工程經濟分析主要是針對擬建項目進行的，依據科學的預測把握未來項目的運行情況。

4. 價值工程法

價值工程方法是工程經濟分析的專門方法，通過對價值工程對象的功能分析、功能研究，提出完善對象的功能設計和費用降低的途徑。（消除無效或過剩功能）

5. 綜合評價法

項目的運行狀況反應在技術、經濟、環境、國防、政治等多個方面，因此對工程項目的考察不能局限在一方面或幾個方面，要全面評價，這就需要綜合評價。

思考與練習

1. 如何正確理解工程經濟學的研究對象？
2. 如何正確理解工程經濟學的性質和特點？
3. 工程經濟學的研究內容有哪些？
4. 工程經濟分析的研究方法有哪些？

第二章 經濟效益及評價指標體系

● 第一節 經濟效益的概念及一般表達式

一、經濟效益的概念

現代社會的一切實踐活動，無論是物質生產領域還是非物質生產領域，都是圍繞著取得預期效益為目的，只不過效益的表現形式和取得方式有所不同。在物質生產中，創造了物質財富，同時也支付了社會勞動，在合理利用資源和保護生態環境的前提下，所得到的有用成果和全部的勞動耗費（包括物化勞動和活勞動的占用和消耗）的比較，構成了經濟效益的概念。

1. 有用成果

有用成果是指對社會有益的產品或勞務。有用成果可用價值或使用價值表示，即該成果既符合社會需要，又能夠在市場上實現其價值。工程項目投資經濟效果主要是指工程項目投資與形成的固定資產、生產能力及社會效益的比較。它不僅反應在工程項目建設過程中，而且反應在投產後的生產過程中。因此，工程項目投資經濟效果具有兩重含義：一是表現在價值的成果上，即形成固定資產和生產能力；二是表現在使用價值的成果上，即項目建成後所產生的經濟與社會效益。工程項目投資不是單純為了形成固定資產和生產能力，所以，應把這兩個方面的效果結合起來對工程項目投資的經濟效果進行評價。

工程項目投資經濟效果包含的因素主要有：①個別工程項目的投資經濟效果和整個國民經濟的投資經濟效果，即包括微觀經濟效果和宏觀經濟效果；②工程項目

第二章　經濟效益及評價指標體系

投資經濟效果要統一考慮建設過程中和投產使用後兩方面的效果,尤其是後者。所以,工程項目投資經濟效果包括近期效果與遠期效果兩個方面;③工程項目投資經濟效果不是某一個方面可能完全反應的,即它不僅反應在工程造價上,還反應在工程質量、建設速度上,因此,它是一個綜合的、全面的經濟效果。

2. 勞動耗費

勞動耗費是指為取得有用成果而在生產過程中消耗和占用的物化勞動和活勞動。

物化勞動消耗是指進行勞動所具有的物質條件和基礎。它既包括原材料、燃料、動力、輔助材料等在生產過程中的消耗,還包括廠房、機器設備、技術裝備等在生產實踐過程中的磨損折舊等。活勞動消耗是指生產過程中具有一定的科學知識和生產經驗並掌握一定生產技能的人,消耗一定的時間和精力,發揮一定的技能,有目的地付出的腦力和體力所花費的勞動量。

勞動占用是指技術方案從開始實施到停止運行為止長期占用的勞動,即投資的占用。例如,為進行生產所購置和安裝的機器設備和建造的廠房等,就屬於物化勞動的占用。而它們在生產過程中逐漸磨損和消耗,則是物化勞動的消耗。同時,為保證生產過程得以順利地連續進行,經常需要建立一定數量的材料儲備,這也屬於物化勞動的占用。它們被分期分批地投入生產而被消耗,則是物化勞動的消耗。活勞動的占用是指在一定生產時期內所占用的全部勞動力的數量。而活勞動消耗則是指勞動者為完成一定的生產任務或生產過程所花費的勞動量。

二、經濟效益的一般表達式

人類所從事的任何社會經濟活動都有一定的目的性,而且都可以獲取一定的效果,這些效果稱為該項活動的勞動成果,如各種產品、勞務等。但是要取得這些勞動產品必然要付出一定的代價,即必須投入一定數量的物化勞動和活勞動,付出的代價通常稱為勞動消耗。

所謂經濟效益就是指人們在工程建設領域中的勞動成果與勞動消耗的比較。這種比較可以用「比率法」「差值法」或「差值-比率法」三種方法表示。

1. 比率法

用比率法表示經濟效益,就是用比值的大小來反應經濟效益的高低,其數學表達式為

$$E = \frac{B}{C} \qquad (1-1)$$

式中:E——經濟效益;

B——勞動成果;

C——勞動消耗。

式(1-1)實際上是單位投入產出比,其比值越大越好。投入產出比可以用四種形式表示:①勞動成果和勞動消耗均以價值形態表示,如勞動成果可以用國民生

產總值、國內生產總值、銷售收入、利潤總額等指標表示，勞動消耗可以用固定資產投資、總成本、工資總額等指標表示；②勞動成果以價值形態表示，勞動消耗以實物形態表示；③勞動成果與勞動消耗均以實物形態表示；④勞動成果以實物表示，勞動消耗以價值表示。

2. 差值法

差值法是以減法的形式表示經濟效益的大小，其數學表達式為

$$E = B - C \qquad (1-2)$$

在差值法中，無論是勞動成果還是勞動消耗，都必須用價值的形式表示，勞動成果用財政收入、銷售收入等價值形態表示；勞動消耗用財政支出、成本支出等價值形態表示。計算出來的收支差額用純收入、利潤等價值形態表示，要求 $E \geq 0$，而且差額越大越好。

3. 差值-比率法

除比率法和差值法兩種表示方法外，還可以將兩者結合起來表示經濟效益，即

$$E = \frac{B - C}{C} \qquad (1-3)$$

該式反應單位消耗所創造的淨收益，如每百元固定資產創造的利潤等。這種表示方法綜合了比率法和差值法的優點，其應用也非常廣泛。

第二節　經濟效益評價的基本原則

在工程經濟學中，評價工程項目或技術方案的原則通常有技術和經濟相結合的評價原則、定性分析和定量分析相結合的評價原則、財務分析與國民分析相結合的評價原則以及可比性原則。這些原則從不同角度對項目或方案進行考評，綜合上述原則便可得到項目或方案較全面的評價結果。

一、技術和經濟相結合的評價原則

工程經濟學是研究技術和經濟相互關係的科學，其目的就是根據社會生產的實際情況以及技術與經濟的發展水準，研究、探索和尋找技術與經濟相互促進、協調發展的途徑。此外，工程經濟分析的主要內容還包括分析擬建項目的各種可能的實施方案在技術上的可行性、先進性，在經濟上的合理性、節約性。因此，在討論、評價工程項目或技術方案時，必須要遵循技術和經濟相結合的評價原則。

技術和經濟既相互聯繫、相互促進，又相互制約。一方面，技術是經濟發展的重要手段，技術進步是推動經濟發展的強大動力；另一方面，技術上的先進性和其經濟合理性之間又存在著一定的矛盾。所以，在應用工程經濟學的理論來評價工程

第二章　經濟效益及評價指標體系

項目或技術方案時，為保證工程技術很好地服務於經濟，滿足社會的需要，最大限度地創造效益，要採用技術和經濟相結合的原則來評價工程項目的經濟效果。

二、定性分析和定量分析相結合的評價原則

多數情況下，工程經濟分析都是對擬建項目進行分析，項目尚未實施，項目功能要求還不十分明確，項目的細節問題有待改進，有些經濟問題非常複雜，甚至有些內容難以用準確的數量來表達。所以，在某些情況下，定性分析是十分必要的。定量分析和定性分析相互配合，相互依存，缺一不可。定量分析的科學計算是分析的基礎，定性分析可以對定量分析進行修正，是定量分析的補充和完善，定性分析又是定量分析的基礎。在定量分析以前，必須進行必要的定性分析，才能正確選擇評價的參數。因此，在實際分析評價中，應善於將定性分析與定量分析結合起來，互相補充，從而使分析結果更科學、更準確。

三、財務分析和國民經濟分析相結合的評價原則

財務分析是從投資者的角度出發，根據國家現行的財務制度和價格體系，分析和計算項目直接發生的財務效益和費用，考查項目給投資者帶來的經濟效益，據此判斷項目的財務可行性。財務分析是站在企業立場上的微觀經濟分析，其目的是考查項目給企業帶來的經濟效益，對於企業或投資者來講，投資項目的目的就是希望從項目的實施中獲得回報，取得效益。這樣，企業就必須本著獲利的原則對項目進行財務分析，計算項目直接發生的財務效益和費用，編製各種財務報表，計算評價指標，考查項目的盈利能力和償債能力，以便對項目自身的盈利水準和生存能力做出評價。財務分析是以企業獲得的最大淨收益為目標。

國民經濟分析則是從國民經濟的角度出發，根據國家的有關政策，按照資源優化配置原則，分析和計算項目發生的間接效益和間接費用，考查項目給國家帶來的經濟效益，據此判斷項目的國民經濟可行性。國民經濟分析的目的是考查項目給國家帶來的淨貢獻，它是一種站在國家和社會的立場上進行的宏觀經濟分析。一般情況下，投資項目對整個國民經濟的影響不僅僅表現在項目的財務效果上，還可能會對國民經濟其他部門和單位或對國家資源、環境等造成影響，只有通過項目的國民經濟分析，才能具體考查項目的整體經濟效果。國家的興旺發達離不開企業的經濟發展，任何企業的發展必須兼顧國家、集體和企業三者的共同發展。企業的發展要有利於國民經濟的發展，企業的發展策略也必須在國家的宏觀指導下進行。因此，項目必須進行國民經濟評價。

從以上內容可以看出，項目的財務分析和國民經濟分析都是用來評價投資項目的，但其出發點是不同的。

當財務分析與國民經濟分析結果不一致時，應以國民經濟分析結果為主。財務

工程經濟學

分析與國民經濟分析結論均可行的項目，應予以通過。國民經濟分析結論不可行而財務分析結果可行的項目應予以否定。對於一些關係國計民生必須的項目，國民經濟分析結果可行，但財務分析結果不可行，通常要重新考慮方案，或向有關主管部門建議申請採取相應的經濟優惠措施，使得投資項目具有財務上的生存能力，既滿足人民群眾生產、生活的必須，又不給國家造成嚴重的經濟負擔。

四、可比性原則

在分析中，既要對某方案的各項指標進行研究，以確定其經濟效益的大小，也要把該方案與其他方案進行比較評價，以便從方案中找出具有最佳經濟效果的方案，這便是比較問題。滿足可比性原則是進行工程經濟分析時應遵循的重要原則之一。經濟效益評價中，只有滿足可比條件的方案才能進行比較。這些可比條件有：滿足需要上的可比、消耗費用上的可比、時間上的可比和價格上的可比。

● 第三節　經濟效益評價指標體系

一、勞動成果類指標

勞動成果類指標是反應工程項目或技術方案有用成果的指標，主要包括產品數量、產品品種、產品質量、勞動耗費的節約以及時間因素等內容，通常要結合工程實際的特點來確定。

1. 數量指標

數量指標反應的是工程項目或技術方案所產生的有用成果數量的大小，它表明技術方案對社會需求在數量上的滿足，可用實物量或價值量表示，如產品產量、產品產值。用實物量表達的數量指標應是滿足規定質量標準的實物產量；價值量指標是通過價值的形式說明技術方案有用成果的指標，它們都統一在貨幣的基礎上，可用銷售收入、淨產值、利潤額及總產值等指標計量。實物量指標不能準確反應出一個產出多種產品技術方案的價值量，而價值量指標可以做到這一點。

2. 品種指標

品種指標是用來反應經濟用途相同而實際使用價值有差異的產品種類的多少。品種指標主要有產品品種數量、新產品品種數量、新品種代替老品種的數量、尖端產品品種數量以及它們各自在產品品種總數中的比重，大型設備產品配套率、產品自給率等也屬於該類指標。品種指標無論在體現滿足社會需求方面，還是在表示經濟成果方面，都是一個重要指標。

3. 質量指標

質量指標是指工程項目或產品的性能、功用、滿足使用要求的程度以及外部質

第二章　經濟效益及評價指標體系

量特性。它通常可分為兩大類：一類是反應產品內在質量特性的專門性指標，如產品的精度、構造、物理性能、化學性能、力學性能、電氣性能等；另一類是反應產品外部質量特性的指標，如外觀、形狀、氣味、色澤、手感等。因質量特性不同，反應產品質量的指標不能直接比較時，實踐中通常採用間接的指標進行評價，如合格率、優質品率等。

4. 勞動耗費的節約指標

生產建設活動中各種物化活動和活勞動的占用和消耗的節約，也應屬於有用成果類指標，而且是很重要的指標。因為勞動占用和勞動消耗的節約本身是一種額外的收益，所以它是有效的勞動成果。這種情況在技術方案比較和分析中經常遇到，因此，應充分重視這類指標的應用。

5. 時間指標

時間指標是指工程項目從設計到竣工以及產品從設計、試製到生產出來，發揮其使用價值作用所需經歷的時間。它用來反應生產與建設的速度。縮短時間所產生有用成果體現在兩個方面：一是通過節約勞動耗費來增加有用成果，二是減少或避免因新技術出現而使原技術方案相對貶值所引起的損失。屬於時間指標的有：產品研製週期、產品生產週期、設備成套週期、項目壽命週期、項目的建設週期以及從投產到達到設計產量的時間等。

二、勞動耗費類指標

勞動耗費類指標是指反應勞動消耗和勞動占用情況的指標。具體又可劃分為物化勞動的消耗、物化勞動的占用、活勞動的消耗、活勞動的占用以及勞動消耗的綜合指標等。

1. 物化勞動消耗指標

物化勞動消耗可用各種原材料、燃料、動力等物質要素的實物消耗量和價值消耗量來表示。具體可按產品總量計算，也可按單位產品的消耗量計算。例如，原材料總消耗量就是該類指標；機器、設備、廠房等物化勞動的消耗是通過折舊的方式多次轉移到勞動成果中去，如製造單位產品消耗設備臺時數，就是反應設備消耗情況的實物量指標。

2. 物化勞動占用指標

物化勞動的占用是指某些勞動產品還沒有被消耗掉，作為生產經營活動過程中必不可少的一部分已經被占用，這種被占用了的勞動產品就稱為勞動占用，可用實物量和價值量表示。作為勞動手段而被占用的固定資產，如廠房、建築物、機器設備、儀器儀表等固定資產扣除折舊後的價值；作為勞動對象而被占用的流動資產，如處於儲備狀態中的原材料、燃料、動力等物化勞動產品以及處於生產過程和流通領域中的在製品、庫存待銷售產品、已銷售但未收回貨款的產品、銀行存款、庫存

現金等。

3. 活勞動消耗指標

活勞動消耗可劃分為直接活勞動消耗和間接活勞動消耗。前者是指直接參與產品生產或項目建設的生產人員付出的勞動量，而該勞動消耗又可細分到各道生產工序。各道生產工序的生產工時、生產人員工資總額等均屬該類指標。後者則是指生產管理人員的活勞動消耗，如管理人員平均工資等指標。

4. 活勞動占用指標

當經濟論證或考核一個技術方案的能力或效率時，常常需要完成該技術方案所需的各類人員總數，該類指標就屬於活勞動占用指標。如職工總數、生產人員數量、輔助人員數量等。

5. 勞動消耗的綜合指標

反應勞動消耗的綜合指標有兩個：一是年總成本費用指標；二是基本建設投資指標。

年總成本費用指標是指一個年度內為生產和銷售產品而花費的包括生產成本、管理費用、財務費用和銷售費用在內的全部成本和費用的總和。

投資指標一般是指投資者將資金投放到指定的地方，並希望達到預期效果的一種經濟行為。投資指標可用兩種形式描述，即投資總額和單位產品投資額。投資總額是指為實現工程項目或技術方案而在固定資產形成過程中發生的全部費用支出的總和與流動資金投資之和。投資總額與生產總量（通常按年計算）的比值為單位產品投資額。它反應了技術方案的投資水準，是比較指標。在分析比較投資效果時，當兩個項目或方案產量相同時，可以用投資總額比較；當產量不同時，則要用單位產品投資額來衡量才有可比性。

三、經濟效益類指標

這類指標是反應有用成果與勞動耗費相互比較的指標。它可從三個方面進行對比：有用成果與勞動消耗的對比；有用成果與勞動占用的對比；有用成果與勞動消耗、勞動占用的綜合對比。

1. 反應有用成果與勞動消耗對比的指標

該類指標反應的是某種單位勞動消耗所產生的有用成果。例如，勞動生產率、材料利用率、動力利用率、成本利潤等均屬該類指標。

2. 反應有用成果與勞動占用對比的指標

該類指標反應的是某種單位勞動占用所產生的有用成果。例如，設備綜合利用率、人均年產量、流動資金週轉次數、固定資產產值率、資金利潤率等均屬該類指標。

3. 反應經濟效益的綜合指標

綜合指標通過對有用成果與勞動消耗和勞動占用的全面計算與比較，可以綜合

第二章　經濟效益及評價指標體系

反應投資的效益。這類指標可分為絕對經濟指標和相對經濟指標。絕對經濟指標反應一個技術方案或一個項目本身經濟效益的大小。常用的絕對經濟指標有：投資回收期、淨現值、內部收益率等；相對經濟指標反應一個技術方案與另一個技術方案相比較的經濟效益狀況。常用的相對經濟指標有追加投資回收期、差額內部收益率等。

第四節　工程經濟分析的基本原則和一般程序

一、工程經濟分析的基本原則

許多讀者覺得工程經濟學很難學，本教材總結了以下十條基本原則供大家參考，如果讀者能在今後的學習和工作實踐中把握好這些原則，將有助於做出正確的工程經濟分析。

1. 資金的時間價值原則——今天的1元錢比未來的1元錢更值錢

一個最基本的概念是資金具有時間價值，即今天的1元錢比未來的1元錢更值錢。投資項目的目標是為了增加財富，財富是在未來的一段時間獲得的，能不能將不同時期獲得的財富價值直接加總來表示方案的經濟效果呢？顯然不能。由於資金時間價值的存在，未來時期獲得的財富價值現在看來沒有那麼高，需要打一個折扣，以反應其現在時刻的價值。如果不考慮資金的時間價值，就無法合理地評價項目的未來收益和成果。

2. 現金流量原則——投資收益不是會計帳面數字，而是當期實際發生的現金流

衡量投資收益用的是現金流量而不是會計利潤。現金流量是項目發生的實際現金的淨得，而利潤是會計帳面數字，按「權責發生制」核算，並非手頭可用的現金。

3. 增量分析原則——從增量角度進行工程經濟分析

增量分析符合人們對不同事物進行選擇的思維邏輯。對不同方案進行選擇和比較時，應從增量角度進行分析，即考察增加投資的方案是否值得，將兩個方案的比較轉化為單個方案的評價問題，使問題得到簡化，並容易進行。

4. 機會成本原則——排除沉沒成本，計入機會成本

企業投入一些自己擁有的資源，如廠房、辦公樓、設備、人工等，因為是自有要素，故企業不允許未使用它們而發生任何實際支出，但這並不意味著自有要素的使用沒有成本，將樓房出租或出售給其他企業就能夠取得一定的收益，這種收益構成了企業使用自有要素的機會成本。沉沒成本是決策前已支出的費用或已承諾將來必須支付的費用，這些成本不因決策而變化，是與決策無關的成本。

5. 有無對比原則——有無對比而不是前後對比

「有無對比法」將有這個項目和沒有這個項目時的現金流量情況進行對比；「前後對比法」將某一項目實現以前和實現以後所出現的各種效益費用情況進行對比。

6. 可比性原則——方案之間必須可比

進行比較的方案在時間上、金額上必須可比。因此，項目的效益和費用必須有相同的貨幣單位，並在時間上匹配。

7. 風險收益的權衡原則——額外的風險需要額外的收益進行補償

投資任何項目都是存在風險的，因此必須考慮方案的風險和不確定性。不同項目的風險和收益是不同的，對風險和收益的權衡取決於人們對待風險的態度。但有一點是肯定的，選擇高風險的項目，必須有較高的收益。

8. 採用一貫的立腳點

備選方案的未來可能產生效果，無論是經濟的還是其他方面，都應該一直從同一個確定的立腳點來預測。立腳點有個人、企業、政府、國家、社會公眾等，一般採用決策者（通常是項目投資者）作為立腳點。然而，對某個特定的決策所採用的立腳點從一開始就應確定，並在今後的描述、分析和備選方案的比較時也應一直採用。

9. 考慮所有相關的判據標準

選擇一個較優的方案（做決策）需要使用一個或幾個判據。在決策的過程中既應該考慮用貨幣單位度量的效果，也應該考慮用其他測量單位表示的效果或定性描述的效果。決策者通常會選擇那些最有利於組織所有者長期利益的備選方案。在工程經濟分析中最主要的判據是與所有者的長期經濟利益相關的。這是基於這樣的假設：所有者的可用資本將被合理分配以提供最大的貨幣回報。但是，人們在做決策時還想達到其他的組織目標。這些目標應該考慮，而且在選擇備選方案時也應給以一定的重視。這些非貨幣屬性和多目標就成為決策過程中附加判據的基礎。

10. 重新審視決策

合適的程序有助於提高決策質量，為了使決策更有實踐性，被選出的備選方案的初始預測效果應該與隨後取得的實際效果進行比較分析。

一個好的決策過程也有可能產生一個結果不理想的決策。另外有些決策，即使比較成功，但實際結果與最初預測結果差別很大。總結經驗教訓並適時調整，是一個優秀組織的標志。

將選定方案的實際效果與其最初預測效果進行對比分析，常常被認為是不實際或不值得去做的。人們更習以為常的是，在決策過程當中沒有任何反饋。組織應該建立一個制度，確保對執行的決策效果做例行後評價，並且將後評價結果用來改進今後的分析和決策制定的質量。例如，在比較備選方案時通常會犯的一個錯誤是，沒有充分考慮到所選因素估計中的不確定性對決策的影響。只有後評價才集中關注這個組織進行工程經濟分析時的薄弱環節。

第二章　經濟效益及評價指標體系

二、工程經濟分析的一般程序

工程經濟學的應用,即應用工程經濟學原理和方法框架來實現工程經濟分析,得出的經濟結論將接著用於工程項目決策階段,當然,要做出決策通常還需要其他角度的評價信息。

工程經濟分析作為一種評價和決策過程,必須事前有縝密的設計,執行中有正確的技巧,事後有決策的結論。唯有如此,才能避免人為造成的不完整和不精確,避免人力和時間的浪費。

概括地說,工程經濟分析的全過程可分為以下七個階段:

1. 問題定義

問題定義,即確定項目的前提、範圍和性質,如項目目標、項目規模、投入產出物品或服務的類型,以及市場特徵、項目約束條件等。

分析過程的第一個步驟(問題定義)特別重要,因為它是接下來所有分析的基礎。一個問題只有被透徹地理解並清晰地描述之後,才能進行以後的分析。

這裡的術語「問題」只是一般概念,它包括要求進行分析評價的所有決策情況。問題的提出通常來源於社會公眾對一種產品或服務的期望。

一旦發現某個問題,就應該從一個系統的視角來加以描述。也就是說,對所處環境的界限與程度需要仔細地加以定義。這樣,就可以確立問題的各個組成要素及外在的環境構成。

問題評價包括對於需求和要求的反覆研究,並且,評價階段所獲得的信息可能會改變對問題的原始描述。事實上,對問題進行再定義直到達成共識可能是問題解決過程中最重要的部分。

2. 提出備選方案

經濟評價程序的第二個步驟包括兩項主要工作:①尋找潛在的備選方案;②對它們進行篩選,挑出其中可行的備選方案以供詳細分析。這裡的術語「可行的」是指,根據初步評價判斷,每個挑選出來以做深入分析的備選方案滿足或超出現有情況下所提出的要求。

3. 估計經濟效果

工程經濟分析過程的第三個步驟結合了上文工程經濟分析基本原則中的原則2、原則3和原則4,並且使用了工程經濟學中基本的現金流量方法。在本步驟中,應對各備選方案的相關收入和成本數據進行識別、估算,並以現金流量形式表現備選方案的經濟效果。

4. 選擇決策判據

選擇一個決策標準(分析過程的第四個步驟)反應了原則9(考慮所有相關判據)。決策者通常會選擇那些符合組織所有者長期利益的備選方案。同樣,經濟決

策判據應該反應在工程經濟學研究過程中始終堅持的「統一、適合」的立腳點（原則8）。

5. 分析和比較備選方案

分析一個工程問題的經濟方面（步驟5）主要是對選定做深入研究的可行方案進行基於現金流量的估計。通常需要做出很大的努力，得到對現金流量以及其他因素——例如常常發生的通貨膨脹（通貨緊縮）、匯率變化和管制（法律）要求的合理、精確的預測。很明顯，對未來不確定性的分析（原則7）是工程經濟分析的必要組成部分。當現金流量和其他要求的估計被確定之後，備選方案就可以如原則2所要求的那樣，在它們之間有差別的基礎上進行比較了。通常，這些差別可以用貨幣單位（如美元）加以量化。

6. 選擇最佳備選方案

如果工程經濟分析過程的前五個步驟都已完成得很好，那麼選擇最佳備選方案（步驟6）就只是前面所有工作的一個簡單結果。因此，技術經濟模型和分析技術的合理性決定了所獲結果和推薦行動方案的質量。

7. 執行過程的監督與結果的後評價

最後一個步驟在對所選方案的執行結果進行收集期間或之後才可以實現。在項目的執行階段，對項目過程進行監督將提高相關目標的實現程度，減少預期目標的可變性。步驟6同樣是前面分析的後續步驟，將實際取得的結果與預期結果進行比較，目的是學習如何做更好的分析評價，後評價的反饋對任何組織經營的持續改進都具有重要性。遺憾的是，與步驟1一樣，在公共項目實施實踐中，這最後一個步驟常常沒有堅持做或沒有做好。因此，需要特別關注信息的反饋，用於正在進行的和隨後的研究。

思考與練習

1. 什麼是經濟效益？應怎樣理解經濟效益的實質？
2. 經濟效益評價的基本原則有哪些？
3. 經濟效益評價的指標體系構成是怎樣的？
4. 工程經濟分析的基本原則有哪些？
5. 簡述工程經濟分析的一般程序。

第三章 工程經濟分析的可比性原理

● 第一節 技術方案經濟比較的可比原則

一、工程經濟分析比較的可比性原則

工程經濟學研究的核心內容就是讓項目或者技術方案達到最佳經濟效果。因此，在分析中，我們不僅要對某一個方案的各項指標進行研究，來確定其經濟效益的大小，還要把該方案與其他備選方案進行比較評價，為的是從所有的方案中找出具有最佳經濟效果的那個方案，這就是比較問題。對備選方案進行比較是工程經濟的主要內容。可比性原則是在進行工程經濟定量分析時所應遵循的重要原則之一，可確保所有的備選方案在統一口徑下進行比較評價。通常，對方案進行比較可從滿足需要上的可比、消耗費用上的可比、價格指標上的可比和時間因素上的可比因素上的可比四個方面著手分析。

1. 滿足需要上的可比

任何一個項目或技術方案的主要目的都是為了滿足一定的社會需求，不同項目或方案在滿足相同的社會需求的前提下也能進行比較。滿足需要可比性應在產品的品種、產量、質量三個方面具有可比性。

（1）產品品種可比

產品品種是指企業在計劃期內應生產的產品品種的名稱、規格和數目，反應的是企業在計劃期內在產品品種方面滿足社會需要的情況。

對技術方案進行經濟比較時，為符合產品品種可比的要求，可運用以下方法進

工程經濟學

行調整：

①為達到相同的使用功能，對不同的品種可運用折算系數進行折算。

②可按費用的多餘開支或節約來調整，然後再進行比較。

（2）產量可比

產量可比是指項目或技術方案滿足社會需要的產品的數量。

不同項目或技術方案的產量或完成的工作量的可比是指其淨產量或淨完成工作量、淨出力之間的可比，而不是其額定產量或工作量、出力多少的可比。由於各項目或技術方案通常具有不一樣的技術性質和條件，在執行過程中還會造成相關的損失和費用。

（3）質量可比

質量可比是指不同項目或技術方案的產品質量相同時，可直接比較各個相關指標；質量不同時，則需經過調整計算後方可比較。在現實實際生活中，由於有些產品的質量用數字精確描述有著很大的困難，而存在有些項目或技術方案的產品質量有所不同，這對不同的社會需求也會有較大差異。因此，在進行比較時要進行調整或折算。而對如美觀、方便、味道等難以用定量的質量指標進行比較時，可運用評分法進行比較。

此外，在進行滿足需要可比性時，對能夠滿足多方面需要的方案可與滿足單一需要方案的聯合方案比較；方案規模不同時，應以規模小的方案乘以倍數與規模大的方案進行比較；對產品可能涉及其他部門或造成某些損失的方案，應將該方案本身與消除其他部門損失的方案組成聯合方案進行比較。

2. 消耗費用上的可比

工程項目的經濟效果是投入和產出之比，所以方案的選擇除了滿足需要上的可比性之外，還要進行消耗費用方面的可比性分析。由於備選方案的技術特性和經濟特性的不同，所需要的人力、物力和財力各不相同，為了使各個方案能夠進行階級效果上的比較，應從項目建設到產出產品以及產品消費的全過程中整個社會的消耗費用來比較，而不是依某個國民經濟部門或個別環節的部分消耗進行比較。當項目涉及行業眾多，難以從根本上保證消費費用上的可比性時，可只考慮與項目或方案有直接關係的環節，對這些環節的消耗費用進行比較分析，而忽略其他的間接環節的費用比較。

3. 價格指標上的可比

價格是影響工程項目或技術方案的重要因素之一。每一個項目或技術方案都要產出或提供服務，同時消耗物化勞動，即有產出也有投入。要描述項目或方案產出和投入的大小，以便與其他的項目或技術方案進行比較，就要考慮價格因素。價格指標上的可比是分析比較項目或技術方案經濟效益的一個重要原則。

要使價格可比，項目或技術方案所採用的價格指標體系應該相同，這是價格可比的基礎。對每個技術方案可言，無論是消耗品還是產品，均應該按其相應的品目

第三章　工程經濟分析的可比性原理

價格計算投入或產出。從理論上講，產品的價格與價值是一致的，實際中，卻時有背離的情況。所以，在比較價格時，通常對產出物和投入物的價格不採用現行價格，而是按合理價格來比較。這個合理價格反應了國家的最大利益和用戶及消費者的正當利益，由國家主管行政部門確定。這個價格通常僅供對項目或方案進行經濟效益分析時參考使用，對現行價格不產生任何意義上的影響，也不暗示其變化的趨勢，只作為價格比較時的基本條件。

4. 時間因素上的可比

資金的時間價值是動態經濟分析的基礎，所以在對備選方案進行比選時，必須考慮時間因素，採用相等的計算期作為比較基準，然後才能進行經濟效果比較。對於投資、成本、產品質量、產量相同條件下的兩個項目或方案，其經濟效益也不同。規模小的方案，建設期短，壽命期短，投產後很快實現收益，資金回收期短，但往往需要追加投資；規模大且技術先進的方案，通常建設期長，壽命期長，經濟效益好，但收益晚，回收期長。顯然，時間因素對方案經濟效益有直接影響。比較不同項目或方案的經濟效益，時間因素的可比條件應滿足：

（1）計算期相同。不同的方案應以相同的計算期為比較基礎。

（2）考慮貨幣的時間價值。發生在不同時間內的效益和費用，應根據貨幣的時間價值進行折算比較。

（3）考慮整體效益。不同項目或技術方案在投入財力、物力、人力及自然力和發揮經濟效益等方面的時間不同，其經濟效益會有很大差別，比較時應該考慮這些方面對社會、環境、資源及本企業的總體影響。

● 第二節　現金流量

一、現金流量的概念與構成

所謂現金流量，是指擬建項目在建設或營運中實際發生的以現金或現金等價物表現的資金流入和資金流出的總稱。現金流量可以分為現金流入量、現金流出量和淨現金流量。

現金流入量是指在整個計算期內所發生的實際現金流入，或者說是某項目引起的企業現金收入的增加額，通常來自於營業（銷售）收入，固定資產報廢時的殘值收入以及項目結束時收回的流動資金。這裡的中心指標是營業現金流入。

現金流出量是指在整個計算期內所發生的實際現金支出，或者說是某項目引起的企業現金支出的增加額，通常用於支付企業的建設投資和流動資金投資、稅金及附加和經營成本等。

淨現金流量是指某個時點上實際發生的現金流入與現金流出的差額。流入量大

於流出量時，其值為正；反之，其值為負。

建設項目的現金流量是以項目作為一個獨立系統，反應項目整個計算期內的實際收入或實際支出的現金活動。

項目計算期也稱為項目壽命期，是指對擬建項目進行現金流量分析時應確定的項目的服務年限。一般分為四個時期：建設期、投產期、達產期和回收處理期。

確定現金流量應注意以下問題：發生時點；實際發生資金數量；現金流入或現金流出（不同的角度有不同的結果，如稅收，從企業的角度來看是現金流出，從國家的角度來看就是現金流入）。

在項目經濟分析與評價中，構成系統現金流量的要素，主要有投資、成本、銷售收入、稅金和利潤等。這些經濟量是構成經濟系統現金流量的基本要素，也是進行經濟分析最重要的基礎數據。其中構成系統現金流入的要素，主要是銷售收入、回收固定資產殘值和回收流動資金等；構成系統現金流出的要素，主要是投資、經營成本、稅金等。

二、現金流量的確定和發生時間的選擇

1. 現金流量的確定

在投資項目決策中，經濟分析是建立在現金流量基礎上的，也就是說，項目分析是建立在一定時期內項目的收益和支出的實際資金數量之上的。而影響項目投資決策結果的現金流量是相關現金流量，因此我們要在現金流量分析中考慮相關的現金流量。

在辨別相關現金流量時，應明確淨現金流量不是利潤；相關現金流量是有無對比的增量現金流量，而非總量現金流量；相關現金流量是未來發生的，而非過去發生的，即沉沒成本不應該考慮在內的；相關現金流量不能忽視機會成本。

2. 現金流量發生時間的選擇

一個完整的投資全過程是從第一筆投資收入到項目不再產生收益為止。作為實業性投資，這個週期至少要幾年甚至要幾十年。在投資決策的前期，一般要事先估計這樣一個投資的週期，即計算期或研究期。計算期的起點可以定在投資決策後開始實施的時點上，在此之前的投資支出（一般不會很大）可以合併後作為這點上的支出。計算期的長短取決於項目的性質，或根據產品的壽命週期、主要生產設備的經濟壽命、合併合作期限而定，一般取上述考慮中較短者，最長不宜超過20年。投資者希望在這段時間內使投資活動取得成功，在投資環境風險較大的情況下，投資者一般選定較短的計算期，僅幾年甚至幾個月，這樣，投資項目選擇的餘地很小，投資規模也不會很大。

此外，在工程經濟分析中，我們還必須正確地考慮現金流量發生的時間。由於貨幣具有時間價值，從理論上講，分析投資項目現金流量應該與其發生時間相一致。

第三章 工程經濟分析的可比性原理

而投資項目的現金流量可能會發生在投資期間的任何時點,因此,在大多數情況下,為了方便計算和匯集現金流量,按投資各年歸集現金流量時,現金流量發生在年(期)末,第一年年初發生的可另行處理,可作為「0」年。

為使決策更準確,最好進行每日現金流量估計。但是預測中的不確定性和工作量的加大會導致決策成本過高,所以選擇歸集現金流量的時間要考慮所得和所費之間的平衡,一般按年分析項目現金流量比較合適。但是,如果有必要和可能,可以以月、季或半年為單位進行分析。

三、現金流量表與現金流量圖

1. 現金流量表

現金流量表是指能夠直接、清楚地反應出項目在整個計算期內各年現金流量(資金收支)情況的一個表格,利用它可以進行現金流量分析,計算各項靜態和動態評價指標,是評價項目投資方案經濟效果的主要依據。現金流量表的一般形式見下表 3.1。

表 3.1　　　　　　　　　　現金流量表

序號	項目 \ 年序	建設期 1	建設期 2	投產期 3	投產期 4	達到設計能力生產期 5	達到設計能力生產期 6	……	n	合計
1	現金流入									
1.1	產品銷售(營業)收入									
1.2	回收固定資產餘值									
1.3	回收流動資金									
2	現金流出									
2.1	固定資產投資									
2.2	流動資金									
2.3	經營成本									
2.4	銷售稅金及附加									
2.5	所得稅									
3	淨現金流量(1-2)									
4	累計淨現金流量									
5	所得稅前淨現金流量 (3+2.5)									
6	所得稅前累計淨現金流量									

從表中可以看出,現金流量表的縱列是現金流量的項目,其編排按現金流入、現金流出、淨現金流量等的順序進行;表的橫行是年序,按項目計算期的各個階段來排列。整個現金流量表中既包含現金流量各個項目的基礎數據,又包含計算的結

果；既可縱向看各年的現金流動情況，又可橫向看各個項目的發展變化，直觀方便，綜合性強。

根據現金流量表中的淨現金流量，我們可直接計算淨現值、靜態投資回收期、動態投資回收期等主要的經濟評價指標，非常直觀、清晰。現金流量表是實際操作中常用的分析工具。

2. 現金流量圖

對於一個經濟系統，其現金流量的流向（支出或收入）、數額和發生時點都不盡相同，為了正確地進行經濟效果評價，我們有必要借助現金流量圖來進行分析。所謂現金流量圖，就是一種反應經濟系統資金運動狀態的圖示，即把經濟系統的現金流量繪入一幅時間坐標圖中，表示出各現金流入、流出與相應時間的對應關係，如圖3.1所示。

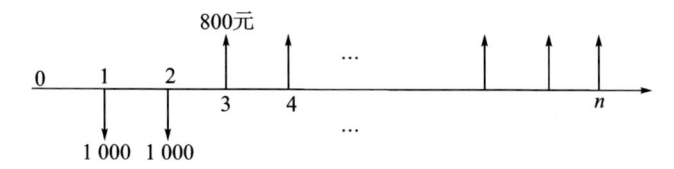

圖 3.1　現金流量圖

現以圖3.1為例說明現金流量圖的作圖方法和規則：

以橫軸為時間軸，向右延伸表示時間的延續，軸上每一刻度表示一個時間單位，可取年、半年、季或月等；零表示時間序列的起點。

時間坐標上的垂直箭線代表不同時點的現金流量，在橫軸上方的箭線表示現金流入，即效益；在橫軸下方的箭線表示現金流出，即費用或損失。

現金流量的方向（流入與流出）是針對特定的系統而言的。貸款方的流入就是借款方的流出，反之亦然。通常，工程項目現金流量的方向是針對資金使用者的系統而言。

在現金流量圖中，箭線長短與現金流量數值的大小應成比例，但由於經濟系統中各時點現金流量的數額常常相差懸殊而無法成比例繪出，故在繪製現金流量圖時，箭線長短只示意性地體現各時點現金流量數額的差異，並在各箭線上方（或下方）註明其現金流量的數值。

箭線與時間軸的交點即為現金流量發生的時點。

從上述內容可知，現金流量圖包括三個要素：大小——現金流量的數額；流向——現金流入或流出；時點——現金流入或流出所發生的時間點。

第三章　工程經濟分析的可比性原理

● 第三節　資金時間價值與資金等值

一、資金及其分類

資金是用貨幣形式表現的發展生產的能力。工程項目消耗的人力、物力和資源以及產生的經濟效益，最終都是以價值形態——資金的形式表現出來的。一般企業資金的構成根據其性質不同可以劃分為：

1. 固定資金

這是勞動資料的貨幣表現。其實物形態是廠房建築、機器設備、運輸工具等固定資產。其中，又分為生產性固定資金和非生產性固定資金。它是企業生產經營的重要物質技術基礎。

2. 流動資金

這是支付在勞動對象上的資金。其實物形態是原材料、燃料、員工工資等各類流動資產。它包括企業初建時的流動資金和在以後生產經營中追加的流動資金。它是保證企業再生產過程持續進行的必要條件。

3. 專項資金

這是由企業內部提取而形成的資金。例如，更新改造基金、大修理基金、員工福利基金和利潤留成基金等，基本上專款專用，是一種獨立的資金運動形態。

4. 無形資金

這是一種與信譽、影響等聯繫在一起的資源形成的資金，其表現形式有廠名、商標、專利、知識產權和商譽等無形資產所占用的資金。它是一種潛在的資金，在產品的生產經營和市場行銷中可以發揮作用。

企業運用這些資金，組織生產經營活動，生產出滿足社會和消費者需要的產品和服務，同時獲得盈利，也具備了再生產投資的資本。

二、資金時間價值的含義

資金是一種具有潛在的增值能力的物質財富。資金潛在的增值能力如要變成現實，必須具備兩個條件：第一，它必須參與生產或流通過程，在運動中實現價值附加；第二，它必須在一個或多個完整週期時間裡運動，運動時間小於一個週期也無法實現增值。

貨幣如果作為儲藏手段保存起來，不論經過多長時間仍為同等數量的貨幣，而不會發生數值的變化。貨幣的作用體現在流通中，貨幣作為社會生產資金參與再生產的過程即會得到增值、帶來利潤。貨幣的這種增值現象，一般稱為資金的時間價值。簡單地說，「時間就是金錢」，是指資金在生產經營及其循環、週轉過程中，隨著時間的變化而產生的增值。如某人年初存入銀行 100 元，若年利率為 10%，年末

工程經濟學

可從銀行取出本息110元，出現了10元的增值。

在貨幣經濟中，資金是勞動資料、勞動對象和勞動報酬的貨幣表現。資金運動反應的是物化勞動和活勞動的勞動過程。在這個運動過程中，勞動者在生產勞動過程中新創造的價值形成資金增值，這個資金增值採取了隨時間推移而增值的外在形式，故稱之為資金的時間價值。資金必須在生產和流通過程中與勞動相結合，才會產生增值。資金時間價值是勞動創造價值的一種表現形式。

資金時間價值具有兩種含義：

（1）資金用於生產、構成生產要素，生產的產品除了彌補生產中物化勞動與活勞動外有剩餘。

（2）貨幣一旦用於投資，就不可現期消費，資金使用者應有所補償。

因此，盈利和利息是資金時間價值的兩種表現形式：

（1）從投資者角度來看，是資金在生產與交換活動中給投資者帶來的利潤。

（2）從消費者角度來看，是消費者放棄即期消費所獲得的利息。

【例3-1】某公司面臨兩種投資方案A和B，壽命期都是4年，初始投資相同，均為10,000元。實現收益的總數相同，但每年數值不同，見表3.2。

表3.2

方案/年末	0	1	2	3	4
A	-10,000	6,000	5,000	4,000	2,000
B	-10,000	2,000	4,000	5,000	6,000

如果其他條件相同，我們應該選用哪個方案呢？根據直覺和常識，我們會覺得方案A優於方案B。方案A的得益比方案B早，這就是說，現金收入與支出的經濟效益，不僅與資金量的大小有關，而且與發生的時間有關。這裡隱含著資金具有時間價值的觀念。

進行方案投資決策分析時，主要著眼於方案在整個計算期內的現金流量。上例表明，在計算和評價投資方案的經濟效果時，我們不能將不同時期發生的現金流量直接加總。由於資金時間價值的存在，使不同時間上發生的現金流量無法直接加以比較。因此，要通過一系列的換算，在同一時間點上進行比較，才能符合實際情況。這種考慮了資金時間價值的經濟分析方法，使方案的評價和選擇變得更加真實可靠，也就構成了工程經濟學要討論的重要內容之一。

資金的時間價值是客觀存在的，是商品生產條件下的普遍規律，只要商品生產存在，資金就具有時間價值。資金時間價值原理在生產實踐中有廣泛的應用，其最大的作用在於使資金的流向更加合理和易於控制，從而使有限的資金發揮更大的作用。在建設投資活動過程中，必須充分考慮資金的時間價值，盡量縮短建設週期，加速資金週轉，提高建設資金的使用效益。

第三章　工程經濟分析的可比性原理

三、資金時間價值的影響因素與衡量尺度

1. 資金時間價值的影響因素

從投資者的角度來分析，資金時間價值主要考慮以下幾個因素：

（1）投資額。投資者投資的資金額度越大，資金的時間價值就越大。例如，如果銀行存款年利率為2.2%，那麼將200元存入銀行，一年後的現值為204.4元；400元存入銀行，一年後的現值為408.8元。顯然，400元的時間價值比200元的時間價值大。

（2）利率。一般來講，在其他條件不變的情況下，利率越大，資金時間價值越大；利率越小，資金時間價值越小。例如，如果銀行存款年利率為2.2%時，將100元存入銀行，一年的時間價值就是2.2元；如果銀行存款年利率為5%，將100元存入銀行，一年的時間價值是5元。顯然，銀行存款年利率為5%時的時間價值比存款年利率為2.2%的時間價值大。

（3）時間。在其他條件不變的情況下，時間越長，資金時間價值越大；反之，越小。

（4）通貨膨脹。若出現通貨膨脹，會使資金貶值，貶值會減少資金時間價值。

（5）風險。投資是一項有風險的活動。對項目進行投資，其每年的收益、利率等都可能發生變化，既可能項目投資失敗，也可能獲取收益，這就是風險的存在所影響的。但是，風險往往與收益成比例，也就是風險越大的投資項目，一旦經營成功，其收益也越大。

（6）資金投入的和回收的特點。在總投資量一定的情況下，前期投入的資金越多，資金的負效益越大；後期投入的資金越多，負效益越小。當資金的回收期一定時，距離現在越近的時間回收的資金越多，資金的時間價值就越多；反之則越少。

（7）資金週轉的速度。資金週轉速度越快，在一定的時間內等量資金的週轉次數越多，資金的時間價值越多；反之則越少。

資金是一種短缺資源，社會資金總是有限的，對於國民經濟增長具有特別的制約作用。因此，從上述影響資金時間價值的因素來看，要想充分利用並最大限度地獲取資金的時間價值，就要督促企業合理地使用資金，防止多占、積壓等浪費資金的現象發生；同時可以吸引、收集閒散資金，加速資金週轉，提高投資的社會經濟效益。

2. 資金時間價值的衡量尺度

資金時間價值一般用利息和利率來衡量。利息是利潤的一部分，是利潤的分解或再分配。利率是指一定時期內累積的利息總額與原始資金的比值，即利息與本金之比。它是國家調控國民經濟、協調部門經濟的有效槓桿之一。

資金時間價值的計算方法與複利方式計息的方法完全相同，因為利息就是資金

時間價值的一種重要表現形式，而且通常用利息作為衡量資金時間價值的絕對尺度，用利率作為衡量資金時間價值的相對尺度。

（1）利息與利率

①利息。利息是資金借貸關係借方給貸方的報酬，是債務人給債權人超過原借款本金的部分，就是利息，即：

$$I = F - P \tag{3-1}$$

式中：I——利息；

F——還本付息總額（也稱本利和）；

P——本金。

對利息可以從不同的角度加以理解，從借出者的角度看，「利息是將貨幣從消費轉移到長期投資所需的貨幣補償」；從借入者的角度講，「利息是資本使用的成本（代價）」；而從現實上看，它又是資金在不同的時間上的增值額；從工程經濟學的角度來看，利息是衡量資金隨著時間變化的絕對尺度。在工程經濟分析中，利息常常被看作是資金的一種機會成本。

對於整個國家而言，利息是不是創造出來的價值？利息是勞動者創造的剩餘價值的再分配部分，是社會平均利潤的一部分。借貸款要計算利息，固定資金和流動資金的使用也採取有償和付息的辦法，其目的都是為了鼓勵企業改善經營管理，節約資金，提高投資的經濟效果。

②利率。在經濟學中，利率的定義是從利息的定義中衍生出來的，即理論上先承認了利息，再以利息解釋利率。在實際計算中，正好相反，利息通常根據利率來計算，利息的大小用利率來表示。

利率就是在單位時間內（一個計息週期）所得利息與借款本金之比，通常用百分數表示，即：

$$i = \frac{I_t}{p} \times 100\% \tag{3-2}$$

式中：i——利率；

I_t——單位時間內的利息；

P——借款本金。

利率是單位時間裡投入單位資金所得的增值。它反應了資金隨著時間變化的增值速度，是衡量資金時間價值的相對尺度。

（2）決定利率高低的因素

利率的確定，在完全的市場經濟條件下，由借貸雙方競爭解決，即所謂的市場利率。在計劃經濟或有計劃的商品經濟條件下，則主要由國家根據經濟發展的需要來制定。由國家制定的利率，遵循「平均利潤和不為零」的原則。所謂「平均利潤和不為零」，是指借方所獲得的平均收益與貸方所獲得的平均利潤之代數和不為零，即借方借用貨幣資金所獲得的利潤不可能將其全部以利息的形式交給貸款者，而貸

第三章　工程經濟分析的可比性原理

方因為放棄了貨幣資本能夠增值的使用價值（資金時間價值），因而必須獲得報酬，利息就不能為零，更不能為負數。

利率的高低，通常由下列因素決定：

①社會平均利潤率。一般來說，利息是平均利潤的一部分，因而利率的變化，要受平均利潤的影響。當其他條件不變時，平均利潤率越高，利率也會相應提高，反之，則會相應下降。通常情況下，平均利潤率是利率的最高界限。因為如果利率高於平均利潤率，借款人投資後無利可圖，也就不會去借款了。

②金融市場上借貸資本的供求情況。在平均利潤率不變的情況下，借貸資本供過於求，利率便下降；反之，利率便上升。

③銀行所承擔的貸款風險。借出資本要承擔一定的風險，而風險的大小也影響著利率的波動。風險越大，利率也就越高。

④通貨膨脹率。有直接影響，資金貶值往往會使實際利率在無形中變為負值。

⑤借出資本的期限長短。借款期限越長，不可預見的因素就越多，風險就越大，利率也就越高；反之，利率越低。

（3）利息和利率在工程經濟活動中的作用

①利息和利率是以信用方式動員和籌集資金的動力。以信用方式籌集資金有一個特點就是自願性，而自願性的動力在於利息和利率。比如一個投資者，他首先要考慮的是投資某一項目所得到的利息是否比把這筆資金投入其他項目所得的利息多。

②利息和利率促進投資者加強經濟核算，節約使用資金。投資者借款所需付利息，增加支出負擔，這就促使投資者必須精打細算，把借入資金用到刀刃上，減少借入資金的占用，以少付利息。同時可以使投資者自覺減少多環節占壓資金。

③利息和利率是宏觀經濟管理的重要標杆。國家在不同時期制定不同的利息政策，對不同地區、不同行業規定不同的利率標準，就會對整個國民經濟產生影響。例如，對於限制發展的行業，利率規定得高一些；對於提倡發展的行業，利率規定得低一些，從而引導行業和企業的生產經營服從國民經濟發展的總方向。同樣，占用資金時間短，收取利息低；占用時間長，收取利息高。對產品適銷多路、質量好、信譽高的企業，在資金供應上給予低息支持；反之，收取較高利息。

④利息和利率是金融企業經營發展的重要條件。作為企業，金融機構必須獲取利潤。由於金融機構的存放款利率不同，其差額成為金融機構的業務收入。此差額扣除業務費後就是金融機構的利潤，所以利息和利率能刺激金融企業的經營發展。

（4）單利和複利

利息的計算方法分為單利法和複利法。

①單利法。單利計息是指每期利息的計息基數都是以本金來計算的，也就是利息不再計息。因此，每期的利息是固定不變的，其總利息數與利息期數成正比。

其計算公式為：

$$F = P(1 + in) \tag{3-3}$$

式中：F——第 n 期期末的本利和；

P——本金；

i——利率；

n——計息期數。

【例 3-2】李某借款 1,000 元，按 8% 的年利率單利計算，求第四年年末的本息和。

【解】$F = P(1 + in) = 1,000 \times (1 + 8\% \times 4) = 1,320$（元）

單利法雖然考慮到了資金時間價值，但僅僅針對本金而言，而沒有考慮每期所得利息再進入社會再生產過程從而實現增值的可能性，這不符合資金運動的實際情況。因此，單利法不能完全反應資金時間價值，在應用上有局限性，通常僅適用於短期投資及期限不超過一年的借款項目。

②複利法。複利法，不僅對本金計息，而且對期間產生的利息也要計息的計算方式，即所謂的「利滾利」。

其計算方式為：

$$F = P(1 + i)^n \tag{3-4}$$

式中符號意義同前。

【例 3-3】李某現在把 1,000 元存入銀行，年利率為 8%，問 4 年後有存款多少元？

【解】$F = 1,000(1 + 8\%)^4 = 1,360.5$（元）

複利計息的思想符合社會在生產過程中資金運動的規律，充分體現了資金的時間價值。從上面的計算結果可以看出，單利計息與資金占用時間之間呈直線行變化關係，利息額與時間按等差級數增值；而複利計息與資金占用時間之間則是指數變化關係，利息額與時間按等比級數增值。當利率較高、資金占用時間較長時，複利所需支付的利息額就比單利要大得多。所以，複利計息方法對資金占用的數量和時間有較好的約束力。目前，在工程經濟分析中，一般都是採用複利法，單利法僅在中國銀行儲蓄存款中採用。

複利計算具有間斷複利與連續複利之分。按期（年、半年、季、月、週、日等）計算複利的方法稱為間斷複利（即普通複利）。按瞬時計算複利的方法稱為連續複利。在實際應用中，一般採用間斷複利，這一方面是出於習慣，另一方面是因為會計通常在年底結算一年的進出款，按年支付稅金、保險金和抵押費用，因而採用間斷複利考慮問題更適宜。

四、研究資金時間價值的意義

在方案的經濟評價中，時間是一項重要的因素，研究資金時間因素，就是研究時間因素對方案經濟效果（或經濟效益）的影響，從而正確評價投資方案的經濟效

第三章 工程經濟分析的可比性原理

果（或經濟效益）。

具體來講，研究資金時間價值在宏觀方面可以促進有限的資金得到更加合理的利用。因為時間是市場經濟的一個經濟範疇，中國的建設資金有限，考慮資金時間價值，可以充分發揮建設資金的效用；在微觀方面，研究資金時間價值可以使方案評價更加合理、更加切合實際。

五、引起資金時間價值的原因

資金的運動規律就是資金的價值隨時間的變化而變化，其變化的主要原因有：

1. 資金時間價值是資源稀缺性的體現

經濟和社會的發展要消耗社會資源，現有的社會資源構成現存社會財富，利用這些社會資源創造出來的將來物質和文化產品構成了將來的社會財富，由於社會資源具有稀缺性特徵，又能夠帶來更多社會產品，所以現在物品的效用要高於未來物品的效用。在貨幣經濟條件下，貨幣是商品的價值體現，現在的貨幣用於支配現在的商品，將來的貨幣用於支配將來的商品，所以現在貨幣的價值自然高於未來貨幣的價值。市場利息率是對平均經濟增長和社會資源稀缺性的反應，也是衡量資金時間價值的標準。

2. 資金時間價值是信用貨幣制度下，流通中貨幣的固有特徵

在目前的信用貨幣制度下，流通中的貨幣是由中央銀行基礎貨幣和商業銀行體系派生存款共同構成，由於信用貨幣有增加的趨勢，所以貨幣貶值、通貨膨脹成為一種普遍現象，現有貨幣也總是在價值上高於未來貨幣。市場利息率是可貸資金狀況和通貨膨脹水準的反應，反應了貨幣價值隨著時間的推移而不斷降低的程度。

3. 資金時間價值是人們認知心理的反應

由於人在認識上的局限性，人們總是對現存事物的感知能力較強，而對未來事物的認識較模糊，結果人們存在一種普遍的心理就是比較重視現在而忽視未來，現在的貨幣能夠支配現在的商品滿足人們現實需要，而將來貨幣只能支配將來商品滿足人們將來不確定需要，所以現在單位貨幣的價值要高於為未來單位貨幣的價值，為使人們放棄現在貨幣及其價值，必須付出一定代價，利息率便是這一代價。

六、資金等值的概念

由於資金具有時間價值，決定了即使金額相等的資金，因其發生的時間不同，其價值也會有所不同。反之，發生在不同時間點上絕對數不同的資金在時間價值的作用下卻可能具有相等的價值，這種現象就是資金等值。

在資金時間價值的計算中，等值是一個十分重要的概念。資金等值是指考慮時間因素後不同時間點上數額不等的相關資金在一定利率條件下具有相等的價值。比如，現在的 300 萬元與 1 年後的 330 萬元，其數額並不相等，但若年利率為 10%，

在不考慮其他因素的影響，則兩者是等值的。同樣，1年後的330萬元在年利率為10%的情況下等值於現在的300萬元。從該例子中可以看出，影響資金等值的因素有三個：資金額大小、資金發生時間和資金時間價值率。其中資金時間價值率是一個關鍵因素，一般等值計算中是以同一資金時間價值率為依據的。

七、資金等值計算中的其他概念

等值計算在技術方案的經濟分析中，是很重要的概念和計算方法。進行資金的等值計算還需闡明以下幾個概念：

（1）現值（P）。指某一現金流量換算成當前時點上的金額，即指未來某一時點上的一定量的現金折合為現在的價值。

（2）終值（F）。指資金經過一定時間的增值後的資金值，是現值在未來時點上的等值資金。相對現值而言，終值又稱為將來值、本利和。

（3）年金（A）。指某一現金流量值換算成若干連續時點上且大小相等的金額。另外，A 也指年值、年金和月金。

（4）等差遞增（減）年值（G）。指現金流量逐期等差遞增（減）時相鄰兩期資金的差額。

（5）等比遞增（減）率（Q）。指等比序列資金流量逐期遞增（減）的百分比。

（6）貼現或貼現率（i）。把終值換算為現值的過程叫作貼現或折現。

第四節 資金等值計算及基本公式

在第三節介紹了相關資金等值的概念以及參數意義。本節主要講資金等值計算的基本公式。

利用等值的概念，把在不同時點發生的資金金額換算成同一時點的等值金額，這一過程叫作資金等值計算。資金等值的計算方法與利息的計算方法相同，根據支付方式不同，可以分為一次支付系列、等額支付系列、等差支付系列和等比例支付系列。

一、一次支付類型公式

一次支付又稱整付，是最基本的現金流量情形，是指分析系統的現金流量，無論是現金流入還是現金流出，分別在時點上只發生一次。

1. 一次支付終值（整付終值）計算公式

$$F = P \cdot (1+i)^n \tag{3-5}$$

記為 $F = P(F/P, i, n)$，$(1+i)^n$ 稱為整付終值系數，通常用 $(F/P, i, n)$ 表示。

第三章　工程經濟分析的可比性原理

【例3-4】某企業為建設一項工程項目，向銀行貸款5,000萬元，按年複利率8%計算，5年後連本帶利一次償還多少？

【解】$F = P(1+i)^n = 5{,}000 \times (1+8\%)^5 = 7{,}346.64$（萬元）

$F = P(F/P, i, n) = 5{,}000 \times (F/P, 8\%, 5) = 5{,}000 \times 1.469{,}3 = 7{,}346.50$（萬元）

2. 一次支付現值（整付現值）計算公式

整付現值是整付終值的逆運算，其公式為

$$P = F \cdot \frac{1}{(1+i)^n} \tag{3-6}$$

記為 $P = F(P/F, i, n)$，$\frac{1}{(1+i)^n}$ 稱為整付現值係數，通常用 $(F/P, i, n)$ 表示。

【例3-5】某人計劃在五年後從銀行提取1,000元，如果銀行利率為12%，問現在應存入銀行多少錢？

【解】$P = F(1+i)^{-n} = 1{,}000 \times (1+12\%)^{-5} = 567.43$（元）

若利用複利係數表查表計算：

$P = F(P/F, i, n) = 1{,}000 \times (P/F, 12\%, 5) = 1{,}000 \times 0.567{,}4 = 567.4$（元）

在工程經濟評價中，由於現值評價常常是選擇現在為同一時點，把技術方案預計的不同時期的現金流量折算成現值，並按現值之代數和大小作出決策。因此，在工程經濟分析時應當注意以下兩點：

（1）正確選擇折現率。折現率是決定現值大小的一個重要因素，必須根據實際情況靈活選用。

（2）要注意現金流量的分佈情況。從收益方面來看，獲得的時間越早、數額越多，其現值越大。因此，應使技術方案盡早完成，盡早實現生產能力，早獲收益，多獲收益，才能達到最佳經濟效益。從投資方面來看，在投資額一定的情況下，投資支出的時間越晚、數額越少，其現值也越小。因此，應合理分配各年投資額，在不影響技術方案正常實施的前提下，盡量減少建設初期投資額，加大建設後期投資比重。

二、等額支付類型公式

等額支付的特點：在計算期內

（1）每期支付是大小相等、方向相同的現金流，用年值 A 表示；

（2）支付間隔相同，通常為1個計息週期（如1年、1個月）；

（3）每次支付均在每個計息期期末。

等額支付系列是多次收付形式的一種。

多次收付是指現金流量不是集中在一個時點上發生，而是發生在多個時點上。現金流量的數額大小可以是不等的，也可以是相等的。當現金流量大小相等時，發生的時間是連續的，就稱為等額支付系列，其現金流量又叫作年金。

年金是指一定時期內每次等額收付的系列款項，通常記作 A。值得注意的是，年金並未強調時間間隔為一年。年金的形式多種多樣，如保險費、養老金、折舊、租金、等額分期收款、等額分期付款以及零存整取或整存零取儲蓄等，都存在年金問題。年金按照其每次收付發生的時點不同，可分為普通年金、即付年金、遞延年金、永續年金等幾種。

1. 普通年金終值的計算

普通年金是指從第一期起，在一定時期內每期期末等額發生的系列收付款項，又稱後付現金。

年金終值的計算公式為：

$$F = A(1+i)^0 + A(1+i)^1 + A(1+i)^2 + \cdots + A(1+i)^{n-2} + A(1+i)^{n-1}$$
(3-7)

整理上式，可得：

$$F = A \times \frac{(1+i)^n - 1}{i} = A(F/A, i, n)$$
(3-8)

式中，$\frac{(1+i)^n - 1}{i}$ 稱為「年金終值系數」，記作 $(F/A, i, n)$，可通過直接查閱「複利因子表」求得有關數值。

【例 3-6】如圖 3.2 所示，許某在 5 年內每年年末在銀行存款 1,000 萬元，存款利率為 10%，許某五年後能從銀行收到本利和為多少？

【解】$F = 1,000 \times \frac{(1+10\%)^5 - 1}{10\%}$

$= 1,000 \times (F/A, 10\%, 5)$

$= 1,000 \times 6.105, 1$

$= 6,105.1(萬元)$

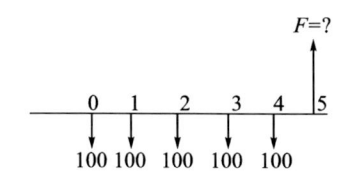

圖 3.2　許某銀行存款的現金流量圖

2. 年償債基金的計算

償債基金是指為了在約定的未來某一時點清償某筆債務或積聚一定數額的資金而必須分次等額形成的存款準備金。由於每次形成的等額準備金類似年金存款，因而同樣可以獲得按複利計算的利息，所以債務總額實際上等於年金終值，每年提取的償債基金等於基金 A。也就是說，償債基金的計算實際上是年金終值的逆運算。其計算公式為：

第三章　工程經濟分析的可比性原理

$$A = F \times \frac{i}{(1+i)^n - 1} = F(A/F, i, n) \qquad (3-9)$$

式中，$\frac{i}{(1+i)^n - 1}$ 稱為「償債基金系數」，記作 $(A/F, i, n)$，它與年金終值系數 $(F/A, i, n)$ 互為倒數。

【例3-7】張某希望能在10年後得到一筆5,000元的資金，在年利率為5%的條件下，張某需要每年等額地存入銀行多少錢？

【解】根據式（3-9）可求得：

$$A = F \times \frac{i}{(1+i)^n - 1} = 5,000 \times \frac{0.05}{(1+0.05)^{10} - 1} = 5,000 \times 0.079,5 = 397.5(元)$$

3. 普通年金現值的計算

年金現值是指一定時期內每期期末等額收付款項的複利現值之和。年金現值的計算公式為：

$$P = A(1+i)^{-1} + A(1+i)^{-2} + \cdots + A(1+i)^{-(n-1)} + A(1+i)^{-n} \qquad (3-10)$$

整理上式，可得：

$$P = A \frac{(1+i)^n - 1}{i(1+i)^n} = A(P/A, i, n) \qquad (3-11)$$

式中，$\frac{(1+i)^n - 1}{i(1+i)^n}$ 稱為「年金現值系數」，記作 $(P/A, i, n)$，可通過直接查閱「複利因子表」獲得有關數值。

上式也可以寫作：

$$P = A \times \frac{1 - (1+i)^{-n}}{i} \qquad (3-12)$$

【例3-8】吳某為了在未來的10年中，每年年末取回6萬元，已知年利率為8%，現需向銀行存入多少現金？

【解】$P = 6 \times (P/A, 8\%, 10) = 40.26(萬元)$

4. 年資本回收額的計算

資本回收是指在給定的年限內等額回收初始投入資本或清償債務的價值指標。年資本回收額的計算式年金現值的逆運算，資本回收公式可以通過複利終值公式與年金終值公式，以 n 時間點為等值轉換點變換求得。其計算公式為：

$$A = P \times \frac{i(1+i)^n}{(1+i)^n - 1} = P(A/P, i, n) \qquad (3-13)$$

式中，$\frac{i(1+i)^n}{(1+i)^n - 1}$ 稱為「資本回收數」，記作 $(A/P, i, n)$，可直接查閱「複利因子表」。上式也可寫作：

$$A = P \times \frac{i}{1-(1+i)^{-n}} \qquad (3-14)$$

【例 3-9】某企業現借 200 萬元的借款，在 10 年內以年利率為 12% 等額償還，則每年應付金額多少？

【解】$A = 200 \times \dfrac{12\%}{1-(1+12\%)^{-10}} = 200 \times 0.177,0 = 35.4$（萬元）

或　$A = 200 \times [1/(P/A,12\%,10)] = 200 \times (1/5.650,2) \approx 35.4$（萬元）

5. 公式總結

(1) 倒數關係。

$$(P/F,i,n) = 1/(F/P,i,n)$$
$$(P/A,i,n) = 1/(A/P,i,n)$$
$$(F/A,i,n) = 1/(A/F,i,n)$$

(2) 乘積關係。

$$(F/P,i,n)(P/A,i,n) = (F/A,i,n)$$
$$(F/A,i,n)(A/P,i,n) = (F/P,i,n)$$

(3) 其他關係。

$$(A/F,i,n) + i = (A/P,i,n)$$
$$[(F/A,i,n) - n]/i = (F/G,i,n)$$
$$[(P/A,i,n) - n(P/F,i,n)]/i = (P/G,i,n)$$
$$[1 - n(A/F,i,n)]/i = (A/G,i,n)$$

三、等差系列

在經濟分析中，常常會遇到其現金流量呈等差數列規律變化的問題，可能遞增，也可能遞減，若每年增加或減少的量是相等的，就應該用等差數列來計算。

1. 等差系列現值公式

$$P = \left(\frac{A}{i} + \frac{G}{i^2}\right)\left[1 - \frac{1}{(1+i)^n}\right] - \frac{G}{i} \times \frac{n}{(1+i)^n} \qquad (3-15)$$

式中：G——每年發生金額的等差值；

A——第一年年末發生的金額。

該公式的含義是，第一年年末發生的餘額為 A，此後每年發生金額的差額為 G，第 n 年年末發生的金額為 $A + (n-1)G$，求這些金額的現值總額 P 為多少。現金流量圖如圖 3.3 所示。該式中，當 $A = 0$ 時，該式可寫成：

$$P = \frac{G}{i}\left[\frac{(1+i)^n - 1}{i(1+i)^n} - \frac{n}{(1+i)^n}\right] = G(P/G,i,n) \qquad (3-16)$$

式中，$\dfrac{1}{i}\left[\dfrac{(1+i)^n - 1}{i(1+i)^n} - \dfrac{n}{(1+i)^n}\right]$ 稱為「等差系列現值系數」，記作 $(P/G,i,n)$，

第三章　工程經濟分析的可比性原理

可直接查閱「定差因子表」。

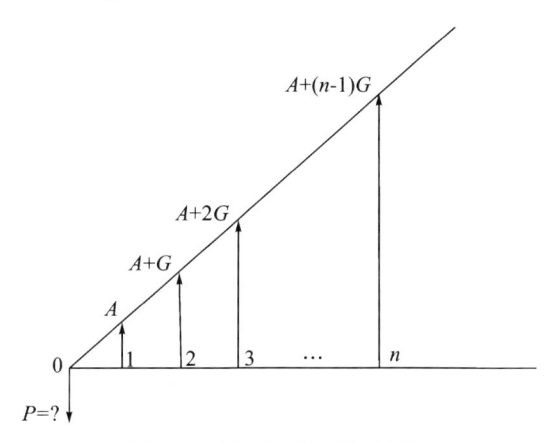

圖 3.3　現值公式的現金流量圖

【例 3-10】某項目建設完成後進行生產第一年年末淨收益為 10 萬元，以後每年淨收益逐年遞增 2 萬元。若年利率為 5%，試求 5 年後其每年收益的現值總和。

【解】$P = (\dfrac{A}{i} + \dfrac{G}{i^2})\left[1 - \dfrac{1}{(1+i)^n}\right] - \dfrac{G}{i} \times \dfrac{n}{(1+i)^n}$

$= \dfrac{A}{i} n \left[1 - \dfrac{1}{(1+i)^n}\right] + \dfrac{G}{i}\left[\dfrac{(1+i)^n - 1}{i(1+i)^n} - \dfrac{n}{(1+i)^n}\right]$

$= \dfrac{10}{5\%} \times \left[1 - \dfrac{1}{(1+5\%)^5}\right] + \dfrac{2}{5\%}\left[\dfrac{(1+5\%)^5 - 1}{5\% \times (1+5\%)^5} - \dfrac{5}{(1+5\%)^5}\right]$

$= 26.04$(萬元)

2. 等差系列終值公式

$$F = (\dfrac{A}{i} + \dfrac{G}{i^2})[(1+i)^n - 1] - \dfrac{nG}{i} \quad (3-17)$$

該公式的經濟含義是：期初發生一筆現金流量 A，以後每期都以 G 的差額遞增或遞減，則經過 n 期以後，其現金流量的終值 F 是多少。其現金流量圖如圖 3.4 所示。式中，當 $A=0$ 時，該式可以寫成：

$$F = \dfrac{G}{i}\left[\dfrac{(1+i)^n - 1}{i} - n\right] = G(F/G, i, n) \quad (3-18)$$

式中，$\dfrac{1}{i}\left[\dfrac{(1+i)^n - 1}{i} - n\right]$ 稱為「等差數列終值系數」，記作 $(F/G, i, n)$，可直接查閱「定差因子表」。

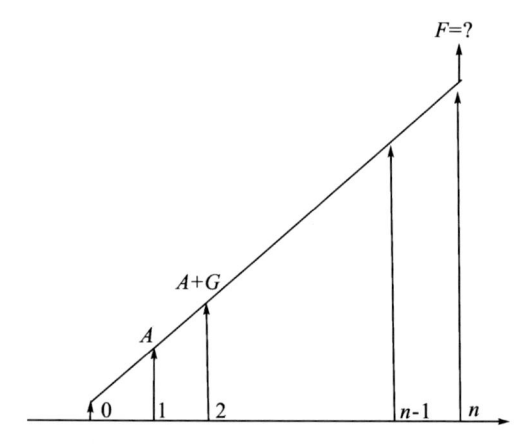

図 3.4 　終值公式的現金流量圖

【例 3-11】某設備投產後，第一年折舊 5 萬元，以後每年遞增 1 萬元。若年利率為 5%，試求 5 年後該設備的折舊總額。

【解】$F = (\dfrac{A}{i} + \dfrac{G}{i^2})[(1+i)^n - 1] - \dfrac{nG}{i}$

$= (\dfrac{5}{5\%} + \dfrac{1}{(5\%)^2})[(1+5\%)^5 - 1] - \dfrac{5 \times 1}{5\%}$

$= 38.15 (萬元)$

3. 等差系列年值公式

$$A = G(\dfrac{1}{i} - \dfrac{n}{(1+i)^n - 1}) = G(A/G, i, n) \quad (3-19)$$

式中，$(\dfrac{1}{i} - \dfrac{n}{(1+i)^n - 1})$ 稱為「資本回收系數」，記作 $(A/G, i, n)$，可直接查閱「定差因子表」。

四、等比系列

在經濟分析中，可能會遇到現金流量以一定的比例遞增或遞減的問題，這時就需要用到等比系列公式。

1. 等比系列現值公式

$$\begin{cases} P = \dfrac{A}{i-j}\left[1 - (\dfrac{1+j}{1+i})^n\right] (i \neq j) \\ P = \dfrac{nA}{1+i} (i = j) \end{cases} \quad (3-20)$$

式中：A——第一年年末現金流量；

j——現金流量每年遞增或遞減的比率。

第三章 工程經濟分析的可比性原理

式中，$\frac{1}{i-j}\left[1-(\frac{1+j}{1+i})^n\right]$ 稱為「等比系列現值系數」，因此，當 $i \neq j$ 時，等比系列現值公式也可寫成：

$$P = A(A/P, i, j, n) \tag{3-21}$$

【例 3-12】某設備第一年維修費用為 2 萬元，以後每年遞增 10%，若年利率為 5%，試求 5 年後該設備維修費的總額。

$$P = \frac{A}{i-j}\left[1-(\frac{1+j}{1+i})^n\right]$$

$$= \frac{2}{5\% - 10\%}\left[1-(\frac{1+10\%}{1+5\%})^5\right]$$

$$= 10.47 \text{（萬元）}$$

2. 等比例系列終值公式

$$\begin{cases} F = \dfrac{A}{i-j}[(1+i)^n - (1+j)^n] & (i \neq j) \\ F = nA(1+i)^{n-1} & (i = j) \end{cases} \tag{3-22}$$

式中，$\frac{1}{i-j}[(1+i)^n - (1+j)^n]$ 稱為「等比系列終值系數」，因此，當 $i \neq j$ 時，等比例系列終值公式可寫作：

$$F = A(A/F, i, j, n) \tag{3-23}$$

五、資金等值公式應用中應注意的問題

資金的等值公式對於工程方案的決策與經濟效果的評價具有重要的作用。然而，上述的資金等值的基本公式是在標準條件下推演而得的，而實際情況往往是比較複雜的。一般而言，工程投資的借款的償付方式不外乎以下幾種情況：第一，所謂本金在還本期前並不償還，每年計息期末僅償付利息，在最後一次償付利息時，本金一次償付；第二，所借本金有計劃地分期等額償還，在付息期償還相應的利息，同時按計劃償還本金，由於本金是逐漸減少的，故支付的利息並不同，是遞減的；第三，等額償還本利和；第四，在借款期中本金及利息不進行償還，在借款到期時一次還本付息。在具體運用資金等值公式時應注意以下問題：

（1）方案的初始投資假定發生在方案的壽命期初，即第一年年初，而方案的經常性支出假定發生在計息期末。

（2）P 是在當前年度開始發生的，F 是當前以後第 n 年年末發生的，A 是考察期各年年末的發生額。當問題包括 P 和 A 時，系列的第一個 A 是在 P 發生一個期間後的期末發生的；當問題包括 F 和 A 時，系列的最後一個 A 與 F 同時發生。

（3）要注意弄清公式的原理及其應用條件，能夠靈活應用公式。在工程經濟分析的實踐中有時可能很難直接套用公式，而需要根據具體情況進行具體分析。比如，

有時等額支付（年金）是發生在期初的，這種年金稱為預付年金；而我們介紹的等值計算公式中的年金是普通年金，這時就要對現金流量進行調整，調整為普通年金後利用公式進行計算。對於比較複雜的情況，可以根據資金等值的原理進行推導與計算。另一方面，利率的選用也很重要，因為它直接影響了計算的結果，而計算結果是我們評價與決策的依據，因此在選用利率時，通常自有資金可以企業自身的基準收益率作為折現率，借款要以借款合同中確定的償還利率作為折現率，而銀行或信託投資公司等的貸款則要以銀行或信託投資公司等的貸款利率作為折現率來計算。對於利率的形式也要注意，即使各方案採用的計算期和名義利率相同，只要它們的計息期不同，那麼彼此也不可比。此時，一定要注意將名義利率轉化為實際利率後再進行計算和比較。

第五節　名義利率、實際利率與連續複利

一、名義利率和實際利率的概念以及計算

在前面的分析計算中，都是假設計算利息的時間和利率的時間單位相同，即均為一年。但是如果計算利息的時間和利率的時間單位不同時，情況會怎樣呢？如，利率的時間單位是一年，而每個月計算一次利息，其計算結果會怎樣呢？這就涉及到名義利率和實際利率的問題。

名義利率（Nominal Interest Rate）是指利率的變現形式，而實際利率（Real Interest Rate）是指實際計算利息的利率。例如每半年計息一次，每半年的利率為5%，那麼，這個5%就是實際計算利息的利率。又如每半年的利率為5%，而每季度計息一次，那麼這個5%僅僅是計算利息時利率的表現形式，而非實際計算利息的利率，我們把它叫作名義利率。在工程經濟分析計算中，如果不特別說明，通常說的年利率一般都是指名義利率，如果後面不對利息期加以說明，則表示一年計息一次，此時的年利率也就是年實際利率（有的書上也叫作有效利率）。

之所以會出現名義利率和實際利率之分，主要原因就是因為各自的計息期不同。由於存在不同的計息期，而計息期可長可短，實際利率最長的計息期就等於名義利率的時間單位，最短的計息期可以為一小時、一分鐘、一秒鐘，甚至更小。計息期與計息次數成反比關係。在名義利率的時間單位裡，計息期越長，計息次數就越少；計息期越短，計息次數就越多。當計息期非常短，難以用時間來衡量時，計息次數就趨於無窮大。由此，就出現了兩種情況下的名義利率和實際利率的轉換及利息的計算，即離散式和連續式。

1. 名義利率

所謂名義利率 r 是指計息週期利率 i 乘以一個利率週期內的計息週期數 m 所得

第三章 工程經濟分析的可比性原理

的利率週期利率。即

$$r = i \times m$$

假設月利率為1%，則年名義利率為12%。很顯然，計算名義利率時忽略了前面各期利息再生的因素，這與單利的計算相同。通常所說的利率週期都是名義利率。

2. 實際利率

所謂實際利率，也稱為有效利率，是指用複利法將計息週期小於一年的實際利率 i 折成年實際利率。

（1）離散式複利的實際利率計算

離散式複利指的是按照一定的時間單位（如年、月等）來計算的利息。

已知名義利率 r，名義利率時間單位內的計息次數為 m，則計息週期內實際利率為 $i = \dfrac{r}{m}$，在某個利率週期初有資金 P，根據一年支付終值公式可得本利和 F，即

$$F = P\left(1 + \frac{r}{m}\right)^m \tag{3-24}$$

根據利息的定義可得 I 為：

$$I = F - P = P\left(1 + \frac{r}{m}\right)^m - P = P\left[\left(1 + \frac{r}{m}\right)^m - 1\right] \tag{3-25}$$

再根據利率的公式可得 i 為：

$$i = \frac{I}{P} = \frac{P\left(1 + \dfrac{r}{m}\right)^m - P}{P} = \left(1 + \frac{r}{m}\right)^m - 1 \tag{3-26}$$

式（3-26）也稱作離散式複利的名義利率與實際利率的轉換式。

【例3-13】唐某向銀行借款1,000元，約定3年後歸還。若年利率為6%，按月計息，試求3年後李某應歸還給銀行多少？

【解】根據題意可知，$r = 6\%$，$m = 12$，則實際利率為：

$$i = \left(1 + \frac{r}{m}\right)^m - 1 = \left(1 + \frac{6\%}{12}\right)^{12} - 1 = 6.186\%$$

按照實際利率求得三年後的未來值為：

$$F = P(1 + i)^n = 1{,}000 \times (1 + 6.186\%)^3 = 1{,}196.7(元)$$

（2）連續式複利的實際利率計算

當每期計息時間趨於無限小時，則一年內計息次數趨於無限大，即 $m \to \infty$。此時可視為計息沒有時間間隔而成為連續計息，年實際利率就是連續複利，其計算公式如下：

$$i = \lim_{m \to \infty}\left[\left(1 + \frac{r}{m}\right)^m - 1\right] = \lim_{m \to \infty}\left[\left(1 + \frac{r}{m}\right)^{\frac{m}{r}}\right]^r - 1 = e^r - 1 \tag{3-27}$$

其中，e 是自然對數的底，其大小為 2.718,28。

【例3-14】把【例3-13】按月計息改為採用連續複利計算

【解】用連續複利公式計算，$i = e^r - 1 = e^{6\%} - 1 = 6.184\%$

3 年後償還金額為：

$$F = P(1+i)^n = 1,000 \times (1 + 6.184\%)^3 = 1,197.2(元)$$

從【例3-13】和【例3-14】的計算結果可看出，連續複利比離散複利的利息多。但在實踐的工程項目評價中，大多數還是使用離散式複利。

二、考慮通貨膨脹的名義利率和實際利率

在借貸過程中，債權人不僅要承擔債務人到期無法歸還本金的信用風險，而且要承擔貨幣貶值的通貨膨脹風險。

考慮通貨膨脹的實際利率是指物價不變，從而貨幣購買力不變條件下的利率。例如某年度物價沒有變化，某項目從銀行取得一年期貸款 1,000 萬元，年利息為 50 萬元，則實際利率為 5%。

但物價不變這種情況在現實經濟生活中是很少見的，而物價不斷上漲似乎是一種普遍的趨勢。如果某年的通貨膨脹率為 3%，銀行在年末收回的 1,000 萬本金實際上僅相當於年初的 970.87 萬元（1,000 × 100/103 = 970.87 萬元），本金損失率近 3%。為了避免通貨膨脹給本金帶來的損失，假設仍然要取得 5% 的利息，那麼粗略地計算，銀行必須把貸款利率提高到 8%，這樣，才能保證收回的本金和利息之和與物價不變以前的相當。這個 8% 就是考慮了通貨膨脹的名義利率。

因此，名義利率是指包括補償通貨膨脹風險的利率。粗略的計算公式可以寫成：

$$r = i + \dot{P} \tag{3-28}$$

式中：r——名義利率；

i——實際利率；

$\dot{P}$——借貸期內通貨膨脹率。

但是，考慮到通貨膨脹對利息部分也有使其貶值的影響，因此，名義利率還應作向上的調整。這樣，名義利率的計算公式推導過程如下：

設 C 為名義利率計算的本利和，D 為按實際利率計算的本利和，C 和 D 之間的關係可以表達為：

$$C = D(1+\dot{P}) \tag{3-29}$$

設 A 為本金，其中 $C = A(1+r)$，$D = A(1+i)$，代入上式得：

$$A(1+r) = A(1+i)(1+\dot{P})$$

$$(1+r) = (1+i)(1+\dot{P})$$

從上式進一步推導得到：

$$r = (1+i)(1+\dot{P}) - 1$$

第三章 工程經濟分析的可比性原理

$$i = \frac{1+i}{1+\dot{P}} - 1 = \frac{r - \dot{P}}{1 + \dot{P}} \tag{3-30}$$

【例3-15】若名義利率為每年8%，用CPI的變動百分比衡量的通貨膨脹率為每年5%，則實際利率為多少？

【解】粗略地計算，實際利率為：

$i = r - \dot{P} = 8\% - 5\% = 3\%$

精確地計算，實際利率為：

$i = \dfrac{r - \dot{P}}{1 + \dot{P}} = \dfrac{8\% - 5\%}{1 + 5\%} = 2.857\%$

三、名義利率和實際利率的關係

表 3.3　　　　　　　名義利率與實際利率的關係

年名義利率（r）	計息期	年計息數（m）	計息期利率（i = r/m）	年實際利率（i）
10%	年	1	10%	10%
	半年	2	5%	10.25%
	季度	4	2.5%	10.38%
	月	12	0.833%	10.47%
	日	365	0.027,4%	10.52%

通過上述分析，可知名義利率與實際利率有如下關係：

（1）實際利率比名義利率更能反應資金的時間價值；

（2）當計息週期為一年時，名義利率與實際利率相等，計息週期不足一年時，實際利率大於名義利率；

（3）名義利率越大，週期越短，實際利率與名義利率的差值就越大。

思考與練習

1. 什麼是資金時間價值？資金時間價值的衡量尺度是什麼？具體說明這些衡量尺度是如何影響資金時間價值的。

2. 試分析中國銀行存款是單利還是複利。

3. 什麼是資金等值？資金等值的作用是什麼？

4. 假設年利率為12%，每季度計息一次，年初存款為1,000萬元，1年後的本利和為多少？

5. 年利率為15%，試計算週期為半年、季度、月、周的年實際利率。

6. 某公司擬購進一臺設備，付款方式為兩種：一種分 10 年每年年初付款 5 萬元；二是現在一次付清共 30 萬元。如果考慮複利，市場利率是 10%，應選擇哪種付款方式？

7. 某項目起初投資為 20,000 元，第一年淨收益為 5,000 元，從第二年開始至第六年逐年遞增 10%，第六年至第十年每年淨收益為 6,000 元。若年資金收益率為 10%，求與該項目現金流量等值的現值、終值及等年值。

8. 下列等額支付的年金終值和年金現值各為多少？
（1）年利率為 6%，每年年末借款 500 元，連續借款 12 年；
（2）年利率為 9%，每年年初借款 4,200 元，連續借款 43 年；
（3）年利率為 8%，每季度計息 1 次，每季度末借款 1,400 元，連續借款 16 年；
（4）年利率為 10%，每半年計息一次，每月月末借款 500 元，連續借款 2 年。

第四章 工程經濟分析的基本方法

第一節 工程經濟分析概述

一、工程經濟分析定義

工程經濟分析是指對各種技術方案的經濟效益進行計算、分析和評價，使得應用於工程的技術能夠有效地為建設服務。

工程經濟分析的核心內容就是要根據所考察系統的預期目標和所擁有的資源條件，分析該系統的現金流量情況，選擇合適的技術方案，以獲得最佳的經濟效果。

二、工程經濟分析的重要意義

工程經濟分析的重要意義體現在三個方面：

1. 它是提高社會資源利用效率的有效途徑

如何以最低的成本可靠地實現產品的必要功能，是工程經濟分析的一個重要內容，也就是說，要為合理分配和有效利用資源的決策，必須同時考慮技術與經濟各方面的因素，進行工程經濟分析。

2. 它是企業生產決策的重要前提和依據

工程經濟分析的結果是企業生產決策的前提和依據，沒有可靠的經濟分析，就難以保證決策的正確。

3. 它是降低項目投資風險的可靠保證

決策科學化是工程經濟分析的重要體現，在工程項目投資前期進行各種技術方

案的論證評價,一方面可以在投資前發現問題,以便及時採取相應措施;另一方面對技術經濟論證不可行的方案,及時否決,以減少決策的盲目性,避免不必要的損失,使投資風險趨於最小。

三、工程經濟分析的基本思路

1. 工程經濟分析的一般過程

一個工程項目從提出意向到達到預期目標,需要經過多個工作階段,分段進行,不斷深入。例如,工程項目前期工作階段可劃分為如下過程(見圖4.1)。

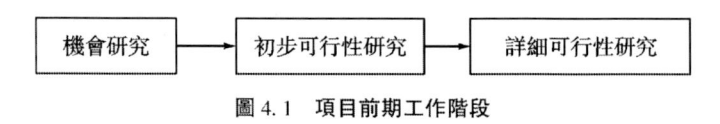

機會研究 → 初步可行性研究 → 詳細可行性研究

圖4.1 項目前期工作階段

工程經濟分析是一個不斷深入、不斷反饋的動態規劃過程。從縱向看,前一階段的工作成果是後一階段工作的前提和基礎,後一階段是前一階段工作的深入和細化。從橫向看,每一個階段又可分解成若干相互聯繫和區別的子過程,子過程的優化離不開整體的優化,整體的優化要靠子過程的優化來實現。

2. 工程經濟分析的基本步驟

工程經濟分析的基本步驟如圖4.2所示。

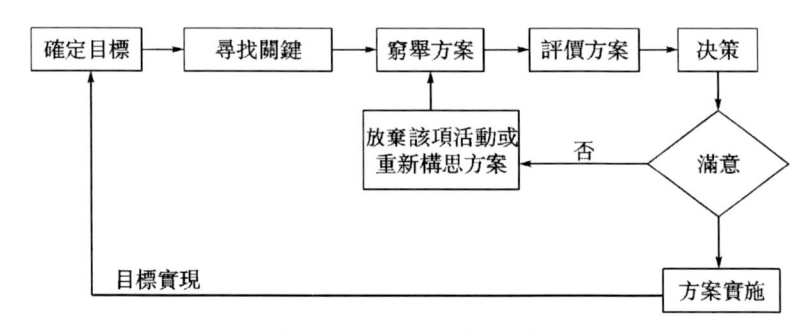

圖4.2 經濟分析的基本步驟

(1)確定目標

工程經濟分析的第一步就是通過調查研究尋找經濟環境中顯在和潛在的需求,確立工作目標。

(2)尋找關鍵要素

關鍵要素也就是實現目標的制約因素,確定關鍵要素是工程經濟分析的重要一環。只有找出了主要矛盾,確定了系統的各種關鍵要素,才能集中力量,採取最有效的措施,為目標的實現掃清道路。

(3)窮舉方案

一個問題可採取多重方法來解決,因而可以制訂出不同的方案。工程經濟分析

第四章　工程經濟分析的基本方法

過程本身就是從多方案中選優。如果只有一個方案，決策的意義就不大了。所以窮舉方案就是要盡可能多地提出各種備選方案。

（4）評價方案

評價方案是工程經濟分析中最常用的方法。從工程技術的角度提出的方案往往都是技術上可行的，但在效果一定時，只有費用最低的方案才能成為最佳方案，這就需要對備選方案進行經濟效果評價。評價方案，首先必須將參與分析的各種因素定量化，一般將方案的投入和產出轉化為用貨幣表示的收益和費用，即確定各對比方案的現金流量，並估計現金流量發生的時點，然後運用數學手段進行綜合運算、分析對比，從中選出最優的方案。

（5）決策

決策即從若干行動方案中選擇令人滿意的實施方案，它對工程項目建設的效果有決定性的影響。

第二節　投資回收期法和投資效果系數法

一、投資回收期法

1. 投資回收期法定義

投資回收期法又稱「投資返本年限法」，是計算項目投產後在正常生產經營條件下的收益額和計提的折舊額、無形資產攤銷額用來收回項目總投資所需的時間，與行業基準投資回收期對比來分析項目投資財務效益的一種靜態分析法。

投資回收期指標所衡量的是收回初始投資的速度的快慢。其基本的選擇標準是：在只有一個項目可供選擇時，該項目的投資回收期要小於決策者規定的最高標準；如果有多個項目可供選擇時，在項目的投資回收期小於決策者要求的最高標準的前提下，還要從中選擇回收期最短的項目。

2. 靜態投資回收期

項目的靜態投資回收期是在不考慮資金時間價值的情況下，以項目淨收益回收項目總投資所需要的時間。一般以年為單位。項目投資回收期宜從項目建設開始算起，若從項目投資開始計算，應予以特別註明。

（1）計算公式

靜態投資回收期的表達式

$$\sum_{t=0}^{P_t}(CI-CO)_t=0 \tag{4-1}$$

式中：P_t——投資回收期（年）；

　　　CI——現金流入量；

CO——現金流出量；

$(CI-CO)_t$——第 t 年的淨現金流量。

靜態投資回收期可根據項目現金流量表計算，其具體計算分以下兩種情況：

①項目建成投產後各年的淨收益均相同時：

$$P_t = \frac{I}{A} \tag{4-2}$$

式中：I——項目的全部投資；

　　　A——每年的淨現金流量。

【例 4-1】某工程項目一次性投資 1,500 萬元，估計投產後每年的平均收益為 150 萬元，求該項目的靜態投資回收期。

解：根據公式，有

$P_t = 1,500 \div 150 = 10$（年）

②項目建成投產後各年的淨收益不相同時：

P_t = 累計淨現值開始出現正值的年份數 $-1+\dfrac{\text{上年累計淨現金流量絕對值}}{\text{當年淨現金流量}}$

$$\tag{4-3}$$

【例 4-2】某工程的現金流量表見表 4-1，計算靜態投資回收期。

表 4.1　　　　　　　　　現金流量表　　　　　　　　單位：萬元

年末	0	1	2	3	4	5	6	7
淨現金流量	-120	-100	40	80	80	80	80	80
累計淨現金流量	-120	-220	-180	-100	-20	60	140	220

解：根據公式得

$P_t = 5 - 1 + \dfrac{|-20|}{80} = 4.25$（年）

(2) 評價標準

投資回收期評價項目時，需要與投資者確定的基準投資回收期相比較。設基準投資回收期為 P_c，判別標準為：

當 $P_t \leq P_c$ 時，則項目可以考慮接受；

當 $P_t > P_c$ 時，則項目應予以拒絕。

【例 4-3】某項目現金流量表如表 4-2 所示，基準投資回收期為 5 年，試用靜態投資回收期法評價方案是否可行。

表 4.2　　　　　　　　　現金流量表　　　　　　　　單位：萬元

年份	0	1	2	3	4	5	6
投資	1,200						
收入		600	400	200	200	200	200

第四章 工程經濟分析的基本方法

$$\sum_{t=0}^{P_t}(CI-CO)_t = 1,200 - 600 - 400 - 200 = 0$$

$P_t = 3$

$P_t < P_c$

所以方案可行。

(3) 優缺點

靜態投資回收期法的優點是：易於理解、計算簡便，只要算得的投資回收期短於行業基準投資回收期，就可考慮接受這個項目。

其缺點是：①只注意項目回收投資的年限，沒有直接說明項目的獲利能力；②沒有考慮項目的整個壽命週期的盈利水準；③沒有考慮資金的時間價值。一般只在項目初選時使用。

(4) 適用範圍

投資回收期指標的特點是計算簡單，易於理解，且在一定程度上考慮了投資的風險狀況（投資回收期越長，投資風險越高，反之，投資風險則減少），故在很長時間內被投資決策者們廣為運用，目前也仍然是一個在進行投資決策時需要參考的重要指標。但是，一般認為靜態投資回收期只能作為一種輔助指標，而不能單獨使用，其原因是：第一，投資回收期指標將各期現金流量給予同等的權重，沒有考慮資金的時間價值。第二，投資回收期指標只考慮了回收期之前的現金流量對投資收益的貢獻，沒有考慮回收期之後的現金流量對投資收益的貢獻。第三，投資回收期指標的標準確定主觀性較大。

3. 動態投資回收期

動態投資回收期是在考慮資金時間價值條件下，按設定的基準收益率收回全部投資所需的時間。此法主要是為了克服靜態投資回收期為未考慮時間因素的缺點。

(1) 計算公式

動態投資回收期表達式為

$$\sum_{t=0}^{P_D}(CI-CO)(1+i_c)^{-t} = 0 \qquad (4-4)$$

式中：P_D——動態投資回收期；

i_c——基準收益率，其他符號含義同前。

動態投資回收期也可以用項目財務現金流量表中的累計淨現金流量計算求得，其計算式為

$$P_D = 累計淨現值開始出現正值的年份屬數 - 1 + \frac{上年累計淨現值的絕對值}{當年的淨現值}$$

(4-5)

(2) 評價標準

設基準投資回收期為 P_c，判別標準為：

當 $P_t' \leq P_c$ 時，則項目可以考慮接受；

當 $P_t' > P_c$ 時，則項目應予以拒絕。

【例4-4】某投資項目的淨現金流量見表4.3，如果行業基準投資回收期為7年，$i_c = 10\%$，計算該投資項目的動態投資回收期並判斷方案是否可行。

表4.3　　　　　　　　　淨現金流量表　　　　　　　　　單位：萬元

年份	0	1	2-9
淨現金流量	-25	-20	12

解：將計算過程列於表4.4中。

表4.4　　　　　　　　　累計淨現金流量現值表　　　　　　　　　單位：萬元

年份	0	1	2	3	4	5	6	7	8	9
淨現金流量	-25	-20	12	12	12	12	12	12	12	12
(P/F, 10%, t)	1	0.909,1	0.826,4	0.751,3	0.683,0	0.620,9	0.564,5	0.513,2	0.466,5	0.424,1
淨現金流量現值	-25	-18.19	9.916,8	9.051,6	8.196	7.450,8	6.774	6.158,4	5.598	5.089,2
累計淨現金流量現值	-25	-43.18	-33.3	-24.2	-16.0	-8.59	-1.82	4.34	9.94	15.03

由表，帶入公式得

$$P_D = (7-1) + \frac{|-1.82|}{6.158,4} = 6.3 \text{（年）}$$

由於 $P_D = 6.3$ 年 $< P_c = 7$ 年，因此，該方案可行。

(3) 優缺點

動態投資回收期法考慮了資金的時間價值，克服了靜態投資回收期法的缺陷，所反應的項目風險性和盈利能力也更加真實、可靠。

其缺點主要有：①具有主觀性，忽略了回收期以後的淨現金流量。②未來年份的淨現金流量為負數時，動態投資回收期可能變得無效，甚至做出錯誤的決策。

(4) 適用範圍

投資者一般都十分關心投資的回收速度，為了減少投資風險，都希望越早收回投資越好。動態投資回收期是一個常用的經濟評價指標。動態投資回收期彌補了靜態投資回收期沒有考慮資金的時間價值這一缺點，使其更符合實際情況。但投資回收期只能反應方案投資的回收速度，而不能反應方案之間的比較結果，因此不能單獨用於兩個或兩個以上方案的比較評價。

二、投資效果系數法

投資效果系數也稱投資利潤率，是指反應消耗和占用的資金與利潤之間的關係。

第四章　工程經濟分析的基本方法

用公式表示為：投資效果系數＝年利潤額除以投資總額。

1. 投資收益率

投資收益率（ROI）又稱投資利潤率，是指項目達到設計生產能力後一個正常年份的淨收益額占項目總投資的比率。實際上，該指標是工程單位投資所獲取的年淨利潤，反應了投資所獲得的盈利水準，是考察項目經濟效果的效率型指標。

（1）計算公式

投資收益率表達式為

$$\text{ROI} = \frac{\text{NB}}{K} \times 100\% \qquad (4-6)$$

式中：K——投資總額；

　　　NB——正常年份的淨收益，根據分析目的不同，NB 可以是稅前利潤、稅後利潤等；

　　　ROI——投資收益率。

ROI 可以表現為各種不同的具體指標，投資收益率常見的具體指標有：

$$\text{全部投資收益率} = \frac{\text{年利潤總額} + \text{年折舊與攤銷費} + \text{年利息支出}}{\text{全部投資額}} \times 100\% \qquad (4-7)$$

$$\text{自有資金投資收益率} = \frac{\text{年利潤總額} + \text{年折舊與攤銷費}}{\text{自有資金投資額}} \qquad (4-8)$$

$$\text{投資利潤率} = \frac{\text{年利潤總額或年平均利潤總額}}{\text{全部投資額}} \qquad (4-9)$$

（2）評價標準

用投資收益率判斷方案的優劣需要用方案的投資收益率與國家或行業確定的基準投資收益率相比較。而基準投資收益率是國家或行業根據歷史數據確定的。設基準投資收益率為 i_c，判斷準則為：

當 ROI≥i_c 時，項目可行，可以考慮接受；

當 ROI<i_c 時，項目不可行，應予以拒絕。

若多個方案比較，則在各個方案滿足 ROI≥i_c 時，投資收益率越大的方案越好。

【例 4-5】某項目期初投資 2,000 萬元，建設期為 3 年，投產前兩年每年的收益為 200 萬元，以後每年的收益為 400 萬元。若基準投資收益率為 18%，問：該方案是否可行？

解：該方案正常年份的淨收益為 400 萬元，因此，投資收益率為：

$$\text{ROI} = \frac{400}{2,000} \times 100\% = 20\%$$

該方案的投資收益率為 20%，大於基準投資收益率 18%，因此，該方案可行。

（3）優缺點

投資收益率的優點是計算公式最為簡單；缺點是沒有考慮資金時間價值因素，

不能正確反應建設期長短及投資方式不同和回收額的有無對項目的影響，分子、分母計算口徑的可比性較差，無法直接利用淨現金流量信息。只有投資收益率指標大於或等於無風險投資收益率的投資項目才具有財務可行性。

第三節　現值法

一、現值法概述

現值法（Present Value，PV）是計算各方案的淨現金流量的現值，然後在現值的基礎上比較各方案。此法要求各方案的所有現金流入與現金流出可以估計出來，常用於改建、擴建項目的經濟評價。

二、現值法常用的評價指標有淨現值、淨現值率

1. 淨現值（Net Present Value，簡記為 NPV）

淨現值指標是對投資項目進行動態經濟評價的最常用的指標，是指投資方案所產生的現金淨流量以資金成本為貼現率折現之後與原始投資額現值的差額。

（1）計算公式

淨現值的計算公式為

$$NPV = \sum_{t=0}^{n} (CI - CO)_t (1 + i_0)^{-t} \qquad (4-10)$$

式中：NPV——項目或方案的淨現值；

　　　$(CI - CO)_t$——第 t 年的淨現金流量；

　　　n——項目壽命週期；

　　　$(1 + i_0)^{-t}$——第 t 年的折現系數。

（2）評價標準

利用淨現值判斷方案時，對單一方案而言，若 NPV≥0，說明方案可行，可以接受；若 NPV<0 時，說明方案不可行，應予以拒絕。

【例4-6】某項目的期初投資1,000萬元，投資後一年建成並獲益。每年的銷售收入為400萬元，經營成本為200萬元，該項目的壽命期為10年。若基準折現率為5%，問：該項目是否可行？

解：根據題意，可以計算項目的淨現值為：

NPV = (400 - 200)(P/A,5%,10) - 1,000 = 544.34（萬元）

由於該項目的 NPV>0，所以項目可行。

（3）優缺點

優點：①考慮了資金的時間價值，增強了投資經濟性的評價；②考慮了全過程

第四章　工程經濟分析的基本方法

的淨現金流量，體現了流動性與收益性的統一；③考慮了投資風險，風險大則採用高折現率，風險小則採用低折現率。

缺點：①淨現值的計算較麻煩，難掌握；②淨現金流量的測量和折現率較難確定；③不能從動態角度直接反應投資項目的實際收益水準；④項目投資額不等時，無法準確判斷方案的優劣。

2. 淨現值率（NPVR）

淨現值指標用於多方案比較時，若各方案計算期一致，則淨現值最大的方案為最優方案。但如果投資額不等，在評價中就必須考慮單位投資的利用效率。通常用淨現值率來反應單位投資的利用效率。

淨現值率也稱淨現值指數（NPVI），指按設定貼現率計算方案淨現值與其全部投資現值的比率。

（1）計算公式

淨現值率的計算公式為

$$\mathrm{NPVR} = \frac{\mathrm{NPV}}{K_P} \tag{4-11}$$

式中：K_P——項目總投資現值。

（2）評價標準

用淨現值率評價方案時，若 NPVR≥0，說明方案可行，可以接受；若 NPVR<0 時，說明方案不可行，應予以拒絕。

用淨現值率進行方案比較時，以淨現值率較大的方案為優。淨現值率主要適用於多方案的優劣排序。

【例 4-7】某工程有 A、B 兩個方案，現金流量見表 4.5，當基準收益率為 12% 時，試用淨現值率法比較擇優。

表 4.5　　　　　　A、B 兩方案的現金流量表　　　　　　單位：萬元

方案	0	1	2	3	4	5
A	-2,000	600	1,000	1,000	1,000	1,000
B	-3,000	500	1,500	1,500	1,500	1,500

解：由公式：

$\mathrm{NPV}_A = -2,000 + 600(P/F, 12\%, 1) + 1,000(P/A, 12\%, 4)(P/F, 12\%, 1)$
　　$= 1,247.5$（萬元）

$\mathrm{NPVR}_A = 1,247.5 \div 2,000 = 0.623,8$

$\mathrm{NPV}_B = -3,000 + 500(P/F, 12\%, 1) + 1,500(P/A, 12\%, 4)(P/F, 12\%, 1)$
　　$= 1,514.1$（萬元）

$\mathrm{NPVR}_B = 1,514.1 \div 3,000 = 0.504,7$

由以上計算，A 方案較優。

第四節　年值法和終值法

一、年值法

1. 年值法概述

年值法是指分別計算各比較項目或方案淨效益的等效年值並進行比較，以年值較大的項目或方案為優，進行比選的一種方法。

淨年值法是將一方案的現金流量，按其折現率（或最低可接受報酬率），轉換成等額的年值當量，以進行方案的評估。用一連串等額的期末年金，代表某一投資方案的價值。

2. 年值法計算公式

淨年值法計算公式為

$$\text{NAV} = \left[\sum_{t=0}^{n} (S - I - C + S_V + W)_t \left(\frac{P}{F}, i, t \right) \right] \left(\frac{A}{P}, i, n \right) \quad (4-12)$$

式中：S——各年銷售收入額；

I——各年投資額；

C——各年經營成本；

S_V——計算期末回收的固定資產餘額；

W——計算期末回收的流動資金；

n——計算期；

NPV——淨現值。

即
$$\text{NAV} = \text{NPV} \left(\frac{A}{P}, i, n \right) \quad (4-13)$$

3. 判別標準

使用年值法對方案進行評價，其結果與淨現值法的結果相同。淨現值是項目整個壽命內所獲收益的現值，而年值是項目期內每年的現值平均收益。

當 $\text{NAV} \geq 0$，說明項目在方案計算期內每年的平均等額收益有盈餘，方案可取；當 $\text{NAV} < 0$，則說明方案不可取。多方案比較時，淨年值大的方案為優選方案。

【例4-8】某投資方案的淨現金流量見圖4-3，設基準收益率為10%，求該方案的淨年值。

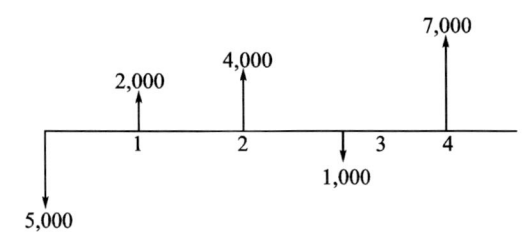

圖4.3　投資方案現金流量

第四章　工程經濟分析的基本方法

解：由公式得

$$\begin{aligned}NAV &= [-5,000+2,000(P/F,10\%,1)+4,000(P/F,10\%,2)-1,000(P/F,10\%,3)\\&\quad +7,000(P/F,10\%,4)=1,311\ （萬元）\end{aligned}$$

二、終值法

終值即將來值，所謂將來值（Net Future Value，NFV）就是以項目計算期為準，把不同時間發生的淨現金流量按照一定的折現率計算到項目計算期末的未來值之和。用公式表示為：

$$NFV = NPV(\frac{F}{P},\ i_c,\ n) \qquad (4\text{-}14)$$

即將來值等於淨現值乘以一個常數（$F/P,i,n$）。由此可見，用兩個指標來評價項目或方案的結論是一致的，只是二者計算的時間點不同而已。

將來值的判斷準則是：對單方案或項目而言，當 NFV≥0 時，方案或項目可行；當 NFV<0 時，方案或項目不可行。對多方案而言，NFV 最大的方案最優。

NFV 是 NPV 或 NAV 指標的替代。NFV 立足於未來的時間基準點，在某種程度上有些誇大事實的作用。因此，當投資方案可能會遇到高通貨膨脹時，NFV 比較容易顯示出在通貨膨脹的影響效果，這時比較適合用該指標進行評價。此外，有些策劃人員為了說服決策者投資於某個特定方案，常應用該指標來誇大方案較其他方案的優越程度。

● 第五節　費用比較法

在工程經濟中經常會遇到這樣一類問題，兩個或多個互斥方案其產出的效果基本相同，但卻難以進行具體估算，如企業裡的一些後方生產用設備、環保項目、教育項目、社會公益項目等的產出是難以計量和預測的，對這些項目的方案進行比較時，往往只考慮費用。也有一些產出相同的方案，在比較時為了簡便起見，不考慮產出。僅用費用來比較方案，常見的指標有兩種，即費用現值和費用年值。

一、費用現值法

1. 概念

所謂費用現值（Present Cost，PC）就是指按照一定的折現率，在不考慮項目或方案收益時，將項目或方案每年的費用折算到某個時刻（一般是期初）的現值之和。這種方法可視為淨現值法的一個特殊情況，它是以各個比選方案的費用現值為對比條件，以所計算出來的費用現值最少的方案為最優方案。

2. 計算公式

費用現值計算公式為

$$PC = \sum_{t=0}^{n}(I + C - S_V - W)_t(\frac{P}{F}, i_0, t) = \sum_{t=0}^{n}CO_t(\frac{P}{F}, i_0, t) \quad (4-15)$$

式中：I——表示全部投資，包括固定資產投資和流動資金；

C——表示年經營總成本；

S_V——表示計算期末回收固定資產殘值；

W——表示計算期末回收流動資金；

CO_t——各年淨現金流出額；

n——計算期。

【例 4-9】某項目有 A、B 兩種不同的工藝設計方案，均能滿足同樣的生產技術需要，其有關費用支出見表 4.6，基準折現率為 10%，試用費用現值法選擇最佳方案。

表 4.6　　　　　　　　A、B 兩方案費用支出表　　　　　　　　單位：萬元

方案	投資（第 1 年年末）	年經營成本（第 2-10 年年末）	壽命期
A	780	280	10
B	900	240	10

解：由公式得

$PC_A = 780(P/F, 10\%, 1) + 280(P/A, 10\%, 9)(P/F, 10\%, 1) = 2,175.04$（萬元）

$PC_B = 900(P/F, 10\%, 1) + 240(P/A, 10\%, 9)(P/F, 10\%, 1) = 2,074.71$（萬元）

由 $PC_A > PC_B$，所以 B 方案為最佳方案。

二、費用年值法

1. 概念

費用年值（Annual Cost，AC）是指通過資金等值換算，將項目的費用現值分攤到壽命期內各年的等額年值。

2. 計算公式

費用年值法計算公式為：

$$AC = \sum_{t=0}^{n}CO_t(1 + i_0)^{-t}(\frac{A}{P}, i_0, n) = PC(\frac{A}{P}, i_0, n) \quad (4-16)$$

式中：AC——項目或方案的費用年值；

$(A/P, i_0, n)$——等額支付資本回收系數；其他符號與 PC 表達式同。

【例 4-10】某項目有三個供氣方案 A、B、C 均能滿足同樣的需要。其費用數據見表 4.7。若基準折現率為 5%，試分別用費用現值和費用年值判斷方案的優劣。

第四章　工程經濟分析的基本方法

表 4.7　　　　　　　　　　三個供氣方案的費用數據表　　　　　　　　　　單位：萬元

方案＼年份	總投資（第 0 年）	年營運費用（第 1–5 年）	年營運費用（第 6–10 年）
A	1,000	40	50
B	1,200	30	40
C	900	50	60

解：3 個方案的費用現值分別為：

$PC_A = 50(P/A,5\%,5)(P/F,5\%,5) + 40(P/A,5\%,5) + 1,000$
　　$= 1,342.788,2$（萬元）

$PC_B = 40(P/A,5\%,5)(P/F,5\%,5) + 30(P/A,5\%,5) + 1,200$
　　$= 1,465.571,5$（萬元）

$PC_C = 60(P/A,5\%,5)(P/F,5\%,5) + 50(P/A,5\%,5) + 900$
　　$= 1,320.004,8$（萬元）

從計算結果看，C 方案的費用現值最小，因此 C 方案最優。

再計算三個方案的費用年值：

$AC_A = PC_A(A/P,i,n) = 1,342.788,2\ (A/P,5\%,10) = 173.891,1$（萬元）
$AC_B = PC_B(A/P,i,n) = 1,465.571,5\ (A/P,5\%,10) = 189.791,5$（萬元）
$AC_C = PC_C(A/P,i,n) = 1,320.004,8\ (A/P,5\%,10) = 170.940,6$（萬元）

從費用年值的計算結果看，也是 C 方案最優。

所以根據上例，兩種方法的計算結果是一致的，因此，這兩個指標是等價的。費用年值指標評價的準則也是：費用年值最小的方案最優。同樣，用費用年值指標進行方案比較時，也應滿足相同的需要。但是，費用年值相當於一個「年平均值」，比費用現值更具有可比性，尤其當方案或項目的壽命不同時，採用費用年值更簡便，更具有可比性。

第六節　收益率法

一、內部收益率法

1. 概念

內部收益率（IRR）法是用內部收益率來評價項目投資財務效益的方法。所謂內部收益率，就是使得項目流入資金的現值總額與流出資金的現值總額相等的利率，換言之就是使得淨現值（NPV）等於零時的折現率。

2. 計算

（1）計算公式

內部收益率可從（4-17）的方程式計算得出。

$$\sum_{t=0}^{n}(CI-CO)_t(1+IRR)^{-t}=0 \qquad (4-17)$$

式中：IRR——內部收益率；其餘含義同前。

（2）計算步驟

①在計算淨現值的基礎上，如果淨現值是正值，就要採用這個淨現值計算中更高的折現率來測算，直到測算的淨現值正值近於零。

②再繼續提高折現率，直到測算出一個淨現值為負值。如果負值過大，就降低折現率後再測算到接近於零的負值。

③根據接近於零的相鄰正負兩個淨現值的折現率，用線性插值法求得內部收益率。

（3）評價標準

根據淨現值與折現率的關係，以及淨現值指標在項目評價時的評價標準，可以推導出用內部收益率指標評價過程項目式的評價標準：

若 $IRR > i_c$，則 $NPV > 0$，說明項目可行。

若 $IEE = i_c$，則 $NPV = 0$，說明項目可以考慮接受。

若 $IRR < i_c$，則 $NPV < 0$，說明項目不可行。

【例4-11】某工程項目期初投資10,000元，一年後投產並獲得收益，每年的淨收益為3,000元。基準折現率為10%，壽命期為10年。試用內部收益率指標項目是否可行。

解：$NPV = 3,000(P/A, i, 10) - 10,000$

取 $i_1 = 25\%$，$NPV(i_1) = 711.51$（元）

取 $i_2 = 30\%$，$NPV(i_2) = -725.38$（元），代入IRR公式計算IRR得：

$IRR = 27.48\%$

由於基準折現率 $i_0 = 10\% < IRR = 27.48\%$，所以項目可行。

（4）內部收益率法的優缺點

內部收益率，是一項投資可望達到的報酬率，是能使投資項目淨現值等於零時的折現率。就是在考慮了時間價值的情況下，使一項投資在未來產生的現金流量現值，剛好等於投資成本時的收益率，而不是你所想的「不論高低淨現值都是零，所以高低都無所謂」，這是一個本末倒置的想法。因為計算內部收益率的前提本來就是使淨現值等於零。

說得通俗點，內部收益率越高，說明你投入的成本相對地少，但獲得的收益卻相對的多。比如A、B兩項投資，成本都是10萬，經營期都是5年，A每年可獲淨現金流量3萬，B可獲4萬，通過計算，可以得出A的內部收益率約等於15%，

第四章　工程經濟分析的基本方法

B 的約等 28%。這些情況，其實通過年金現值系數表就可以看得出來的。

3. 內部收益率的經濟意義

前面瞭解了內部收益率的概念及計算，但怎樣從經濟上解釋內部收益率呢？從經濟上說，內部收益率就是使得項目在壽命期結束時，投資剛好被全部收回的折現率。也就是說，在項目的整個壽命期內，按照利率 i = IRR 計算，始終存在未能收回的投資，而在壽命期結束時，投資剛好被全部收回。即，在項目壽命期內的各個時刻，項目始終處於「償付」未被收回的投資狀況。因此，項目的「償付」能力完全取決於項目內部，故有「內部收益率」的稱謂。

現在通過下例來驗證內部收益率的經濟含義：

【例 4–12】某項目的壽命期為 4 年，其現金流量如圖 4.4 所示。試計算圖中現金流量的內部收益率，並驗證內部收益率的經濟含義。

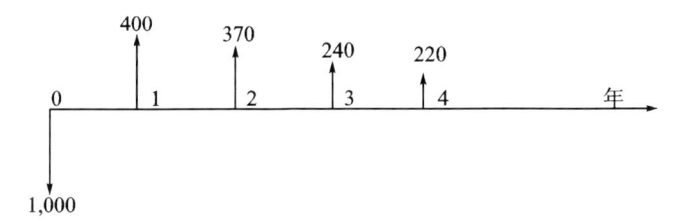

圖 4.4　現金流量圖

解：$\text{NPV} = \dfrac{400}{1+i} + \dfrac{370}{(1+i)^2} + \dfrac{240}{(1+i)^3} + \dfrac{220}{(1+i)^4} - 1,000$

$i_1 = 8\%$，$\text{NPV}_1 = 39.812,0$（元）

$i_2 = 12\%$，$\text{NPV}_2 = -37.254,2$（元）

IRR = 10%

現在驗證內部收益率的經濟含義。按照 i = IRR = 10% 計算項目每年未收回的資金如下：

第 1 年年末未收回的資金為：$-1,000(1+10\%) + 400 = -700$（元），處於「償付」狀態。

第 2 年年末未收回的資金為：$-1,000(1+10\%)^2 + 400(1+10\%) + 370 = -400$（元），處於「償付」狀態。

第 3 年年末未收回的資金為：
$-1,000(1+10\%)^3 + 400(1+10\%)^2 + 370(1+10\%) + 240 = -200$（元），處於「償付」狀態。

第 4 年年末未收回的資金為：
$-1,000(1+10\%)^4 + 400(1+10\%)^3 + 370(1+10\%)^2 + 240(1+10\%) + 220 = 0$，投資全部被收回。

可見，按照內部收益率計算，本項目在壽命期內的前三年始終處於「償付」狀

態，資金未被完全收回。只有在第 4 年年末，壽命期結束時，投資才全部被收回。這就驗證了內部收益率的經濟含義。

4. 內部收益率的幾種特殊情況

（1）內部收益率與靜態投資回收期的關係

在某些特殊情況下，靜態投資回收期和內部收益率是等價的。如當投資發生在年初（第 0 年），以後各年年末的收益相等時，靜態投資回收期和內部收益率是等價的。這時給定項目的壽命期為 N 年，按照內部收益率的定義有：

$$-P + A(\frac{P}{A}, \text{IRR}, N) = 0 \rightarrow (\frac{P}{A}, \text{IRR}, N) = \frac{P}{A}$$

由靜態投資回收期的公式可知，上式右邊式子即為靜態投資回收 T_P。因此，有公式：

$$T_P = \frac{(1+\text{IRR})^N - 1}{\text{IRR}(1+\text{IRR})^N} \qquad (4-18)$$

【例 4-13】若某項目年初投資，一年後獲得收益，每年的收益相等。先給定內部收益率為 15%，項目的壽命期為 20 年。請問：與項目等價的靜態投資回收期是多少？

解：$TP = \frac{(1+\text{IRR})^N - 1}{\text{IRR}(1+\text{IRR})^N} = \frac{(1+15\%)^{20} - 1}{15\%(1+15\%)^{20}} = 6.26(年)$

（2）具有多個內部收益率的情況

常規投資項目都具有唯一的內部收益率。但在實際工程中，也有些項目存在多個內部收益率。對於常規項目，在項目的壽命期初（投資建設期和投產初期），淨現金流量一般為負值（現金流出大於現金流入），項目進入正常生產期後，淨現金流量就會變成正值（現金流入大於現金流出）。只要其累計淨現金流量大於零，IRR 就有唯一的正數解。對於非常規項目，在項目壽命期的各個時刻可能都有現金流出和現金流入，各個時刻的淨現金流量可能為正，也可能為負。即非常規項目的高次方程可能有多個正實數根，這些根是否是真正的內部收益率呢？這需要按照內部收益率的經濟含義進行驗證。即以這些根作為盈利率，代入計算項目壽命期內各個時刻的資金，看是否存在未「償付」的資金。

可以得出以下結論：對於非常規項目，只要 IRR 方程存在多個正實數根，則所有的根都不是項目真正的內部收益率。但若非常規項目的 IRR 方程只有一個正實數根，則這個根就是項目的內部收益率。

【例 4-14】某項目的淨現金流量見表 4.8，試判斷此項目是否存在內部收益率。

表 4.8　　　　　　　　　　某項目現金流量表　　　　　　　　　　單位：萬元

年份	0	1	2	3	4	5
淨現金流量	-100	60	50	-200	150	100

第四章　工程經濟分析的基本方法

解：這是一個非常規項目。NPV 的表達式為：

NPV = -100 + 60 (P/F,i,1) + 50 (P/F,i,2) -200 (P/F,i,3) +150 (P/F,i,4) +100 (P/F,i,5) = 0

用試算法，算出方程有一個唯一的根 i = 12.97%。

驗算根 i = 12.97% 是否是項目的內部收益率。用 i = 12.97% 計算項目各年的資金。

第 1 年末未收回的資金為：-100 (1+12.97%) +60 = -52.97（元）

第 2 年末未收回的資金為：-100 (1+12.97%)^2 +60 (1+12.97%) +50 = -9.84（元）

第 3 年末未收回的資金為：

-100 (1+12.97%)^3 +60 (1+12.97%)^2 +50 (1+12.97%) -200 = -211.12（元）

第 4 年末未收回的資金為：

-100 (1+12.97%)^4 +60 (1+12.97%)^3 +50 (1+12.97%)^2 - 200 (1+12.97%) +150 = -88.52（元）

第 5 年末未收回的資金為：

-100 (1+12.97%)^5 + 60 (1+12.97%)^4 +50 (1+12.97%)^3 -200 (1+12.97%)^2 + 150 (1+12.97%) +100 = 0

用 i = 12.97% 計算項目各年末未被「償付」的資金，在 1~4 年資金都沒有全部被收回，只有在壽命期結束的第 5 年末資金才全部被收回。因此，此例驗證了前面的結論。

(3) 內部收益率不存在的情況

不存在內部收益率的幾種情況如下：

①總有 NPV>0。圖 4.5（a）中，淨現金流量始終為正。因為有

NPV = 800+500 (P/F, i, 1) +400 (P/F, i, 2) +200 (P/F, i, 3)

當 i = 0，NPV = 1,900（元）；i→+∞，NPV = 800（元）。可見，在項目的各個時期總有 NPV>0，圖形與橫軸沒有交點，不存在根，也就不可能存在內部收益率。

②總有 NPV<0。圖 4.5（b）中，淨現金流量始終為負。因為有

NPV = -1,000-500 (P/F, i, 1) -200 (P/F, i, 2) -300 (P/F, i, 3)

當 i = 0，NPV = -2,000（元）；i→+∞，NPV = -1,000（元）。可見，在項目的各個時期總有 NPV<0，圖形與橫軸沒有交點，不存在根，也就不可能存在內部收益率。

③現金流量的收入代數和小於支出代數和。圖 4.5（c）中，現金流量雖然開始是支出，以後都是收入，但由於現金流量的收入代數和 500+500+500 = 1,500（元）小於現金流量的支出代數和 1,000+800 = 1,800（元），使得項目在各個時期總有 NPV<0，圖形與橫軸沒有交點，所以不存在內部收益率。這是因為

NPV = -1,000-800(P/F,i,1)+500(P/A,i,3)(P/F,i,1)，

當 $i=0$ 時，NPV = -300（元）；當 $i \to +\infty$ 時，NPV = -10,000（元），即始終有 NPV<0，所以不存在內部收益率。

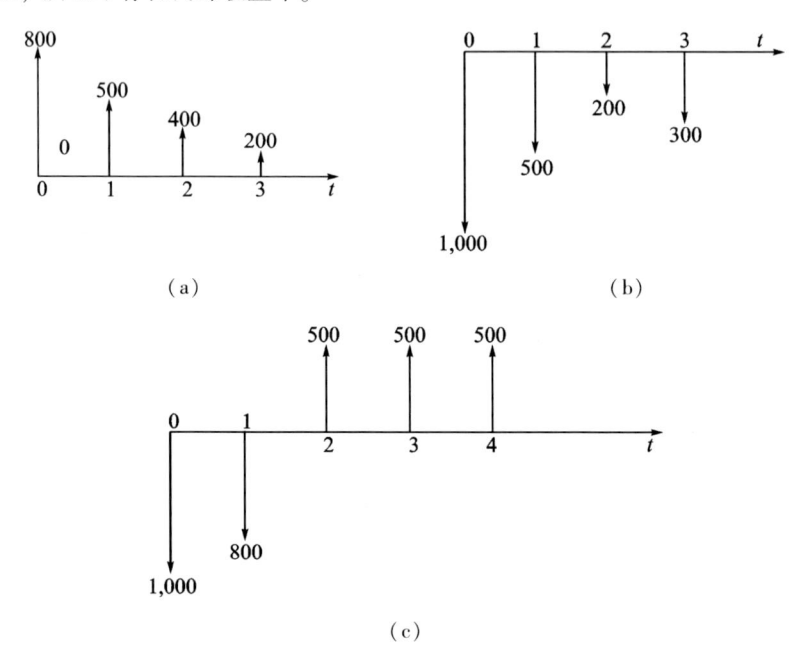

（a）

（b）

（c）

圖 4.5　不存在內部收益率的情況（單位：元）

（4）非投資情況

這是一種特殊的情況，即先從項目取得資金，然後償付項目的有關費用。如現有項目轉讓就屬於這種情況。

圖 4.6 是一種非投資情況。投資者先從項目取得資金，然後再向方案投資。注意，在此種情況下，只要現金流量的收入代數和大於支出代數和，一般就存在內部收益率。這是因為，圖 4.6 中的 NPV = -1,000 - 800 $(P/F, i, 1)$ + 800 $(P/A, i, 3)(P/F, i, 1)$。當 $i=0$ 時，NPV = -600（元）；$i \to +\infty$，NPV = 1,000（元）。可見，圖形與橫軸有交點，存在根，也就是說存在內部收益率。

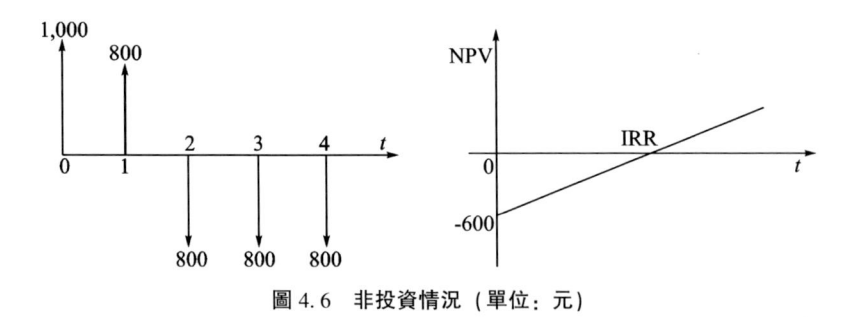

圖 4.6　非投資情況（單位：元）

只不過，NPV 的圖形與常規項目正好相反，隨著折現率的逐漸增大，NPV 的值

第四章　工程經濟分析的基本方法

也逐漸增大，並由負變正。判斷時，當內部收益率小於折現率時，項目才可行。

對 NPV = -1,000 - 800 $(P/F,i,1)$ + 800 $(P/A,i,3)$ $(P/F,i,1)$ = 0 求根。

取 i = 10%，NPV = -81.38（元）；取 i = 15%，NPV = 107.34（元）。則圖4.6的內部收益率為：

$$IRR = 10\% + (15\% - 10\%) \frac{|-81.38|}{|-81.38| + 107.34} = 12.16\%$$

可見，非投資情況也存在內部收益率。

三、外部收益率法

計算投資項目或方案的內部收益率時，隱含了一個基本假定，即項目壽命週期內所獲得的淨收益全部用於再投資，且再投資的收益率等於項目的內部收益率。這種隱含假定是由於現金流計算中採取複利計算方法導致的。

根據內部收益率的經濟含義，可以把IRR的方程寫成下式：

$$\sum_{t=0}^{n}(NB_t - K_t)(1 + IRR)^{-t} = 0 \tag{4-19}$$

式中，K_t——第 t 年的淨投資；

NB_t——第 t 年的淨收益。

上式兩端同乘以 $(1+IRR)^n$ 後得：

$$\sum_{t=0}^{n}(NB_t - K_t)(1 + IRR)^{n-t} = 0$$

也就是說，通過等值計算，將式（4-19）的左端的現值折算成了期末的終值。再對上式進行變換，可得：

$$\sum_{t=0}^{n} NB_t(1 + IRR)^{n-t} = \sum_{t=0}^{n} K_t(1 + IRR)^{n-t}$$

這個等式意味著：每年的淨收益以IRR為收益率進行再投資，到壽命期末歷年淨收益的終值和與歷年投資按IRR折算到壽命期末的終值相等。

內部收益率中的假定，往往受到投資機會的限制，難以與實際情況相符。這種假定也是造成非常規項目IRR的方程出現多個解而可能不存在內部收益率的原因。出現這種情況，一般最好用修正後的內部收益率——外部收益率來判斷方案。

外部收益率（External Rate of Return，ERR）是假設項目壽命期內所獲得的淨收益全部用於再投資，且再投資的收益率等於基準折現率。通過這種假設求出的解，即為外部收益率。計算外部收益率的公式如下：

$$\sum_{t=0}^{n} NB_t(1 + i_0)^{n-t} = \sum_{t=0}^{n} K_t(1 + ERR)^{n-t} \tag{4-20}$$

式中，ERR——外部收益率；

K_t——第 t 年的淨投資；

NB_t——第 t 年的淨收益；

i_0——基準折現率。

式（4-20）一般不會出現多個正實數解的情況，而且通常可以用代數方法直接求解。ERR 指標用於判斷投資方案的經濟效果時，需要與基準折現率 i_0 進行比較。其判斷準則是：

若 ERR $\geq i_0$，項目可行，可以接受；

若 ERR $< i_0$，項目不可行，不能接受，應予以拒絕。

【例 4-15】某項目的淨現金流量見表 4.9，基準折現率為 10%。試判斷此項目是否存在內部收益率，並判斷項目的可行性。

表 4.9　　　　　　　　某項目的現金流量表　　　　　　　　單位：萬元

年份	0	1	2	3	4	5
淨現金流量	1,900	1,000	-5,000	-5,000	2,000	6,000

解：該項目是一個非常規項目，其 IRR 方程為：

$$NPV = 1,900 + \frac{1,000}{1+i} - \frac{5,000}{(1+i)^2} - \frac{5,000}{(1+i)^3} + \frac{2,000}{(1+i)^4} + \frac{6,000}{(1+i)^5} = 0$$

方程系數符號變化兩次，有兩個解 $i_1 = 10.2\%$，$i_2 = 47.3\%$。並且經過驗證，這兩個解均不是項目的內部收益率，所以不能用內部收益率來判斷項目的可行性，只能用外部收益率來判斷了。本項目外部收益率的方程式為：

$1,900（1+10\%）^5 + 1,000（1+10\%）^4 + 2,000（1+10\%）+ 6,000 = 5,000（1+ERR）^3 + 5,000（1+ERR）^2$

解得：ERR = 10.1%。由於 ERR>0，所以項目可行。

第七節　多方案比選

一、方案選擇概述

1. 概念

前面介紹的經濟效益評價指標用於評價獨立項目或方案本身是否達到了標準要求，是否可行，效果顯著。但在實際項目的經濟評價中，往往需要在多個備選方案中進行比較和選擇。對於多方案的比選，除了可以應用前面介紹的獨立方案的經濟效益評價指標外，還可以運用多方案的評價指標，如相對投資回收期、計算費用、差額淨現值、差額內部收益率等。事實上，多方案的評價指標是獨立方案的經濟效益評價指標的進一步應用。此外，多方案比選的方法與備選方案之間關係的類型有關。不同類型的備選方案，其使用的評價方法不同。

第四章　工程經濟分析的基本方法

2. 主要類型

根據備選方案之間的相互關係，可將備選方案分成三種類型。

（1）獨立型

獨立型是指各個評價方案的現金流量是獨立的，不具有相關性，且任一方案的採用與否都不影響其他方案的採納。比如個人投資，可以存款、購買股票、購買債券，也可以購買房產等，這些方案中的任何一個方案的採納都不受其他方案的影響，它們的現金流量相互獨立，並且可以選擇其中的一個方案，也可以選擇其中的兩個或三個方案。獨立方案的特點是具有「可加性」，即選擇的各方案的投資、收益、支出均可以相加。如果決策對象是單一方案，則可以認為是獨立方案的特例。獨立方案的採用與否，只取決於方案自身的經濟性，即只需檢驗它們是否能夠通過淨現值、淨年值、淨將來值、內部收益率或費用現值等指標的評價標準。因此，多個獨立方案的評價與單一方案的評價方法是相同的。

（2）互斥型

互斥型是指方案間存在互不相容、互相排斥的關係，且在多個比選方案中只能選擇一個方案。比如為了連接兩地之間的交通，要麼建鐵路，要麼建公路，這兩個方案就是互斥型。還有廠址的選擇，一個地點就是一個方案，不同地點的方案選擇就是互斥型。不同的建設規模的選擇也是互斥型。由於互斥型方案只能從中選擇一個方案，因此，選擇互斥型方案時，它們的現金流量之間不存在相關關係。

（3）相關型

相關型是指在多個方案之間，如果接受（或拒絕）某一方案，會顯著改變其他方案的現金流量，或者接受（或拒絕）某一方案會影響對其他方案的接受（或拒絕）。相關型方案主要又有以下幾種：

①相互依存型和完全互補型。如果兩個或多個方案之間，某一方案的實施要求以另一方案（或另幾個方案）的實施為條件，則這兩個（或若干個）方案具有相互依存性，或者說具有完全互補性。兩個方案就屬於相互依存型和完全互補類型的相關方案。一般情況下，對這種類型的方案在評價時放在一起進行。

②現金流相關型。如果若干方案中，任一方案的取捨會導致其他方案的現金流量的變化，這些方案之間就具有相關性，屬於現金流相關型。如為了改善兩地之間的交通狀況，在兩地之間既可以建鐵路，也可以建公路，還可以同時建鐵路和公路。即使這兩個方案不存在互不相容的關係，但任何一個方案的實施或放棄都會影響另一方案的收入，從而影響方案經濟效果評價的結論。

③資金約束型。在對投資方案進行評價時，如果沒有資金總額的約束，各方案具有獨立性。但在資金有限的情況下，接受某些方案則意味著不得不放棄另外一些方案，這也是方案相關的一種類型，即資金約束型。

④混合相關型。方案之間存在多種類型就稱為混合相關型。比如，在有限的資金約束條件下，有幾個現金流量相關型方案，在這些方案中，又包括一些互斥型

方案。

二、多方案比選的常用指標

多方案的比選除了用本章前面介紹的指標外，還常用以下指標：相對投資回收期、計算費用、差額淨現值、差額內部收益率等。

1. 相對投資回收期

當相互比較的方案都能滿足相同需要，並滿足可比要求時，則只需比較它們的投資額大小和經營成本多少，就可以進行比選了。也就是說，可以用相對投資回收期來比選方案。相對投資回收期（Supplemental Pay Back Period）亦「追加投資回收期」「差額投資回收期」，它有兩種形態：靜態的相對投資回收期和動態的相對投資回收期。

（1）靜態的相對投資回收期

靜態的相對投資回收期（Static Supplemental Pay Back Period）是指在不考慮資金時間價值的情況下，用投資額大的方案比投資額小的方案所節約的經營成本來回收其差額投資所需要的時間。一般情況下，投資額大的方案，其經營成本低；投資額小的方案，其經營成本高。

計算公式如下：

$$T_a = \frac{K_2 - K_1}{C_1 - C_2} \tag{4-21}$$

式中：T_a——靜態的相對投資回收期；

K_2——投資額大的方案的全部投資；

K_1——投資額小的方案的全部投資；

C_2——投資額大的方案的年經營成本；

C_1——投資額小的方案的年經營成本。

與獨立方案的投資回收期一樣，用靜態的相對投資回收期來選擇方案時，也必須先選定一個基準投資回收期 T_0 與之比較，才能比選方案。判斷時，當兩個比選的方案產出相同時，其判斷準則是：

當 $T_a < T_0$ 時，投資額大的方案優於投資額小的方案，應選擇投資額大的方案；

當 $T_a > T_0$ 時，投資額小的方案優於投資額大的方案，應選擇投資額小的方案。

【例4-16】已知兩個建廠方案 A 和 B，方案 A 投資 1,500 萬元，年經營成本為 300 萬元；方案 B 投資 1,000 萬元，年經營成本為 400 萬元。若基準投資回收期為 6 年，試選擇方案。

解：直接將已知條件代入靜態相對投資回收期的公式得：

$$T_a = \frac{1,500 - 1,000}{400 - 300} = 5(年)$$

由於計算出的靜態相對投資回收期小於基準投資回收期，所以投資額大的方案

第四章 工程經濟分析的基本方法

A 優於投資額小的方案 B，應選擇方案 A。

但是，若兩個比選方案的產出不同時，就不能直接用上式來進行判斷。必須將比選方案的不同產出換算成單位費用進行比較。設方案的產出為 Q，則計算公式為：

$$T_a = \frac{K_2/Q_2 - K_1/Q_1}{C_1/Q_1 - C_2/Q_2} \tag{4-22}$$

式中，Q_1、Q_2 分別是兩個比較投資方案的產出，其他符號與式（4-21）一致。

對應有相對投資收益率（或差額投資收益率）。若比較的兩個方案的產出相同，則其計算公式為：

$$R_a = \frac{C_1 - C_2}{K_2 - K_1} \times 100\% \tag{4-23}$$

式中，R_a 是相對投資收益率，其他符號與前面相同。比較時把它與基準投資收益率 R_0 比較，當 $Ra > R_0$ 時，投資額大的方案優；當 $R_a < R_0$ 時，投資額小的方案優。

若比較的兩個方案的產出不相同，則其計算公式為：

$$R_a = \frac{C_1/Q_1 - C_2/Q_2}{K_2/Q_2 - K_1/Q_1} \times 100\% \tag{4-24}$$

判斷準則與式（4-23）相同。

（2）動態的相對投資回收期

所謂動態的相對投資回收期（Dynamic Supplemental Pay Back Period）是指在考慮資金時間價值的情況下，用投資額大的方案比投資額小的方案素所節約的經營成本來回收其差額投資所需要的時間。

設有兩個比較方案 A 和 B，A 的投資額大於 B 的投資額，其經營成本之差 $\Delta C = C_B - C_A$，投資額之差 $\Delta K = K_A - K_B$。則，兩個比較方案各年的經營成本差為 ΔC_1、ΔC_2、ΔC_3、…、ΔC_n，比較方案的投資額之差為 ΔK。則滿足下式成立的 T_a 即為動態的相對投資回收期：

$$\Delta K = \sum_{t=1}^{T_a^*} \frac{\Delta C_t}{(1+i_0)^t} \tag{4-25}$$

式中：T_a^*——動態的相對投資回收期；

I_0——基準折現率。

若每年的經營成本差相等，則式（4-25）將變成：

$$\Delta K = \Delta C \times \frac{(1+i_0)^{T_a^*} - 1}{i_0(1+i_0)^{T_a^*}}$$

對該式兩邊取對數，移項得：

$$T_a^* = -\frac{\log(1 - \frac{\Delta K \times i_0}{\Delta C})}{\log(1+i_0)} \tag{4-26}$$

動態相對投資回收期的計算方法與前面介紹的獨立方案的投資回收期計算方法

相同。當每年的經營成本差相等時，用公式計算，當每年的經營成本差不相等時，用列表法計算。

2. 計算費用

用相對投資回收期法可以對多方案進行兩兩相互比較，逐步淘汰，直至選出最優方案。但是，當比較的方案很多時，用相對投資回收期法進行兩兩相互比較，工作量太大，太繁瑣，就可採用計算費用法（Cost of Calculation）。計算費用又分靜態計算費用和動態計算費用兩種。

（1）靜態計算費用

一個技術方案是否經濟合理，既取決於一次性投資的大小，又取決於經營成本的高低，但這二者是不能直接相加的，採用「計算費用」就可以將二者合二為一。計算費用就是用一種合乎邏輯的方法，將一次性投資和經常發生的經營成本統一成為一種性質相似的費用，稱為「計算費用」或「折算費用」。

將計算費用用字母 Z 表示，用項目或方案的壽命週期代替基準投資回收期，則方案的總計算費用公式為：

$$Z_{j(總)} = K_j + T \cdot C_j \qquad (4-27)$$

式中：$Z_{j(總)}$——第 j 方案的期初靜態總計算費用；

K_j——第 j 方案的期初總投資；

C_j——第 j 方案的年經營成本；

T——項目或方案的壽命週期。

多方案比較時，方案的期初靜態總費用 $Z_{j(總)}$ 最低的方案最優。

由此可見，將方案的經營成本按壽命折算到期初與期初投資額之和稱為期初靜態總計算費用。我們也可以年計算費用，其公式為：

$$Z_{j(年)} = \frac{K_j}{T} + C_j \qquad (4-28)$$

多方案比較時，也是方案的年靜態計算費用 $Z_{j(年)}$ 最低的方案最優。以上兩種計算費用均沒有考慮資金的時間價值。

【例4-17】現有 A、B、C、D 4 個產出相同的方案，方案 A 的期初投資為 1,000 萬元，年經營成本為 100 萬元；方案 B 的期初投資為 800 萬元，年經營成本為 120 萬元；方案 C 的期初投資為 1,500 萬元，年經營成本為 80 萬元；方案 D 的期初投資為 1,000 萬元，年經營成本為 90 萬元。4 個方案的壽命期均為 10 年。試比較 4 個方案的優劣。

解：用計算費用法比較省事。各方案的總計算費用分別為：

$Z_{A(總)} = 1,000+10\times100 = 2,000$（萬元）；$Z_{B(總)} = 800+10\times120 = 2,000$（萬元）；

$Z_{C(總)} = 1,500+10\times80 = 2,300$（萬元）；$Z_{D(總)} = 1,000+10\times90 = 1,900$（萬元）

各方案的年計算費用分別為：

$Z_{A(年)} = 1,000/10+100 = 200$（萬元）；$Z_{B(年)} = 800/10+120 = 200$（萬元）

第四章 工程經濟分析的基本方法

$Z_{C(年)} = 1,500/10+80 = 230$（萬元）；$Z_{D(年)} = 1,000/10+90 = 190$（萬元）

從計算可知，D 方案的總計算費用和年計算費用都是最小的，所以 D 方案最優，應選 D 方案。

（2）動態計算費用

靜態計算費用法沒有考慮資金的時間價值。如果考慮資金的時間價值，則項目或方案的總計算費用和年計算費用公式分別為：

$$Z^*_{j(總)} = K_j + C_j \cdot (\frac{P}{A}, i_0, T) \tag{4-29}$$

$$Z^*_{j(年)} = C_j + K_j \cdot (\frac{A}{P}, i_0, T) \tag{4-30}$$

式中：$Z^*_{j(總)}$——動態總計算費用；

$Z^*_{j(年)}$——動態年計算費用；

$(P/A, i_0, T)$——等額支付現值系數；

$(A/P, i_0, T)$——等額支付資本回收系數；其他符號與前面相同。

此外，如果各比較方案的產出不同時，應該換算成單位費用進行比較。設各比較方案的產出為 Q_j，那麼用總計算費用和年計算費用指標公式應分別修改為：

$$Z'_{j(總)} = \frac{K_j}{Q_j} + T \cdot \frac{C_j}{Q_j} \tag{4-31}$$

$$Z'_{j(年)} = \frac{\frac{K_j}{Q_j}}{T} + \frac{C_j}{Q_j} \tag{4-32}$$

計算費用法雖然將一次性投資和經常發生的經營成本統一成為一種性質相似的費用，使得項目能夠可比。但是，我們不難看出，計算費用是假設項目或方案每年的經營成本相等，各比較的方案收益也相等或不考慮收益的情況，且投資全部發生在期初，但實際工程中，這種情況不是很多。所以，其使用也存在局限性。

3. 差額淨現值

所謂差額淨現值（Difference of Net Present Value）就是把不同時間點上兩個比較方案的淨收益之差用一個給定的折現率，統一折算成期初的現值之和。

計算公式為：

$$\Delta NPV = \sum_{t=0}^{N} (NB_A - NB_B)(1 + i_0)^{-t} \tag{4-33}$$

式中：NB_A、NB_B——方案 A、B 的淨收益，$NB_A = CI_A - CO_A$，$NB_B = CI_B - CO_B$；

N——兩個比較方案的壽命週期；

I_0——基準折現率。

用上式比較方案時，一般用投資額大的方案減投資額小的方案。因此，差額淨現值判斷準則是：當 $\Delta NPV \geq 0$ 時，投資額大的方案優於投資額小的方案；當 $\Delta NPV < 0$ 時，投資額小的方案優於投資額大的方案。

【例4-18】某工程項目有 A_1、A_2 和 A_3 三個投資方案，各方案每年的投資和淨收益見表4.10。若年折現率為15%，試比較方案的優劣。

表4.10　　　　　　　　　　投資方案數據表　　　　　　　　　單位：萬元

方案 年份	A_1	A_2	A_3
第0年	-5,000	-10,000	-8,000
第1-10年	1,400	2,500	1,900

解：先計算 A_1、A_2 的差額淨現值：

$\Delta \text{NPV}_{(A_2-A_1)} = (2,500-1,400)(P/A, 15\%, 10) - (10,000-5,000)$
$\qquad\qquad\quad = 520.68（萬元）$

由於 $\Delta \text{NPV}_{(A_2-A_1)} > 0$，所以投資額大的方案 A_2 優。

A_2、A_3 的差額淨現值為：

$\Delta \text{NPV}_{(A_2-A_3)} = (2,500-1,900)(P/A, 15\%, 10) - (10,000-8,000)$
$\qquad\qquad\quad = 1,011.28（萬元）$

由於 $\Delta \text{NPV}_{(A_2-A_3)} > 0$，所以，投資額大的方案 A_2 優。

A_1、A_3 的差額淨現值為：

$\Delta \text{NPV}_{(A_3-A_1)} = (1,900-1,400)(P/A, 15\%, 10) - (8,000-5,000)$
$\qquad\qquad\quad = -490.60（萬元）$

由於 $\Delta \text{NPV}_{(A_3-A_1)} < 0$，所以，投資額小的方案 A_1 優。

由此可見，三個方案的優劣順序為：$A_2 > A_1 > A_3$。

因此，應首先選擇方案 A_2。

同理，也可以用差額將來值、差額年值等來比選。判斷準則也相同。但是，必須注意，用差額淨現值比較方案時，兩個比較方案的壽命期必須相等。

4. 差額內部收益率

與差額淨現值相對應的是差額內部收益率（Difference in Internal Rate of Return）。所謂差額內部收益率就是指差額淨現值為零時對應的折現率。即滿足下式的折現率：

$$\Delta \text{NPV} = \sum_{t=0}^{N}(\text{NB}_A - \text{NB}_B)(1 + \Delta \text{IRR})^{-t} = 0 \qquad (4-34)$$

式中：ΔIRR——差額內部收益率；其他符號與前面相同。

用 ΔIRR 判斷方案和用 NPV 判斷方案是一致的。由此可見，淨現值最大準則（包括淨年值和淨將來值最大、費用現值和費用年值最小準則）是正確的。但是，內部收益率最大準則卻不能保證比選結論的正確性。

淨現值最大準則的正確性是由基準折現率——最低希望收益率的經濟含義決定

第四章 工程經濟分析的基本方法

的。一般來說,最低希望收益率應該等於被拒絕的投資機會中最佳投資機會的盈利率。因此,淨現值就是擬採納方案較之被拒絕的最佳投資機會多得的盈利,其值越大越好,這符合盈利最大化的決策目標要求。

內部收益率最大準則只是在基準折現率大於比較的兩個方案的差額內部收益率的前提下成立。也就是說,如果將投資額大的方案相對於投資額小的方案的增量投資用於其他投資機會,會獲得高於差額內部收益率的盈利率,用內部收益率最大準則進行方案比選的結論就是正確的。由於基準折現率是獨立確定的,不依賴於具體待比選方案的差額內部收益率,故用內部收益率最大準則比選方案是不可靠的。因此,差額內部收益率只能用於方案間的比選(相對效果檢驗),不能反應各方案自身的經濟效益(絕對經濟效果)。

用差額內部收益率比較互斥方案的相對優劣具有經濟概念明確,易於理解的優點。但若比選的方案很多時,計算工作相對繁瑣。所以,當比較的方案很多時可以用其他方法(如前面介紹的指標)比選。

用差額內部收益率比較互斥方案時,也會出現無法比較的情況。這些情況有以下兩種:

(1) 不存在差額內部收益率的情況。當兩個比較方案的淨現值平行,永遠沒有交點,此時就不存在差額內部收益率。

(2) 兩個比較方案的投資額相等的情況。當兩個比較方案的投資額相等時,用差額內部收益率比較互斥方案會出現無法利用前面所述的判別準則進行判別的情況。此時可先計算方案的「年均淨現金流」或「年均費用現金流」,然後再利用後面的判斷準則比選方案。

設方案 j 的壽命期為 N_j,則方案 j 的「年均淨現金流」(用 PA 表示)為:

$$PA = \sum_{t=0}^{N_j} (CI_j - CO_j)_t / N_j \qquad (4\text{-}35)$$

對於只有費用現金流的方案,則方案 j 的「年均費用現金流」(用 CA 表示)為:

$$CA = \sum_{t=0}^{N_j} CO_{jt} / N_j \qquad (4\text{-}36)$$

判斷準則是:在兩個互斥方案的差額內部收益率 ΔIRR 存在的情況下,若 $\Delta IRR > i_0$ 或 $-1 < \Delta IRR < 0$,則方案壽命期內大的方案優於「年均淨現金流」小的方案;若 $0 < \Delta IRR < i_0$,則方案壽命期內「年均淨現金流」小的方案優於「年均淨現金流」大的方案。對於僅有費用現金流的互斥方案比選,若 $\Delta IRR > i_0$ 或 $-1 < \Delta IRR < 0$,則方案壽命期內「年均費用現金流」小的方案優於「年均淨現金流」大的方案;若 $0 < \Delta IRR < i_0$,則方案壽命期內「年均淨現金流」大的方案優於「年均淨現金流」小的方案。

三、不同類型方案的評價和選擇

1. 獨立方案的評價與選擇

獨立方案的採用與否，只需要檢驗各獨立方案自身的經濟性即「絕對經濟效果檢驗」即可。凡是通過絕對經濟效果檢驗的方案，就認為在經濟效果上是可以接受的，否則就應予以拒絕。

對於獨立方案的經濟效果評價，常採用淨現值、淨年值、淨將來值、內部收益率或費用現值等指標。

【例4-19】兩個獨立方案 A 和 B，方案 A 的期初投資額為200萬元，方案 B 的期初投資額為180萬元，壽命均為10年。方案 A 每年的淨收益為45萬元，方案 B 每年的淨收益為30萬元。若基準折現率為10%，試判斷兩個方案的經濟可行性。

解：本例為獨立方案型，可用淨現值指標判斷。

$NPV_A = 45 \ (P/A, 10\%, 10) - 200 = 76.51$（萬元）

$NPV_B = 30 \ (P/A, 10\%, 10) - 180 = 4.34$（萬元）

由於 A、B 兩個方案的 NPV 均大於零，因此，兩個方案都可行。但如果將兩個方案進行比較，則因為 $NPV_A > NPV_B$，故方案 A 優於方案 B。

此題還可以採用淨年值、淨將來值、內部收益率等指標來判斷，其結果是一致的。

2. 互斥方案的評價與選擇

對於互斥方案的評價與選擇包括兩個內容，一是要考察各個方案自身的經濟效果，即進行絕對（經濟）效果檢驗，檢驗方案自身是否可行；二是要考察哪個方案相對最優，即進行相對經濟效果檢驗，並最後從中選擇一個或幾個最優方案。兩種檢驗的目的和作用不同，通常缺一不可。只有在眾多的互斥方案中必須選擇其中之一時才可以只進行相對效果檢驗。但需注意：參加比選的互斥方案應具有可比性。這些可比性包括考察時間段及計算期的可比性；收益和費用的性質及計算範圍的可比性；方案風險水準的可比性和評價所用的假設條件的合理性。

前面介紹的多方案的評價指標均可以用作互斥方案的比選。

【例4-20】A、B 是兩個互斥方案，其壽命均為10年。方案 A 期初投資為200萬元，第1年到第10年每年的淨收益為39萬元。方案 B 期初投資為100萬元，第1年到第10年每年的淨收益為19萬元。若基準折現率為10%，試選擇方案。

解：（1）先用差額淨現值指標判斷方案的優劣

第一步，先檢驗方案自身的絕對經濟效果。

兩方案的淨現值為，

$NPV_A = 39(P/A, 10\%, 10) - 200 = 39.639$（萬元）

$NPV_B = 19(P/A, 10\%, 10) - 100 = 16.747$（萬元）

第四章　工程經濟分析的基本方法

由於兩個方案的淨現值 $NPV_A>0$，$NPV_B>0$，所以，兩個方案自身均可行。

第二步，再判斷方案的優劣。

計算兩個方案的差額淨現值，用投資額大的方案 A 減投資額小的方案 B 得：

$\Delta NPV_A = (39-19)(P/A, 10\%, 10) - (200-100) = 22.892$（萬元）

由於兩方案的差額淨現值 $\Delta NPV_A>0$，所以，投資額大的方案 A 優於方案 B，應選擇方案 A。

（2）再用差額內部收益率判斷方案的優劣

第一步，先檢驗方案自身的絕對經濟效果。

經過計算，兩個方案自身的內部收益率為：$IRR_A = 14.4\%$，$IRR_B = 13.91\%$

由於 $i_0 < IRR_A$，$i_0 < IRR_B$，兩個方案自身均可行。

第二步，再判斷方案的優劣。

兩個方案的差額內部收益率方程式為

$\Delta NPV_A = (39-19)(P/A, IRR, 10) - (200-100) = 0$

取 $i_1 = 15\%$，$\Delta NPV_A = 0.376$（萬元）；取 $i_2 = 17\%$，$\Delta NPV_A = -6.828$（萬元）

$\Delta IRR = 15.11\%$

由於兩個方案自身可行，且 $i_0 < \Delta IRR$，所以方案 A 優於方案 B，應選擇方案 A。

3. 相關方案的評價和選擇

（1）現金流量具有相關性的方案的選擇

當各方案的現金流量之間具有相關性，但方案之間並不完全互斥時，我們不能簡單地按照獨立方案或互斥方案的評價方法進行，而應該先用一種「互斥組合法」，將方案組合成互斥方案，計算各互斥方案的現金流量，再計算互斥方案的評價指標進行評價。

【例 4-21】為了解決兩地之間的交通運輸問題，政府提出三個方案：一是在兩地之間建一條鐵路，二是在兩地之間建一條公路，三是在兩地之間既建公路又建鐵路。只上一個方案時的投資、年淨收益見表 4.11；同時上兩個項目時，由於貨運分流的影響，兩項目的淨收益都將減少，此時總投資和年淨收益見表 4.12。問：當基準折現率為 10% 時，如何決策？

表 4.11　　　　　　只上一個方案的現金流量表　　　　　單位：百萬元

方案＼年份	0 年	1 年	2 年	3~12 年
建鐵路（方案 A）	-200	-200	-200	100
建公路（方案 B）	-100	-100	-100	60

表4.12　　　　　　　　　　兩個方案都上的現金流量表　　　　　　　　單位：百萬元

方案＼年份	0年	1年	2年	3~12年
建鐵路（方案A）	−200	−200	−200	80
建公路（方案B）	−100	−100	−100	35
方案A+B	−300	−300	−300	115

解：這是一個典型的現金流量相關型。先組合成3個互斥方案，然後通過計算它們的淨現值進行比較。

$NPV_A = 100(P/A,10\%,30)(P/F,10\%,2) - 200(P/A,10\%,2) - 200$
$\qquad = 231.939,0$（百萬元）

$NPV_B = 60(P/A,10\%,30)(P/F,10\%,2) - 100(P/A,10\%,2) - 100$
$\qquad = 193.873,4$（百萬元）

$NPV_{A+B} = 115(P/A,10\%,30)(P/F,10\%,2) - 300(P/A,10\%,2) - 300$
$\qquad\;\; = 75.244,9$（百萬元）

從以上計算可見，$NPV_A > NPV_B > NPV_{A+B}$，因此，方案A最優，即應選擇只建鐵路這一方案。

（2）資金約束條件下方案的比選

在大多數的情況下資金總是有限的，因此不可能實施所有可行方案，如何對這類方案進行經濟評價，以保證在有限的資金供給前提下取得最大的經濟效益，這就是資金約束型方案的選擇問題。資金約束型方案的選擇主要有兩種方法，即「互斥方案組合法」和「淨現值指數排序法」。

①互斥方案組合法

互斥方案組合法也叫「枚列舉法」，指在資金限制的條件下，將相互獨立的方案組合成總投資額不超過投資限額的組合方案，每一個組合都代表一個相互排斥的方案，然後利用互斥方案的比選方法，如淨現值法對方案進行比選，選擇出最佳方案。

【例4-22】有A、B、C三個獨立方案，其淨現金流量情況見表4.13。已知總投資限額為900萬元，基準投資收益率為10%。試作出最佳投資決策。

表4.13　　　　　　　　　　方案的淨現金流量表　　　　　　　　　　單位：萬元

項目＼年份	1年	2~10年	11年
A	−350	62	90
B	−200	39	51
C	−420	76	97

第四章　工程經濟分析的基本方法

解：首先計算 3 個方案的淨現值

$NPV_A = -350(P/F,10\%,1) + 62(P/A,10\%,9)(P/F,10\%,1) + 90(P/F,10\%,11)$
$\quad = 37.96(萬元)$

$NPV_B = -200(P/F,10\%,1) + 39(P/A,10\%,9)(P/F,10\%,1) + 51(P/F,10\%,11)$
$\quad = 40.24(萬元)$

$NPV_C = -420(P/F,10\%,1) + 76(P/A,10\%,9)(P/F,10\%,1) + 97(P/F,10\%,11)$
$\quad = 50.08(萬元)$

由於 A、B、C 三個方案的淨現值均大於零，因此三個方案均可行，但總投資限額為 900 萬元，而這三方案加在一起的總投資額為 970 萬元，超過了投資限額，因而不能同時實施。

採用獨立方案互斥化法來進行投資決策：

首先，列出不超過總投資限額的所有組合投資方案，則這些方案間具有互斥關係。

其次，將各組合方案按投資額大小順序排列，分別計算各組合方案之間的淨現值，以淨現值最大的組合方案為最佳。詳細計算過程見表 4.14。

表 4.14　　　　　用淨現值法比選最佳組合方案　　　　　單位：萬元

序號	組合方案	總投資額	淨現值	結論
1	B	200	40.24	
2	A	350	37.96	
3	C	420	50.08	
4	A+B	550	78.20	
5	B+C	620	90.32	最佳方案
6	A+C	770	88.04	

計算結果表明 B 方案與 C 方案的組合為最佳投資組合方案。

②淨現值指數排序法

淨現值指數排序法就是在計算各方案的淨現值指數的基礎上，將各方案按淨現值指數從大到小排列，然後依次序選取方案，直至所選取的方案的投資總額最大限度地接近或等於投資限額，同時各方案的淨現值之和最大為止。此法的目的是：在一定的投資限額約束下，如何使得所選取的項目或方案的淨現值和最大。

【例 4-23】某地區投資預算總額為 800 萬元，有 A-J 共 10 個方案可供選擇。各方案的淨現值和投資額見表 4.15。若基準折現率為 12%，那麼請選擇方案。

表 4.15　　　　　　　　　各備選方案的投資和淨現值　　　　　　　　　單位：萬元

方案	A	B	C	D	E	F	G	H	I	J
投資額	100	150	100	120	140	80	120	80	120	110
NPV	13	8.2	1.7	15.6	1.25	27.35	21.25	16.05	4.3	14.3
NPVI	0.130	0.055	0.017	0.130	0.009	0.342	0.177	0.200	0.036	0.130

解：先計算個方案的淨現值指數。淨現值指數為：

NPVI＝NPV/投資的現值和

本例只有期初有投資發生，因此，淨現值指數直接等於淨現值除投資額。淨現值指數的計算結果見表 4-15 最後一行。

現在對各方案的淨現值指數進行排序，並按排序計算累加的投資額和累加的淨現值，見表 4.16。

表 4.16　　　　　　　　　各備選方案的投資和淨現值　　　　　　　　　單位：萬元

方案	F	H	G	A	D	J	B	I	C	E
NPVI	0.342	0.200	0.177	0.130	0.130	0.130	0.055	0.036	0.017	0.009
投資額	80	80	120	100	120	110	150	120	100	140
NPV	27.35	16.05	21.25	13	15.6	14.3	8.2	4.3	1.7	1.25
∑投資額	80	160	280	380	500	610	760	880	980	1,120
∑NPV	27.35	43.4	64.65	77.65	93.25	107.55	115.75	120.05	121.75	123

由於資金限額是 800 萬元，因此，可以從表 4.16 看出，應選 F、H、G、A、D、J、B 這 7 個方案，這些選擇的方案的累加投資額為 760 萬元，小於限額投資 800 萬元。它們的淨現值之和為 115.75 萬元。

在對具有資金限制的獨立方案進行比選時，獨立方案互斥化法和淨現值指數排序法各有其優劣。淨現值指數排序法的優點是計算簡潔，缺點是由於投資方案的不可分性，經常會出現資金沒有被充分利用的情況，因而不一定能保證獲得最佳的組合方案；獨立方案互斥化法的優點是在各種情況下均能保證獲得最佳方案，但缺點是在方案數目較多時，其計算較為繁瑣。因此在實際應用中，應綜合考慮各種因素，選擇適當的方法進行方案的比較，從而選出最優方案。

（3）混合相關型方案的比選

混合相關型的方案在實際工作中是經常碰到的一類。比如，某企業採用多種經營方式，既生產汽車，又生產摩托車，還從事投資服務。每一種經營方式就是一種投資方向，而每個投資方向是相互獨立的，每個投資方向內又有幾個可供選擇的互斥投資方案。這類問題的選擇比較複雜，以下例進行講解。

【例 4-24】某企業有 3 個下屬部門分別是 A、B、C，各部門提出了若干投資方

第四章 工程經濟分析的基本方法

向，見表4.17。各部門之間是獨立的，但各部門內部的投資方案之間是互斥的。3個方案的壽命均為10年。若基準折現率為10%，試問：

①資金沒有限制時如何選擇方案？

②資金限制在500萬元以下時如何選擇方案？

③當資金限制在500萬元以下時，假如資金供應渠道不同，其資金成本有差別，現在有3種資金來源的成本：甲供應方式的資金成本為10%，最多可以供應300萬元資金；乙方式的資金成本為12%，最多也可以供應300萬元資金；丙方式的資金成本為15%，最多也可以供應300萬元資金。這時如何選擇方案？

④當資金供應與③相同時，如果B部門的投資方案是與安全有關的設備更新，不管效益如何，B部門都必須優先投資，此時如何選擇方案？

表4.17　　　　　混合方案的投資和年淨收益　　　　　單位：萬元

部門	方案\年份	0 年	1~10 年	NPV	NPVI	IRR
A	A_1	-100	30	84.32	0.843,2	27.48%
A	A_2	-200	50	107.2	0.536	21.55%
A	A_3	-300	70	130.08	0.433,6	19.43%
B	B_1	-100	15	-7.84	-0.078,4	8.34%
B	B_2	-200	30	-15.68	-0.078,4	8.34%
B	B_3	-300	40	-54.24	-0.180,8	5.70%
C	C_1	-100	31	90.464	0.904,6	28.60%
C	C_2	-200	45	76.48	0.382,4	18.47%
C	C_3	-300	65	99.36	0.331,2	17.44%

解：為簡便起見，採用淨現值指標來分析。

先計算各方案的淨現值，各方案的淨現值見表4.17。

①資金沒有限制時，A、B、C三部門之間是相互獨立的。此時，實際上是各部門內部的各互斥方案的比選。根據計算的各方案的淨現值可以決定，A部門內方案A_3的淨現值最大，因此應選方案A_3。B部門內部每個方案自身的淨現值都小於零，因此，B部門內三個方案都不可行，B部門一個方案也不能選。C部門內方案C_3的淨現值最大，應選擇方案C_3。因此，在整個企業裡，如果資金沒有限制時，應選方案A_3+C_3，總投資為600萬元，淨現值和為229.44萬元。

②若資金限制在500萬元以下。這時要綜合考慮淨現值和淨現值指數來選擇方案。將每個方案的淨現值指數計算見表4.17。由於每個部門內各方案是互斥的，因此，在每個部門內每次只能選擇一個方案。既然只能選擇一個方案，就應該盡量選擇淨現值和淨現值指數都大，且各部門的投資總額又不能超過500萬元的方案組合。

按照這種思想，A 部門內應選擇方案 A_3，C 部門內應選擇方案 C_2，即選組合方案 A3+C2，這時總投資為 500 萬元，淨現值和為 206.56 萬元。

③由於不同的資金供應渠道，其資金成本不同。因此，在考慮資金成本時，應把資金成本低的資金優先投資於效率高的方案。這裡投資效率用內部收益率表示。對獨立方案，當內部收益率大於資金成本時方案才可以接受；對互斥方案，當差額內部收益率大於資金成本時方案才可以接受。

對於個別獨立方案而言，除 B_1、B_2、B_3 三個方案的內部收益率小於於資金成本以外，其餘所有方案的內部收益率都大於資金成本。因此，對於個獨立方案而言，除 B_1、B_2、B_3 三個方案不可行以外，其餘方案全部可行。

現在考察互斥方案。經計算各差額內部收益率為：

$IRR_{(A_2-A_1)}$ = 15.15%　　$IRR_{(A_3-A_1)}$ = 15.15%　　$IRR_{(A_3-A_2)}$ = 15.15%

$IRR_{(C_2-C_1)}$ = 6.84%　　$IRR_{(C_3-C_1)}$ = 32.00%　　$IRR_{(C_3-C_2)}$ = 15.15%

從以上的計算可見，C 部門應優先選擇 C_3。由於資金有限制，A 部門的三個差額內部收益率相等，所以 A 部門只能選 A_2，即方案組合為 A_2+C_3。此時，總投資為 500 萬元，淨現值和為 206.56 萬元。

④由於 B 部門的投資方案是與安全有關的設備更新，不管效益如何，B 部門都必須優先投資。那麼，B 部門只能投資損失最小的方案 B_2（淨現值的負數最小）。方案 B_2 的投資額為 200 萬元。在資金限額 500 萬元時，只能用餘下的 300 萬元來投資 A 部門和 C 部門的方案，且只能在餘下的 A_1、A_2、C_1、C_2 方案中選擇。而方案 C_1 的淨現值指數和內部收益率都最大，因此，C 部門應優先選擇方案 C_1。於是，A 部門就只能選擇方案 A_2 了。這時，方案組合為 $A_2 + B_2 + C_1$，總投資為 500 萬元，淨現值和為 181.984 萬元。

四、壽命期不同的方案的評價與選擇

前面介紹的所有的方案的評價，都是基於壽命期相同的方案的評價。但是，在實際工程項目中，無論是上述哪種類型的方案的評價與選擇，都會碰到各評價方案的壽命期不同的情況。如果各評價方案的壽命期不同，又怎樣評價和選擇呢？

對於壽命期不同的方案，為了使各評價方案滿足時間上的可比，常用以下方法：

1. 年值法

對於壽命期不同的方案的評價與選擇，年值法是最為簡便的方法。當參與比選的方案數目很多時，年值法的優點就更為突出。年值法使用的指標有淨年值和費用年值。設 m 個方案的壽命期分別為 N_1, N_2, N_3, $\cdots$, N_m，方案 j 在其壽命期內的淨年值為：

$$NAV_j = NPV_j (\frac{A}{P}. i_0, N_j) \qquad (4-37)$$

淨年值最大且為非負的方案為最優方案。

第四章 工程經濟分析的基本方法

【例 4-25】兩個互斥方案 A 和 B 的投資和淨現金流量見表 4.18，A 方案的壽命為 9 年，B 方案的壽命為 6 年。若基準折現率為 5%，試用年值法比選方案。

表 4.18　　　　　方案 A、B 的投資和淨現金流量　　　　　單位：萬元

方案＼年份	0 年	1~3 年	4~6 年	7~9 年
A	-300	70	80	90
B	-100	30	40	

解：兩個方案的淨年值為：

$\mathrm{NAV_A}=[70(P/A,5\%,3)+80(P/A,5\%,3)(P/F,5\%,3)+90(P/A,5\%,3)(P/F,5\%,6)-300](A/P,5\%,9)$

$= 36.811,7$（萬元）

$\mathrm{NAV_B}=[30(P/A,5\%,3)+40(P/A,5\%,3)(P/F,5\%,3)-100](A/P,5\%,6)$

$= 14.929,2$（萬元）

由於方案 A 的淨年值大於方案 B 的淨年值，所以，方案 A 優於方案 B，應選擇方案 A。

淨年值實際上是方案每年的淨收益的「平均值」，只不過這個「平均值」不是簡單的平均值，是按照一定的折現率計算出來的。因此，它可以對方案進行比較。此外，我們可以看到，用年值法進行壽命期不等的互斥方案的比選，還隱含了一個假設，即各備選方案在其結束時均可按原方案重複實施或以原方案經濟效果水準相同的方案繼續。因為一個方案無論重複實施多少次，其年值是不變的，所以年值法實際上假定了各方案可以無限多次重複實施。在這一假定條件下，年值法以「年」為時間單位比較各方案的經濟效果，從而使壽命不等的互斥方案間具有可比性。

2. 壽命期最小公倍數法

此法假定備選擇方案中的一個或若干個在其壽命期結束後按原方案重複實施若干次，取各備選方案壽命期的最小公倍數作為共同的分析期。例如，有 A、B 兩個備選方案，其壽命期分別為 5 年和 10 年，那麼兩方案壽命期的最小公倍數就是 10 年，計算時方案 B 需要在 10 年內重複實施一次。如果兩個備選方案的壽命期分別為 6 年和 9 年，則它們的最小公倍數是 18 年。在共同的計算期 18 年內，方案 A 需要重複實施 3 次，方案 B 需要重複實施 2 次。

【例 4-26】有 C、D 兩個互斥方案，方案 C 的初期投資為 15,000 元，壽命期為 5 年，每年的淨收益為 5,000 元；方案 D 的初期投資為 20,000 元，壽命期為 3 年，每年的淨收益為 10,000 元。若年折現率為 8%，問：應選擇哪個方案？

解：兩個方案壽命期的最小公倍數為 3×5＝15 年。為了計算方便，畫出兩個方案在最小公倍數內重複實施的現金流量圖，如圖 4.7 所示。

77

工程經濟學

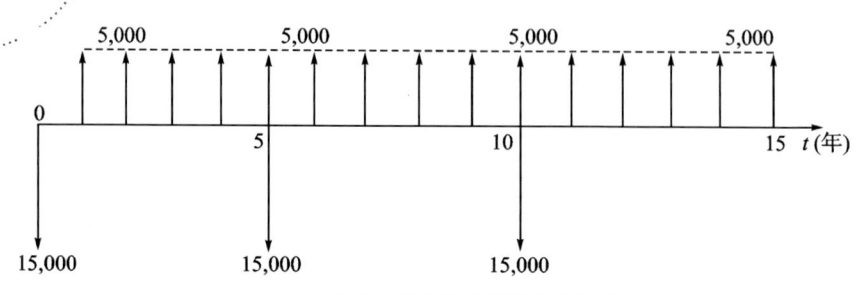

圖 4.7 方案 C 重複實施的現金流量圖

同理,可作出方案 D 的現金流量圖。

現在計算兩個方案在最小公倍數內的淨現值。

$NPV_C = 5,000\ (P/A, 8\%, 15) - 15,000\ (P/F, 8\%, 10) - 15,000\ (P/F, 8\%, 5)$
$\qquad - 15,000$
$\qquad = 10,640.85\ (萬元)$

$NPV_D = 10,000\ (P/A, 8\%, 15) - 20,000\ (P/F, 8\%, 12) - 20,000\ (P/F, 8\%, 9) -$
$\qquad 20,000\ (P/F, 8\%, 6) - 20,000\ (P/F, 8\%, 3) - 20,000$
$\qquad = 19,167.71\ (萬元)$

由於 $NPV_D > NPV_C$,所以方案 D 優於方案 C,應選擇方案 D。

3. 合理分析期法

此法是根據對未來市場狀況和技術發展前景的預測直接選取一個合理的分析期,然後計算各方案在合理分析期內的淨現值,用淨現值來比較方案的優劣。同時假定壽命期短於此分析期的方案重複實施,並對各方案在分析期末的資產餘值進行估算,到分析期結束時回收資產餘值。在備選方案的壽命期比較接近的情況下,一般取最短的方案壽命期作為分析期。

【例 4-27】有兩個道路建設方案 A 和 B,方案 A 的初期投資為 2,000 萬元,壽命期為 70 年,每年淨收益為 500 萬元,估計期末殘值為 100 萬元;方案 B 的初期投資為 1,000 萬元,壽命期為 30 年,每年淨收益為 200 萬元,估計期末殘值也為 100 萬元。若基準折現率為 5%,試選擇方案。

解:假設根據市場預測,分析期為 60 年。現在對 60 年末各方案的資產餘值進行預測。

方案 A 本身的壽命期為 70 年,在 70 年末時殘值為 100 萬元,若以 5% 為折舊率計算,方案 A 每年的平均折舊額為:

$A_{t(A)} = 2,000\ (A/P, 5\%, 70) - 100\ (A/F, 5\%, 70) = 103.228,4\ (萬元)$

則,60 年末方案 A 的資產餘值為:

$2,000\ (F/P, 5\%, 60) - 103.228,4\ (F/A, 5\%, 60) = 858.491,8\ (萬元)$

由於方案 B 的壽命期為 30 年,因此在分析期 60 年內需要重複實施一次,重複實施的殘值不變。

第四章 工程經濟分析的基本方法

現在計算兩方案的淨現值,
$\text{NPV}_A = 500\,(P/A, 5\%, 60) + 858.491,8\,(P/F, 5\%, 60) - 2,000$
$\quad\quad\quad = 7,510.604,6\,(萬元)$
$\text{NPV}_B = 200\,(P/A, 5\%, 60) + 100\,(P/F, 5\%, 30) + 100\,(P/F, 5\%, 60) - 1,000$
$\quad\quad\quad = 2,814.351,3\,(萬元)$

由於 $\text{NPV}_A > \text{NPV}_B$,所以方案 A 優於方案 B,應選方案 A。

4. 年值折現法

年值折現法就是按照某一共同的分析期將各備選方案的年值折現得到用於方案比選的現值,再用現值進行比較。具體步驟是:先選定一個共同的分析期,計算方案在壽命期內的年初淨現值,再將淨現值折算成年值,最後按共同的分析期將年值折算成現值。

這種方法實際上是年值法的一種變形,隱含著與年值法相同的接續方案假定。設 N 是共同的分析期,n_j 是方案 j 的壽命期。在共同的分析期 N 年內,方案 j 的淨現值計算公式為:

$$\text{NPV}_j = \sum_{t=0}^{n_j}(\text{CI}_j - \text{CO}_j)\left(\frac{P}{F}, i_0, t\right)\left(\frac{A}{P}, i_0, n_j\right)\left(\frac{P}{A}, i_0, N\right) \quad (4-38)$$

當 $N = n_j$ 時,按上述方法算出的現值就是各方案的淨現值。

利用年值折現法比選方案的判斷準則是:$\text{NPV}_j > 0$ 且 NPV_j 最大的方案為最優方案。用年值折現法計算淨現值時,共同的分析期 N 的取值大小不會影響方案比選結論,但通常 N 取值不大於最長的方案壽命期,不小於最短的方案的壽命期。

【4-28】設兩個互斥方案 A、B 的壽命期分別為 5 年和 3 年,各自壽命期內的淨現金流量見表 4.19。若基準折現率為 12%,試用年值折現法比較方案的優劣。

表 4.19　　　　　　　　方案 A、B 的淨現金流量　　　　　　　單位:萬元

方案＼年份	0 年	1 年	2 年	3 年	4 年	5 年
A	−300	96	96	96	96	96
B	−100	42	42			

解:取共同的分析為 4 年,用年值折現法計算兩個方案在分析內的淨現值為,
$\text{NPV}_A = [96\,(P/A, 12\%, 5) - 300]\,(A/P, 12\%, 5)\,(P/A, 12\%, 4)$
$\quad\quad\quad = 38.822,1\,(萬元)$
$\text{NPV}_B = [42\,(P/A, 12\%, 3) - 100]\,(A/P, 12\%, 3)\,(P/A, 12\%, 4)$
$\quad\quad\quad = 1.117,8\,(萬元)$

由於 $\text{NPV}_A > \text{NPV}_B$,所以方案 A 優於方案 B,應選擇方案 A。

對於只有費用的方案也可以用年值折現法比選方案,這時只需比照上述方法計算方案的費用現值進行比較,判斷準則是:費用現值最小的方案為最優方案。

此外，對於某些不可再生資源開發型項目（如石油、礦物的開採），在進行壽命不等的互斥方案比選時，方案可重複實施的假定不再成立。在這種情況下，不能用含有方案重複實施假定的年值法和前面介紹的現值法。對這類方案，可以直接按方案各自的壽命期計算的淨現值進行比選。這種處理方案隱含的假定是：用最長的方案的壽命期作為共同的分析期，壽命短的方案在其壽命期結束後，其再投資按基準折現率取得收益。

第八節　收益-費用分析法——B/C 法

一、效益費用比

收益-費用分析法即效益費用比（Benefit-Cost Ratio，簡稱 BCR），是指項目在經濟分析期內的效益現值與費用現值之比，也可以是折算效益年值與折算費用年值之比。其公式為

$$BCR = \frac{\sum_{t=0}^{n} CI_t (\frac{P}{F}, i, t)}{\sum_{t=0}^{n} CO_t (\frac{P}{F}, i, t)} \quad (4-39)$$

或者

$$BCR = \frac{B_P}{K_P + C_P} \quad (4-40)$$

式中：BCR——效益費用比；其餘符號意義同前。

顯然，BCR≥1 時，方案產出大於等於投入，經濟性較好，可以考慮接受方案；BCR<1 時，產出小於投入，經濟性較差，方案應予以拒絕。

效益費用比反應了單位費用所取得的效益，只要產出大於或等於投入，該方案就是可行的。但是投入產出比最高，淨現值未必最大。所以，費用效益比不能直接用於方案比較，應用效益費用比進行互斥方案的比較時，需要進行增量分析才能優選出淨現值最大的方案。

【例4-29】某項目有下列三個方案，經濟分析期均為 20 年，且各方案均可當年建成並受益，各方案經濟數據見表 4.20，試用效益費用比評價各方案。

表 4.20　　　　　　　　各方案經濟數據表　　　　　　　　單位：萬元

方案	A	B	C
投資現值	1,075	1,329	1,641
運行費現值	111	134	169
效益現值	2,243	2,592	2,822

第四章 工程經濟分析的基本方法

解：由公式 4-19 得：
$BCR_A = 2,243 \div (1,075+111) = 1.89$
$BCR_B = 2,592 \div (1,329+134) = 1.77$
$BCR_C = 2,822 \div (1,641+169) = 1.56$

由以上計算結果可以看出，三個方案的效益費用比均大於 1，都是可以考慮接受，進一步計算各方案的淨現值。

$NPV_A = 2,243-1,075-111 = 1,057$（萬元）

同理：$NPV_B = 1,129$（萬元）；$NPV_C = 1,012$（萬元）

可見，在三個方案中，雖然 A 方案效益費用比最大，但淨現值並不是最大，如果要根據效益費用比確定出淨現值最大的方案，需要進行下面介紹的增量分析。

二、差額效益費用比法

差額效益費用比法實際上是效益費用比的增量分析，其步驟是：首先把比選方案按費用現值由小到大排列；然後計算相鄰方案的投資現值增量 ΔK、經營費用現值增量 ΔC、效益現值增量 ΔB；最後計算增值效益費用比，表達式為：

$$\Delta BCR = \frac{\Delta B}{\Delta K + \Delta C} \qquad (4-40)$$

如果 $\Delta BCR>1$，則表示費用大的方案較優；如果 $\Delta BCR<1$，則表示費用小的方案較優。如果 $\Delta BCR=1$，則表明 $\Delta B-(\Delta K+\Delta C)=0$，此時的淨現值達到最大。

【例 4-30】某項目有 6 個方案可供選擇，各方案經濟數據見表 4.21，計算期均相同，試用差額效益費用比法選擇方案。

表 4.21　　　　　　　　各方案經濟數據表　　　　　　　　單位：萬元

方案	A	B	C	D	E	F
費用現值	4,000	2,000	6,000	1,000	9,000	10,000
效益現值	7,330	4,700	8,730	1,340	9,000	9,500

解：首先，各方案效益費用比為

$BCR_A = 1.83$；$BCR_B = 2.35$；$BCR_C = 1.46$；$BCR_D = 1.34$；$BCR_E = 1.00$；$BCR_F = 0.95$

由於方案 F 的費用效益比小於 1，故應當拒絕該方案。其餘 5 個為可行方案，可以考慮接受。

其次，對可接受方案進行增量分析，計算結果見表 4.22。

表4.22　　　　　　　　　方案間增量分析表　　　　　　　　單位：萬元

方案	D	B	A	C	E
費用現值	1,000	2,000	4,000	6,000	9,000
效益現值	1,340	4,700	7,330	8,730	9,000
費用現值增量	1,000	2,000	2,000	5,000
效益現值增量	3,360	2,630	1,400	1,670
增值效益費用比	3.36	1.32	0.70	0.33
方案對比	D與B比較	B與A比較	A與C比較	A與E比較
結果	B優於D	A優於B	A優於C	A優與E

從上表可知：五個方案中方案 A 為最優方案。

為了與差額效益費用比法對比，計算出各方案淨現值：

$NPV_A = 3,330$ 萬元；$NPV_B = 2,700$ 萬元；$NPV_C = 2,730$ 萬元；$NPV_D = 340$；$NPV_E = 0$；$NPV_F = -500$ 萬元。

可知方案 A 的淨現值最大，兩種方法的選擇結果完全一致。

思考與練習

一、基本概念

1. 什麼是投資回收期？它有什麼特點？為什麼說投資回收期只能作為輔助評價指標？

2. 動態投資回收期與靜態投資回收期有何不同？它們有什麼關係？

3. 什麼是淨現值和淨現值指數？它們在評價方案時有什麼異同？

4. 簡述現值法和年值法的關係。

5. 什麼是淨年值和淨終值？如何用於方案的評價？

6. 什麼是費用現值和費用年值？用於方案評價時的應用範圍是什麼？

7. 什麼是內部收益率？如何計算內部收益率？

8. 什麼是外部收益率？如何利用它進行方案評價？

9. 常見的方案類型有哪些？每種類型的方案有何特點？

10. 什麼是相對投資回收期？如何應用它進行多方案的比選？

11. 什麼是計算費用？其適用範圍是什麼？

12. 什麼是差額淨現值和差額內部收益率？

13. 在多方案的比選中，資金有約束時怎樣比選？

第四章　工程經濟分析的基本方法

14. 同一方案採用不同的評價指標分析時，評價結果總是一致的嗎？
15. 效益費用比最大的方案為什麼淨現值不一定最大？

二、單選題

1. 靜態評價指標有（　　）。
    A. 淨現值　　　B. 投資回收期　　　C. 投資收益率　　　D. 淨年值
2. 某建設項目估計總投資 50 萬元，項目建成後各年收益為 8 萬元，各年支出為 2 萬元，則該項目的靜態投資回收期為（　　）。
    A. 6.3 年　　　B. 25 年　　　C. 8.3 年　　　D. 5 年
3. 某項目的現金流量為第一年年末投資 400 萬元，第二年年末至第十年年末收入 120 萬元，基準收益率為 8%，則該項目的淨現值及是否可行的結論為（　　）。
    A. −351 萬元，不可行　　　　B. −323.7 萬元，不可行
    C. 323.7 萬元，可行　　　　D. 379.3 萬元，可行
4. 某建設項目投資 5,000 萬元。在計算內部收益率時，當 $i=12\%$ 時，淨現值為 600 萬元；當 $i=15\%$ 時，淨現值為 −150 萬元。則該項目的內部收益率為（　　）。
    A. 12.4%　　　B. 13.2%　　　C. 14.0%　　　D. 14.4%
5. 一般說來，對於同一淨現金流量系列，當折現率 i 增大時，（　　）。
    A. 其淨現值不變　　　　　　B. 其淨現值增大
    C. 其淨現值減少　　　　　　D. 其淨現值在一定範圍有規律波動

三、計算題

1. 某項目初期投資 200 萬元，每年的淨收益為 30 萬元，問該項目的投資回收期和投資收益率為多少？若年折現率為 10%，那麼此時投資回收期又為多少？如果第一年的淨收益為 25 萬元，以後每年逐漸遞增 2 萬元，分別求靜態和動態的投資回收期。
2. 某項目初始投資 10,000 元，第 1 年末現金流入 2,000 元，第 2 年末現金流入 3,000 元，第 3 年以後每年的現金流入為 4,000 元，壽命期為 8 年。若基準投資回收期為 5 年，問：該項目是否可行？如果考慮基準折現率為 10%，那麼該項目是否可行？
3. 有兩個投資方案 A 和 B。方案 A 年初的投資為 1,000 萬元，一年後建成投入生產，第 2 年年末開始收益，每年的淨收入為 200 萬元。方案 B 年初的投資為 1,500 萬元，也是一年建成，第 2 年年末開始收益，每年的淨收入為 250 萬。兩個方案的壽命期均為 10（含建設期）年，基準折現率為 5%，試計算兩方案的淨現值、淨年值、將來值，並計算各種指標的比例，看看它們有什麼關係。

4. 現有兩個可選擇的方案 A、B，其有關資料見表 4.23，其壽命期均為 5 年，基準折現率為 8%，試用現值法選擇最優方案。

表 4.23　　　　　　　　　投資方案數據表　　　　　　　　單位：萬元

項目 方案	投資	年效益	年運行費用	資產餘值
A	10,000	5,000	2,200	2,000
B	12,500	7,000	4,300	3,000

5. 現有可供選擇的兩種方案 A、B，均能滿足相同的工作要求。其中方案 A，投資 3,000 元，壽命期為 6 年，資產餘值為 500 元，年運行費用 2,000 元。而方案 B 投資為 4,000 元，壽命期為 9 年，年運行費用 1,600 元，無資產餘值。假定基準折現率為 15%，試比較兩方案的經濟可行性。

6. 某工程初始投資為 1,000 萬元，第一年年末投資 2,000 萬元，第二年年末再投資 1,500 萬元，從第三年起連續 8 年每年年末可獲得淨效益 1,450 萬元。若資產餘值忽略不計，當基準折現率為 12% 時，計算其淨現值，並判斷該項目經濟上是否可行。

7. 互斥方案 C、D 具有相同的產出，相同的壽命，但兩方案的費用不同，投資和經營費用見表 4.24。當折現率為 10% 時，方案的費用現值和費用年值是多少？試比較哪個方案最優。

表 4.24　　　　　　　　C、D 方案的投資和經營費用表　　　　　　　單位：萬元

年份 方案	0 年	1 年	2~6 年	7~9 年
C	100	120	60	40
D	150	180	40	30

8. 某項目擬建一容器廠，初建投資為 5,000 萬元，預計壽命 10 年中每年可得淨收益 800 萬元，第 10 年末可得殘值 2,000 萬元。若基準折現率為 15%，試用內部收益率來判斷該項目是否可行。

9. 為了增加現有工藝的產量，公司打算購買一臺新機器。有下列 3 種類型的機器可供選擇。其現金流量見表 4.25。每種機器的壽命都是 8 年，試計算：①各機器的年度費用和計算總費用，並選擇最優的機器。②若基準投資回收期為 6 年，用相對投資回收期選擇機器。

第四章 工程經濟分析的基本方法

表 4.25　　　　　三種類型機器的投資和費用　　　　　單位：萬元

機器	1	2	3
初始投資	50,000	60,000	75,000
年運行費用	22,500	20,540	17,082

10. 某公司欲充分利用自有資金，現正在研究表 4.26 所示的各投資方案選擇問題。A、B、C 為投資對象，彼此間相互獨立。各投資對象分別有 3 個、4 個、2 個互斥的方案，計算其均為 8 年，基準折現率為 10%。當投資限額分別為 500 萬元，700 萬元時，該如何選擇方案？

表 4.26　　　　　各方案經濟數據表　　　　　單位：萬元

投資對象	方案	投資額	年收益
A	A_1	300	90
	A_2	400	95
	A_3	500	112
B	B_1	100	10
	B_2	200	44
	B_3	300	60
	B_4	400	68
C	C_1	200	48
	C_2	300	61

11. 擬建一座用於出租的房屋，獲得土地的費用為 30 萬元。房屋有四種備選高度，不同建築高度的建造費用和房屋建成後的租金收入及經營費用（含稅金）見表 4.27。房屋壽命為 40 年，在壽命期結束時土地價值不變，但房屋將被拆除，殘值為零。若最低希望收益率為 15%，用差額淨現值分析確定房屋應建多少層。

表 4.27　　　　　不同層高房屋的建造費用及收入　　　　　單位：萬元

層數	2	3	4	5
初始建造費用	200	250	310	385
年運行費用	15	25	30	42
年收入	40	60	90	106

10. 某工程有 4 個方案可供選擇，個方案均可當年建成並受益，計算期均為 20 年，若基準折現率為 10%，試用效益費用比法選擇最優方案，並用淨現值法予以驗

證。基本數據見表4.28。

表4.28　　　　　　　　　　基本數據表　　　　　　　　單位：萬元

方案	A	B	C	D
投資	1,200	1,800	2,000	3,000
年運行費用	5	18	15	20
年效益	190	220	350	440
殘餘價值	0	15	0	0

第五章　不確定性分析

● 第一節　不確定性分析的概念

不確定性是指可能出現一種以上的狀態，但並不知道出現這種狀態的概率或可能性。工程項目中，各方案技術經濟變量（如投資、成本、產量、價格等），受政治、文化、社會因素，經濟環境，資源與市場條件，技術發展情況等因素的影響，而這些因素是隨著時間、地點、條件改變而不斷變化的，這些不確定性因素在未來的變化就構成了項目決策過程的不確定性。影響工程項目將來經濟效果的不確定因素很多，歸納起來主要有以下幾個方面：

1. 不確定性產生的主觀原因

（1）信息的不完全性與不充分性。信息在準確與完整兩個方面不能完全或充分地滿足預測未來的需要，而想要獲取更多的信息會耗費大量金錢與時間，不利於及時做出決策。

（2）人的有限理性。人是有限理性的，人的主觀因素的限制加上預測工具以及工作條件的限制，會導致預測結果與實際情況出現或大或小的偏差。

2. 不確定產生的客觀原因

（1）市場供求變化的影響。在市場經濟條件下，人們需求的結構、數量發生變化；產品供求的結構、數量也頻繁變化且難以預測，很難對其進行準確的預測、分析，因此市場供求關係引起的項目投入與產出價格的變化是影響項目經濟分析最重要的不確定性。

（2）技術變化的影響。在項目可行性研究和項目評估時，很難對新技術的出現及其影響進行準確的預測，這就造成了項目出現不確定性。

(3) 經濟環境變化的影響。在市場經濟條件下，國家經濟宏觀調控政策、各種改革措施以及經濟發展本身對投資項目都有著重要影響，使投資項目具有不確定性。

(4) 社會、政策、法律、文化等方面的影響。

(5) 自然條件和資源方面的影響等。

不確定性分析指通過分析方案的各個技術經濟變量（不確定性因素）的變化對投資方案經濟效益的影響（還應進一步研究外部條件變化如何影響這些變量），分析投資方案對各種不確定性因素變化的承受能力，進一步確認項目在財務和經濟上的可靠性，有助於提前採取措施以避免項目投產後不能獲得預期的利潤和收益，以致投資不能如期收回或給企業造成虧損。

工程經濟分析人員應善於根據各項目的特點及客觀情況變化的特點，抓住關鍵因素，正確判斷，提高分析水準。不確定性分析包括盈虧平衡分析、敏感性分析和概率分析。盈虧平衡分析一般只用於財務評價，敏感性分析和概率分析可同時用於財務評價和國民經濟評價。三者的選擇使用，要看項目的性質、決策者的需要、相應的財力人力等。

第二節　盈虧平衡分析

一、盈虧平衡分析的概念

盈虧平衡是指當年的銷售收入扣除銷售稅金及附加後等於其總成本費用，在這種情況下，項目的經營結果既無盈利又無虧損。盈虧平衡分析也稱收支平衡分析或損益平衡分析。盈虧平衡分析是通過計算盈虧平衡點 BEP（Break-Even Point）處的產量或生產能力利用率，分析擬建項目成本與收益的平衡關係，判斷擬建項目適應市場變化的能力和風險大小的一種分析方法。所以，盈虧平衡分析關鍵就是要找出項目方案的盈虧平衡點。盈虧平衡點是項目盈利與虧損的分界點，它標志著項目不盈不虧的生產經營臨界水準，反應在一定的生產經營水準時工程項目的收益與成本的平衡關係。一般來說，對工程項目的生產能力而言，盈虧平衡點越低，項目盈利的可能性就越大，對不確定因素變化所帶來的風險承受能力就越強。

按成本、銷售收入和產量之間是否呈線性關係，盈虧平衡分析可分為線性盈虧平衡分析和非線性盈虧平衡分析。

二、盈虧平衡分析方法

1. 線性盈虧平衡分析

線性盈虧平衡分析一般基於以下四個假設條件：

(1) 產量等於銷售量。

第五章　不確定性分析

（2）產量變化，單位可變成本為常數，從而總可變成本隨產量的變動呈線性函數。

（3）產量變化，產品售價不變，從而銷售收入與銷售量呈線性函數。

（4）項目只生產單一產品，或生產多種產品時，生產結構不變。可換算為單一產品計算，不同產品的生產負荷率的變化應保持一致。

此時，產品產量、固定成本、可變成本、銷售收入、利潤之間的關係可以構成線性盈虧平衡分析圖，如圖 5.1 所示。

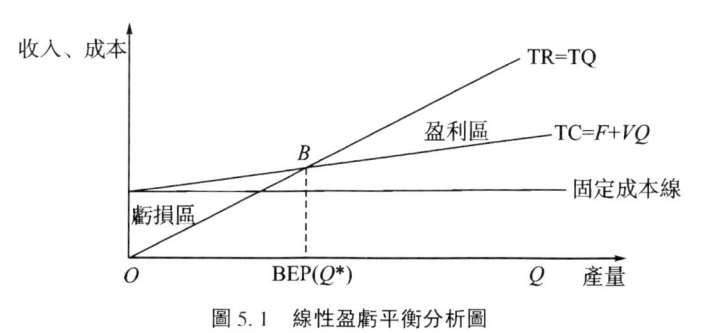

圖 5.1　線性盈虧平衡分析圖

由上圖所示，銷售收入線與總成本線的交點為盈虧平衡點，也就是項目盈利與虧損的分界點。

這時，總銷售收入與銷售量呈線性關係，即

$$\text{TR} = PQ \tag{5-1}$$

式中：TR——總銷售收入；

　　　P——單位成品價格（不含稅）；

　　　Q——產品銷售量。

總成本費用是固定成本與變動成本之和，它與產品產量的關係也可以近似地認為是線性關係，即

$$\text{TC} = F + VQ \tag{5-2}$$

式中：TC——總成本費用；

　　　F——固定成本；

　　　V——單位產品變動成本。

根據盈虧平衡點的定義，當項目達到盈虧平衡狀態時，其總銷售收入與總成本費用恰好相等，即

$$\text{TR} = \text{TC} \tag{5-3}$$

【例 5-1】某企業擬新建一個工廠，擬定了 A、B、C 三個不同方案。經過對各方案進行的分析預測，三個方案的成本結構數據見表 5.1。若預料市場未來需求量在 15,000 件左右，試選擇最優方案。

表 5.1　　　　　　　　方案 A、B、C 的成本結構數據表

成本＼方案	A	B	C
C_F（萬元/年）	30	50	70
C_V（元/件）	40	20	10

解：$C_A = 300,000 + 40Q$　$C_B = 500,000 + 20Q$　$C_C = 700,000 + 30Q$

令 $C_A = C_B$，即 $300,000 + 40Q = 500,000 + 20Q$，$Q_A = 10,000$ 件

令 $C_B = C_C$，即 $500,000 + 20Q = 700,000 + 10Q$，$Q_B = 20,000$ 件

而預測產量為 15,000 件，則應選 AB 線段之間，即 CB 的線段。

故應選方案 B 為最優方案，如圖 5.2 所示。

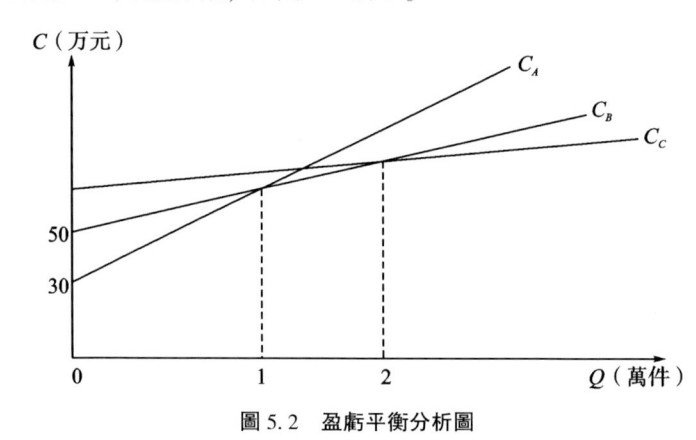

圖 5.2　盈虧平衡分析圖

2. 非線性盈虧平衡分析

在實際生產經營過程中，產品的銷售收入與銷售量之間，成本費用與產量之間，並不一定呈現出線性關係，在這種情況下進行盈虧平衡分析稱為非線性盈虧平衡分析。當產量達到一定數額時，市場趨於飽和，產品可能會滯銷或降價，這時呈非線性變化；而當產量增加到超出已有的正常生產能力時，可能會增加設備，要加班時還需要加班費和照明費，此時可變費用呈上彎趨勢，產生兩個平衡點 BEP_1 和 BEP_2，如圖 5.3 所示。

非線性盈虧分析的基本過程如下：

產量 $Q < Q_1$ 或 $Q > Q_2$ 時，項目都處於虧損狀態。

$Q_1 < Q < Q_2$ 時，項目處於盈利狀態。

因此 Q_1、Q_2 是項目的兩個盈虧平衡點的產量。

又根據利潤表達式：

$$利潤 = 收益 - 成本 = B - C \tag{5-4}$$

通過求上式對產量的一階導數並令其等於零，即：

第五章　不確定性分析

$$d[(S-C)]/dQ = 0$$

可以求出利潤為最大的產量 Q_{max}。

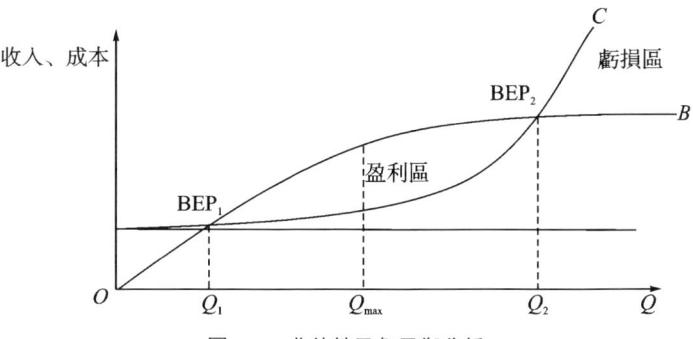

圖 5.3　非線性盈虧平衡分析

【例 5-2】已知固定成本為 60,000 元，單位變動成本為 35 元，產品單價為 60 元。由於成批採購材料，單位產品變動成本可減少 1‰，由於成批銷售產品，單價可降低 3.5‰，求利潤最大時的產量。

解：總成本：$C(q) = 60,000 + (35-0.001q)q$

總收入：$F(q) = (60-0.003,5q)q$

令 $C(q) = F(q)$ 則：$0.002,5q^2 - 25q + 60,000 = 0$

解得：$q_1 = 4,000$ 單位　$q_2 = 6,000$ 單位

又因為：$E(q) = F(q) - C(q) = -0.002,5q^2 + 30q - 60,000$

令 $d[E(q)]/dq = 0$ 則 $q = 6,000$ 單位，

因 $d^2[E(q)]/dq^2 = -0.005 < 0$

所以 6,000 單位是利潤最大時的產量。

　　盈虧平衡分析的主要目的在於通過盈虧平衡計算找出和確定一個盈虧平衡點，以及進一步突破此點後增加銷售數量、增加利潤、提高盈利的可能性。盈虧平衡分析還能夠有助於發現和確定企業增加盈利的潛在能力以及各個有關因素變動對利潤的影響程度。通過盈虧平衡分析，可以看到產量、成本、銷售收入三者的關係，預測經濟形勢變化帶來的影響，分析工程項目抗風險的能力，從而為投資方案的優劣分析與決策提供重要的科學依據。但是由於盈虧平衡分析僅僅是討論價格、產量、成本等不確定因素的變化對工程項目盈利水準的影響，卻不能從分析中判斷項目本身盈利能力的大小。另外，盈虧平衡分析是一種靜態分析，沒有考慮貨幣的時間價值因素和項目計算期的現金流量的變化，因此，其計算結果和結論是比較粗略的，還需要採用能分析判斷出因時間價值因素和計算期的現金流量變化而引起項目本身盈利水準變化幅度的動態的方法進行不確定性分析。

第三節　敏感性分析

敏感性分析法是指從眾多不確定性因素中找出對投資項目經濟效益指標有重要影響的敏感性因素，並分析、測算其對項目經濟效益指標的影響程度和敏感性程度，進而判斷項目承受風險能力的一種不確定性分析方法。

一、敏感性分析的含義

所謂敏感性分析，從廣義上來講，就是研究單一影響因素的不確定性給經濟效果所帶來的不確定。具體說來，就是研究某一擬建項目的各個影響因素（售價、產量、成本、投資等），在所指定的範圍內變化，而引起其經濟效果指標（如投資的內部收益率、利潤、回收期等）的變化。敏感性就是指經濟效果指標對其影響因素的敏感程度的大小。對經濟效果指標的敏感性影響大的那些因素，在實際工程中，我們要嚴加控制和掌握，而對於敏感性較小的那些影響因素，稍加控制即可。

敏感性分析的目的在於：

（1）找出影響項目經濟效益變動的敏感性因素，分析敏感性因素變動的原因，並為進一步進行不確定性分析（如概率分析）提供依據；

（2）研究不確定性因素變動如引起項目經濟效益值變動的範圍或極限值，分析判斷項目承擔風險的能力；

（3）比較多方案的敏感性大小，以便在經濟效益值相似的情況下，從中選出不敏感的投資方案；

（4）根據不確定性因素每次變動數目的多少，敏感性分析可以分為單因素敏感性分析和多因素敏感性分析。

通過敏感性分析，要在諸多的不確定因素中，找出對經濟效益指標反應敏感的因素，並確定其影響程度，計算出這些因素在一定範圍內變化時，有關效益指標變動的數量，從而建立主要變量因素與經濟效益指標之間的對應定量關係（變化率），從而可繪製敏感性分析圖（圖5.4）。同時，可求出各因素變化的允許幅度（極限值），計算出臨界點，考察其是否在可接受的範圍之內。敏感性分析是側重於對最敏感的關鍵因素（即不利因素）及其敏感程度進行分析。

通常是分析單個因素變化，必要時也可分析兩個或多個不確定因素的變化，對項目經濟效益指標的影響程度。因此，除了採用單因素變化的敏感性分析以外，還可採用多因素變化的分析等。項目對某種因素的敏感程度，可表示為該因素按一定比例變化時引起項目指標的變動幅度（列表表示）；也可表示為評價指標達到臨界點（如財務內部收益率等於財務基準收益率，或是經濟內部收益率等於社會折現率）時，某個因素允許變化的最大幅度，即極限值。敏感性分析可以使決策者瞭解

第五章 不確定性分析

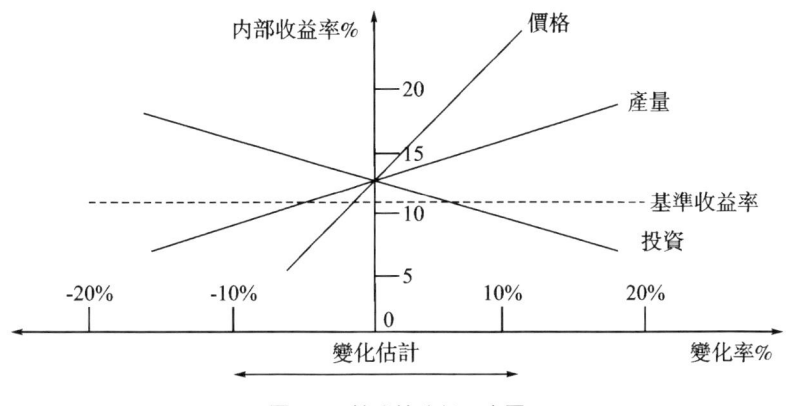

圖 5.4 敏感性分析示意圖

不確定因素對項目經濟效益指標的影響，從而提高決策的準確性，還可以啟發工程經濟分析人員對那些較為敏感的因素重新進行分析研究，以提高預測的可靠性。通過對項目的敏感性進行分析，可以研究各種不確定因素變動對方案經濟效果的影響範圍和程度，瞭解工程項目方案的風險根源和風險大小，還可篩選出若干最為敏感的因素，有利於對它們集中力量研究，重點調查和收集資料，盡量降低因素的不確定性，進而減少方案風險。另外，通過敏感性分析，可以確定不確定因素在什麼範圍內變化能使項目的經濟效益情況最好，在什麼範圍內變化時則項目的經濟效益情況最差等這類最樂觀和最悲觀的邊界條件或邊界數值。

二、敏感性分析的步驟

1. 確定敏感性分析指標

敏感性分析的對象是具體的技術方案及其反應的經濟效益。因此，技術方案的某些經濟效益評價指標，例如息稅前利潤、投資回收期、投資收益率、淨現值、內部收益率等，都可以作為敏感性分析指標。

2. 選取不確定因素

在進行敏感性分析時，並不需要對所有的不確定因素都考慮和計算，而應視方案的具體情況選取幾個變化可能性較大，並對經效益目標值影響作用較大的因素。例如：產品售價變動、產量規模變動、投資額變化等；或是建設期縮短、達產期延長等，這些都會對方案的經濟效益大小產生影響。

3. 計算不確定因素變動時對分析指標的影響程度

若進行單因素敏感性分析時，則要在固定其它因素的條件下，變動其中一個不確定因素；然後，再變動另一個因素（仍然保持其它因素不變），以此求出某個不確定因素本身對方案效益指標目標值的影響程度。

93

4. 確定敏感因素

敏感因素是指能引起分析指標產生相應較大變化的因素。測定某特定因素敏感與否，可採用兩種方式進行。第一種是相對測定法，即設定要分析的因素均從確定性經濟分析中所採用的數值開始變動，且各因素每次變動的幅度相同，比較在同一變動幅度下各因素的變動對經濟效果指標的影響，據此判斷方案經濟效果對各因素變動的敏感程度。第二種是絕對測定法，即設定各因素均向對方案不利的方向變動，並取其有可能出現的對方案最不利的數值，據此計算方案的經濟效果指標，看其是否可達到使方案無法被接受的程度。如果某因素可能出現的最不利數值能使方案變得不可接受，則表明該因素是方案的敏感因素。

5. 結合確定性分析進行綜合評價，選擇可行的比選方案。

根據敏感因素對技術項目方案評價指標的影響程度，結合確定性分析的結果做進一步的綜合評價，尋求對主要不確定因素變化不敏感的可選方案。

三、敏感性分析的方法

根據不確定性因素每次變動數目的多少，敏感性分析法可以分為單因素敏感性分析法和多因素敏感性分析法。

1. 單因素敏感性分析

單因素敏感性分析法，是指就單個不確定因素的變動對方案經濟效果的影響所作的分析。即在計算某個因素的變動對經濟效果指標的影響時，假定其它因素均不發生變化。

下面通過例題來說明單因素敏感性分析的具體操作步驟。

【例5-3】某企業擬建一預制構件廠，其產品是大板結構住宅的預制板，該廠需投資 20 萬元，每天可生產標準預制板 $100m^2$，單價為 140 元/m^3，每年生產 350 天，生產能力利用程度可達到 80%，壽命期為 20 年，基準收益率為 12%，則：

年度收入：100×350×140×0.8＝392（萬元）

年度支出：

①折舊費＝20×（A/P，12%，20）＝2.677,6（萬元）

②人工費＝54（萬元）

③經常費＝4+4＝8（萬元）

④材料費＝0.8×100×350×115＝322（萬元）

在經常費中，固定費用和可變費用各占一半，為簡單起見，試分析各因素的變化對靜態投資收益率的影響。以下以生產能力利用程度、產品售價、使用壽命三個因素為例進行敏感性分析。

①當生產能力利用程度為 80% 時：

年度總收入＝392 萬元

第五章 不確定性分析

年度總支出＝386.677,8 萬元

利潤＝5.322,4 萬元

投資收益率＝5.322,24÷20＝26.6%

②當生產能力利用程度為70%時：

年度總收入＝100×350×140×0.7＝343（萬元）

年度總支出＝345.927,6 萬元 利潤＝－2.927,6 萬元

投資收益率＝－2.927,6÷20＝－14.64%

其中材料費＝100×350×11×0.7＝281.75（萬元）

經常費＝4+3.5＝7.5（萬元）

表 5.2 為幾種生產能力利用程度的具體計算結果。由此得出結論：生產能力利用程度對收益率的影響很敏感，工廠投產後要嚴加控制。或者改變某些因素，重新確定其各項費用，使之變成不敏感因素。

表 5.2　　　　　　　　　　生產能力敏感分析

項目	生產能力利用程度			
	70%	75%	80%	85%
年度收入	343	367.5	392	416.5
年度支出 ①折舊費	2.677,6	2.677,6	2.677,6	2.677,6
②人工費	54	54	54	54
③經常費	7.5	7.75	8	8.25
④材料費	281.5	301.875	322	342.125
支出總額	345.927,76	366.302,6	386.677,6	407.052,6
年度利潤	－2.927,6	1.197,4	5.322,4	9.447,4
投資收益率	－14.64%	6%	26.6%	47.24%

敏感性分析側重於對不利因素及其影響程度的分析。單因素的敏感分析適用於分析最敏感的因素，但它忽略了各因素之間的相互作用。因為多因素的估計誤差所造成的風險一般比單個因素大，因此在對項目進行風險分析時，除了要進行單因素的敏感性分析外，還應進行多因素的敏感性分析。

2. 多因素敏感分析

多因素敏感分析要考慮可能發生的各種因素不同變動幅度的多種組合，本節著重分析兩種不確定因素同時發生變動，對項目經濟效益值的影響程度，確定敏感性因素及其極限值，依舊以例題說明其具體操作步驟。

【例5-4】某企業為了研究一項投資方案，提出了下面的因素指標估計（基本方案），見表 5.3。假定最關鍵的敏感因素是投資和年銷售收入，試同時進行這兩個

參數的敏感性分析。

表 5.3　　　　　　　　　因素指標估計表

項目	投資	壽命 n	殘值	年收入	年支出 D	折現率 i
參數值	10,000	5	2,000	5,000	2,200	8%

解：以淨年金 A^* 為研究目標，設 X 為初始投資變化的百分數，設 Y 為初始年收入變化的百分數，則淨年金 A^* 為：

$A^* = -10,000(1+X)(A/P,i,n) + 5,000(1+Y)(A/P,i,n) - 2,200 + 2,000(A/F,i,n)$

將 $i=8\%$，$n=5$ 代入可得：

$A^* = 636.32 + 5,000Y - 2,504.6X$

臨界曲線為 $A^* = 0$，則 $Y = 0.500,92X - 0.127,264$，作圖 5.5。

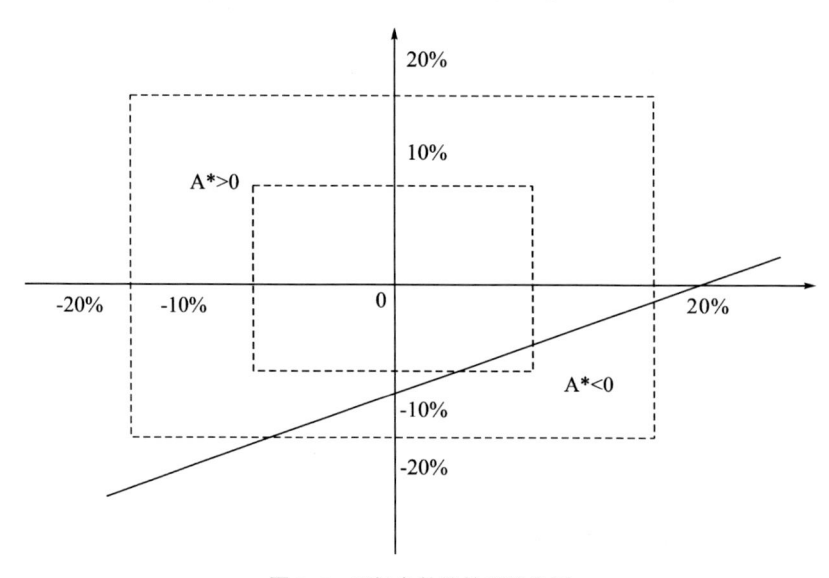

圖 5.5　兩個參數的敏感性分析

如上圖所示，其中所希望的區域（$A^* > 0$）占優勢。如果預計造成 776±20% 的估計誤差，則淨年金對增加投資額比較敏感。例如，若投資增加 5%，年銷售收入減小 12%，則 $A^* < 0$。

四、敏感性分析的優缺點

敏感性分析具有分析指標具體，能與項目方案的經濟評價指標緊密結合，分析方法內容易掌握，便於分析、便於決策等優點，有助於找出影響項目方案經濟效益的敏感因素及其影響程度，對於提高項目方案經濟評價的可靠性具有重大意義。但

第五章　不確定性分析

是，敏感性分析在使用中也存在著一定的局限性，就是它不能說明不確定因素發生變動的情況的可能性是大還是小，也就是沒有考慮不確定因素在未來發生變動的概率，而這種概率是與項目的風險大小密切相關的，必須借助於概率分析方法。

第四節　概率分析

一、概率分析的含義

1. 概念

概率是指事件的發生所產生某種後果的可能性的大小。概率分析是通過研究各種不確定性因素發生不同變動幅度的概率分佈及其對項目經濟效益指標的影響，對項目可行性和風險性以及方案優劣作出判斷的一種不確定性分析法。概率分析常用於對大中型重要若干項目的評估和決策之中。

概率分析，通過計算項目目標值（如淨現值）的期望值及目標值大於或等於零的累積概率來測定項目風險大小，為投資者決策提供依據。

2. 步驟

（1）列出各種欲考慮的不確定因素。例如銷售價格、銷售量、投資和經營成本等，均可作為不確定因素。需要注意的是，所選取的幾個不確定因素應是互相獨立的。

（2）設想各個不確定因素可能發生的情況，即數值發生變化的幾種情況。

（3）分別確定各種可能發生情況產生的可能性，即概率。各不確定因素的各種可能發生情況出現的概率之和必須等於1。

（4）計算目標值的期望值。

可根據方案的具體情況選擇適當的方法。假若採用淨現值為目標值，則一種方法是，將各年淨現金流量所包含的各不確定因素在各可能情況下的數值與其概率分別相乘後再相加，得到各年淨現金流量的期望值，然後求得淨現值的期望值。另一種方法是直接計算淨現值的期望值。

（5）求出目標值大於或等於零的累計概率。

對於單個方案的概率分析應求出淨現值大於或等於零的概率，由該概率值的大小可以估計方案承受風險的程度，該概率值越接近1，說明技術方案的風險越小，反之，方案的風險越大。可以列表求得淨現值大於或等於零的概率。

二、概率分析方法

影響方案經濟效果的大多數都是隨機變量。我們可以預測其未來可能的取值範圍，估計各種取值發生的概率，但不能肯定地預知它們取什麼值。由於各個週期的

淨現金流量都是隨機變量，因此要完整地描述一個隨機變量，需要確定其概率分佈的類型和參數。

1. 期望值

投資方案的經濟效果的期望值是指參數在一定概率分佈下投資效果所能達到的概率平均值。其一般表達式為

$$E(X) = \sum_{i=1}^{n} x_i P_i \quad (5-5)$$

式中：$E(X)$——隨機變量的期望值；
　　　i——隨機變量的序數；
　　　x_i——隨機變量值；
　　　P_i——隨機變量發生的概率。

【例5-5】設某一投資項目在市場需求變化的情況下的資料如表5.4所示。

表5.4　　　　　　　　　方案盈利及其概率

市場需求	大	中	小
概率	0.3	0.5	0.2
盈利	360	200	100

解：由公式5-5得

$E(X) = 0.3 \times 360 + 0.5 \times 200 + 0.2 \times 100 = 228$

2. 標準差

標準差反應了一個隨機變量實際值與其期望值偏離的程度，指標越小，說明實際發生的可能情況與期望值接近，項目風險就越小。其計算公式為

$$\sigma = \sqrt{[X_i - E(X)]^2 P_i} \quad (5-6)$$

式中：σ——標準差；
　　　P_i——第i次事件發生的概率；
　　　X_i——第i次事件發生的變量值。

【例5-6】利用例5-5的數據，計算投資方案的標準差。

解：由公式5-6得

$\sigma = 94.32$

3. 淨現值期望值

計算淨現值期望值 $E(NPV)$ 表達式為

$$E(NPV) = \sum_{t=0}^{N} \frac{E(N_t)}{(1+i_c)^t} \quad (5-7)$$

【例5-6】某企業評價的某項目可能的各年淨現金流量和該公司約定的CV-d換算表如表5.5所示。若Ic=8%，試求 $E(NPV)$ 並判斷其可行性。

第五章 不確定性分析

表 5.5　　　　　　　　　淨現金流量和 CV-d 換算表

i	N_{ij}（元）	概率 P_{ij}
0	$-10,000$	1.0
1	4,500 5,000 6,500	0.3 0.4 0.3
2	4,000 6,000 7,000	0.3 0.2 0.4
3	3,000 5,000 8,000	0.25 0.50 0.20

解：先求出各 d，為此計算各年的 $E(N_t)$。

$E(N_0) = -10,000 \times 1.0 = -10,000$

$E(N_1) = 4,500 \times 0.3 + 5,000 \times 0.4 + 6,500 \times 0.3 = 5,300$

$E(N_2) = 4,000 \times 0.3 + 6,000 \times 0.2 + 7,000 \times 0.4 = 5,200$

$E(N_3) = 3,000 \times 0.25 + 5,000 \times 0.5 + 8,000 \times 0.2 = 4,850$

再求各年淨現金流量的 σ_i：

$\sigma_0 = 0$

$\sigma_1 = 866.0$，$\sigma_2 = 1,264.9$，$\sigma_3 = 1,673.3$

$E(\text{NPV}) = 3,215.7$（元）

三、決策樹方法

決策樹（decision tree）一般都是自上而下生成的。每個決策或事件（即自然狀態）都可能引出兩個或多個事件，導致不同的結果，把這種決策分支畫成圖形很像一棵樹的枝幹，故稱決策樹。

決策樹法作為一種決策技術，已被廣泛地應用於企業的投資決策之中，它是隨機決策模型中最常見、最普及的一種方法，此方法有效地控制了決策帶來的風險。

1. 決策樹的結構

決策樹的構成有四個要素：①決策結點；②方案枝；③狀態結點；④概率枝。

繪圖步驟，從左到右；計算步驟，從右到左，如圖 5.6 所示。

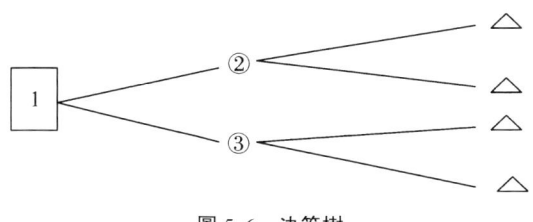

圖 5.6　決策樹

2. 決策樹的決策程序

（1）繪製樹狀圖，根據已知條件排列出各個方案和每一方案的各種自然狀態。

（2）將各狀態概率及損益值標於概率枝上。

（3）計算各個方案期望值並將其標於該方案對應的狀態結點上。

（4）進行剪枝，比較各個方案的期望值，並標於方案枝上，將期望值小的（即劣等方案剪掉）所剩的最後方案為最佳方案。

【例 5-7】某公司擬建設一個預製構件廠，一個方案是大廠，需要 359 萬元；另一個方案是小廠，需要 160 萬元，使用期均為 10 年。兩方案在不同自然狀態下的損益值及自然狀態概率見表 5.6，試利用決策樹法決策。

表 5.6　　　　　　　　　　損益值及自然狀態概率

自然狀態	概　率	每年損益值（萬元）	
		大廠	小廠
市場需求大	0.7	100	40
市場需求小	0.3	−20	10

如圖 5.7 所示，各方案期望值如下：

方案 1：0.7×100×10+0.3×（−20）×10−359＝281（萬元）

方案 2：0.7×40×10+0.3×10×10−160＝150（萬元）

兩者比較，建大廠較優，10 年期望值為 281 萬元。

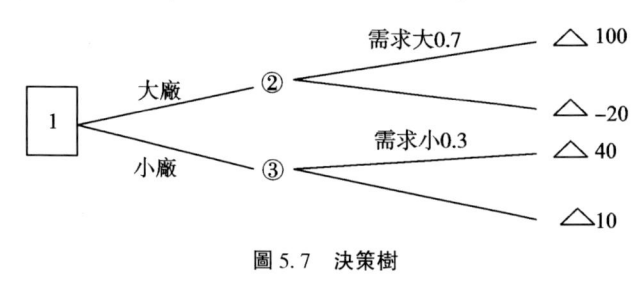

圖 5.7　決策樹

四、貝葉斯概率方法

1. 貝葉斯概率方法的基本特點

自從 20 世紀 50~60 年代貝葉斯（Bayes）學派形成後，關於貝葉斯分析的研究久盛不衰。20 世紀 80 年代後，貝葉斯網絡就成功地應用於專家系統，成為表示不確定性專家知識和推理的一種重要的方法。

貝葉斯決策屬於風險型決策，決策者雖不能控制客觀因素的變化，但卻可掌握其變化的可能狀況及各狀況的分佈概率，並利用期望值即未來可能出現的平均狀況作為決策準則。由於決策者對客觀因素變化狀況的描述不確定，所以在決策時會給

第五章　不確定性分析

決策者帶來風險。但是完全確定的情況在現實中幾乎不存在，貝葉斯決策不是使決策問題完全無風險，而是通過其他途徑增加信息量使決策中的風險減小。由此可以看出，貝葉斯決策是一種比較實際可行的方法。

利用貝葉斯所提出的概率理論，我們可以考察決策的敏感性。貝葉斯提出了先驗概率和後驗概率的概念：可以根據新的信息對先驗概率加以修改從而得出後驗概率。因此，貝葉斯理論被用於將新信息結合到分析當中。

根據貝葉斯方法，已知：
（1）狀態先驗概率 $P(w_i)$ $i=1, 2, c$。
（2）類條件概率密度 $P(x|w_i)$ $i=1, 2, c$。
利用貝葉斯公式：

$$P(w_i|x) = \frac{P(x|w_1) P(w_i)}{\sum P(x|w_j) P(w_j)} \tag{5-8}$$

得到狀態的後驗概率 $P(w_i|x)$。

2. 貝葉斯決策規則的選擇

應用貝葉斯分析方法，決策者可根據具體情況和決策意願選擇不同的決策規則。

（1）基於最小錯誤率的貝葉斯決策規則

在決策問題中，人們往往希望盡量減小錯誤，從這樣的要求出發，利用貝葉斯公式，就能得出使錯誤為最小的分類規則，稱之為基於最小錯誤率的貝葉斯決策。

（2）基於最小風險的貝葉斯決策規則

在基於最小錯誤率的貝葉斯分類決策中，使錯誤率 $P(e)$ 達到最小是重要的。但實際上有時需要考慮一個比錯誤率更為重要的廣泛的概念——風險。風險和損失是緊密聯繫的。最小風險貝葉斯決策正是考慮各種錯誤造成損失不同而提出的一種決策規則。在此決策中利用了決策論的觀點進行考慮。在已知先驗概率 $P(w_i)$ 及類條件概率密度 $P(x|w_i)$ $i=1, 2, \cdots, c$ 的條件下，在考慮錯判所造成的損失時，由於引入「損失」的概念，而必須考慮所採取的決策是否使損失最小。

（3）最小最大的貝葉斯決策規則

從最小錯誤率和最小風險貝葉斯決策中可以看出其決策都是與先驗概率 $P(w_1)$ 有關的。如果給定的 x，其 $P(w_1)$ 不變，按照貝葉斯決策規則，可以使錯誤率和風險最小。但是，如果 $P(w_1)$ 是可變的，或事先對先驗概率毫不知道的情況下，若再按某個固定的 $P(w_1)$ 條件下的決策進行就往往得不到最小錯誤率或最小風險。而最小最大決策就是考慮在 $P(w_1)$ 變化的情況下，如何使最大可能的風險為最小，也就是在最差的條件下爭取到最好的結果。

貝葉斯決策屬於風險型決策，決策者雖不能控制客觀因素的變化，但卻可掌握其變化的可能狀況及各狀況的分佈概率，將貝葉斯概率分析與決策樹方法相結合，並利用期望值作為決策準則的依據。這為貝葉斯方法在投資風險決策的應用提出了

一種可行方法。在此基礎上可根據需要選擇相關決策規則實現風險決策目標。

五、蒙特卡羅模擬方法

　　模擬是風險分析的一種深層次的方法，其本質是一種統計試驗方法。蒙特卡羅分析（Mont Carlo Method）是隨機模擬的一種形式，稱它為蒙特卡羅法是因為該方法利用隨機數來對各種可能結果進行選擇，正如在輪盤賭博中是通過小球所停的位置來確定贏家，其理論上也是一種隨機現象。在建築業中，可以模擬不同的天氣類型以確定它們對施工進度的影響。同樣，模擬技術也可以用於對工程項目費用的評價工作。

　　蒙特卡羅模擬要求生成多組隨機數來對各種方案進行考察。可以用多種方法來確定隨機數，如從帽子中抓鬮或擲骰子。在實際工作中，利用計算機程序來生成多組隨機數是最有效的方法。

　　模擬的前提是可以用概率分佈來對受不確定性影響的參數加以描述。在蒙特卡羅模擬中，生成了大量的項目假想情況來反應實際項目的特徵。每一個模擬（或重複）是通過用從一個風險變量的概率分佈中抽取的一個隨機數來代表該變量而實現的。通常須進行至少 100 次重複以建立整體項目的頻率分佈。然後利用統計方法來計算其置信區間等。部分結果通常也用累計頻率曲線來表示。通過這些曲線，可以較容易地得出一個特定工作按時完成的可能性，如圖 5.8 所示。

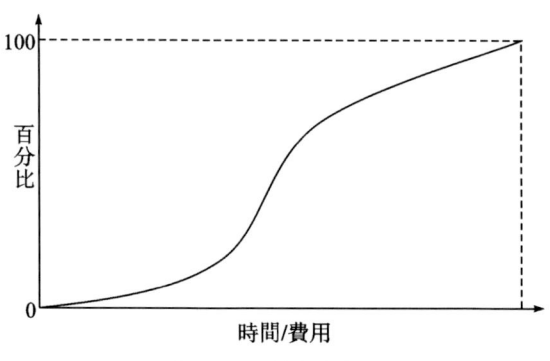

圖 5.8　累計頻率曲線

　　【例 5-8】某建設公司投標競爭一項建設項目，據預測該建設項目可能建設期為 5 年、8 年、10 年的概率分別為 0.2、0.5、0.3，為承建此建設項目需購置一部專用設備，有兩個廠家提供了如表 5.7 的資料，試用仿真模擬試驗來選購設備（假設年折算利率為 8%）。

第五章 不確定性分析

表 5.7　　　　　　　　　　　　設備費用資料

甲設備（購置費 450 萬元）		乙設備（購置費 120 萬元）	
年運行費用	概率	年運行費用	概率
35	0.2	60	0.15
45	0.6	80	0.35
60	0.2	100	0.35
		120	0.15

解：先對工程工期、設備年費用列出其概率與二位隨機數範圍表，見表 5.8。

表 5.8　　　　工程工期、設備年費用概率和二位隨機數範圍表

仿真對象	可能結果	概率	二位隨機數範圍
可能工期（年）	5	0.2	0～19
	8	0.5	20～69
	10	0.3	70～99
甲設備年運行費用（萬元/年）	35	0.2	0～19
	45	0.6	20～79
	60	0.2	80～99
乙設備年運行費用（萬元/年）	60	0.15	0～14
	80	0.35	15～49
	100	0.35	50～84
	120	0.15	85～99

進一步對工程工期進行仿真試驗，假設做 10 次。即任意指定第一個隨機數，然後連續取 9 個隨機數（從二值隨機數表上按行或列均可）。如 70，14，18，48，82，58，48，78，51，28。然後計算兩設備購買費費用年金（即投資分攤），現將計算結果列在表 5.9 之中。

表 5.9　　　　甲、乙兩設備購買費費用年金（即投資分攤）　　　　單位：萬元

實驗次數	隨機數	工期	甲設備 $(A/P, i\%, n)$	乙設備 $(A/P, i\%, n)$
1	70	10	$450(A/P, 8\%, 10) = 67$	$120(A/P, 8\%, 10) = 17.6$
2	14	5	$450(A/P, 8\%, 5) = 112.7$	$120(A/P, 8\%, 5) = 30$
3	18	5	$450(A/P, 8\%, 5) = 112.7$	$120(A/P, 8\%, 5) = 30$
4	48	8	$450(A/P, 8\%, 8) = 78.3$	$120(A/P, 8\%, 8) = 20.9$
5	82	10	$450(A/P, 8\%, 10) = 67$	$120(A/P, 8\%, 10) = 17.6$

表5.9(續)

實驗次數	隨機數	工期	甲設備 $(A/P, i\%, n)$	乙設備 $(A/P, i\%, n)$
6	58	8	$450(A/P, 8\%, 8) = 78.3$	$120(A/P, 8\%, 8) = 20.9$
7	48	8	$450(A/P, 8\%, 8) = 78.3$	$120(A/P, 8\%, 8) = 20.9$
8	78	10	$450(A/P, 8\%, 10) = 67$	$120(A/P, 8\%, 10) = 17.6$
9	51	8	$450(A/P, 8\%, 8) = 78.3$	$120(A/P, 8\%, 8) = 20.9$
10	28	8	$450(A/P, 8\%, 8) = 78.3$	$120(A/P, 8\%, 8) = 20.9$

在上述基礎上，對設備甲進行仿真試驗10次。從隨機數表中任意抽取一組（10個）隨機數，再從表5.9中查出對應的年設備費用，將結果列在表5.10之中。同時對設備乙也可進行類似的仿真試驗，將結果也列在表5.10之中。

表5.10　　　　　　　　　設備仿真實驗年設備費用表

試驗次數	隨機數（甲）	年設備費用（甲）	隨機數（乙）	年設備費用（乙）
1	29	45	69	100
2	3	35	30	80
3	62	45	66	100
4	17	35	55	100
5	92	60	80	100
6	30	45	10	60
7	38	45	72	100
8	12	35	74	100
9	38	45	76	100
10	7	35	82	100

將表5.9中兩設備費用年金（即投資分攤）分別和表5.10中兩設備各自仿真試驗年費用相加，即可得到甲、乙兩設備仿真試驗總費用年金。現將結果列在表5.11之中。

表5.11　　　　　　　　　　費用計算表

試驗次數	總年設備費用（甲）	總年設備費用（乙）
1	67+45＝112	17.6+100＝117.6
2	112.7+35＝147.7	30+80＝110
3	112.7+45＝157.7	30+100＝130
4	78.3+35＝113.3	20.9+100＝120.9

表5.11(續)

試驗次數	總年設備費用（甲）	總年設備費用（乙）
5	67+60=127	17.6+100=117.6
6	78.3+45=123.3	20.9+60=80.9
7	78.3+45=123.3	20.9+100=120.9
8	67+35=102	17.6+100=117.6
9	78.3+45=123.3	20.9+100=120.9
10	78.3+35=113.3	20.9+100=120.9

甲設備費用年金 10 年平均值為 124.29 萬元，乙設備費用年金 10 年平均值為 115.73 萬元，按經濟評價準則應選用費用年金小的乙設備。

在應用蒙特卡羅法進行經濟分析時，要注意隨機事件的概率描述應當是古典概率型。在仿真試驗時，從隨機數表上抽取隨機數時應當是任意的，不可心存任何偏見，試驗次數應該盡可能多，這樣試驗所得結果才較為可靠。

第五節　案例分析

某公司經營情況如下：房租為 300 元/月，假設經營產品 A、B、C 的利潤各占總利潤的 1/3，現通過對 A 的銷售來對方案進行可行性分析；假設 A 的平均進價為 1.50 元/斤，售價為 1.70 元/斤，平均每月銷售 A 約 3,000 斤，每月進貨 2 次，運費 150 元/次，水電費 60 元/月，免稅收。

1. 盈虧平衡分析

固定成本：A 的固定成本占總固定成本的 1/3。

$$F = \frac{1}{3}(300 + 2 \times 150 + 60) = 220(元)$$

盈利：$TR = (p - t)Q = (1.7 - 0)Q = 1.7Q$

成本：$TC = F + vQ = 220 + 1.5Q$

$TC = TR$

盈虧平衡銷售量 $Q = \dfrac{F}{p - t - v} = \dfrac{220}{1.7 - 0 - 1.5} = 1,100(斤/月)$

如圖 5.9 所示。

最低銷售率 $= \dfrac{1,100}{3,000} \times 100\% = 36.7\%$

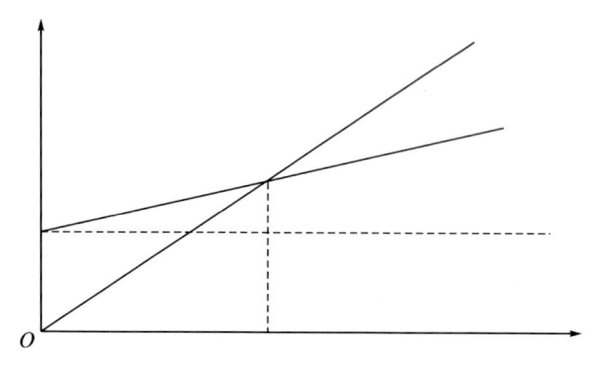

圖 5.9　盈虧平衡分析圖

2. 敏感度分析

銷售量的敏感度（±10％，±20％）

月收入：1.7×3,000 = 5,100（元）

月使用費：$\frac{300}{3} + \frac{150 \times 2}{3} + \frac{60}{3} = 220$(元)

月材料費：1.5×3,000 = 4,500（元）

總　額：380 元

銷售量的敏感度分析如表 5.12 所示。

表 5.12　　　　　　　　銷售量的敏感度分析表

估計項目	2,400	2,700	3,000	3,300	3,600
月收入	4,080	4,590	5,100	5,610	6,120
月使用費	220	220	220	220	220
月材料費	3,600	4,050	4,500	4,950	5,400
總額	260	320	380	440	500

售價的敏感度如表 5.13 所示。

表 5.13　　　　　　　　售價的敏感度分析表

估計項目	1.60	1.65	1.70	1.75	1.80
月收入	4,800	4,950	5,100	5,250	5,400
月使用費	220	220	220	220	220
月材料費	4,500	4,500	4,500	4,500	4,500
總額	80	230	380	530	680

第五章　不確定性分析

進價的敏感度如表 5.14 所示。

表 5.14　　　　　　　　進價的敏感度分析表

估計項目	1.40	1.45	1.50	1.55	1.60
月收入	5,100	5,100	5,100	5,100	5,100
月使用費	220	220	220	220	220
月材料費	4,200	4,350	4,500	4,650	4,800
總額	680	530	3,851,000	230	80

運費的敏感度如表 5.15 所示。

表 5.15　　　　　　　　運費的敏感度分析表

估計項目	150	135	150	165	180
月收入	5,100	5,100	5,100	5,100	5,100
月使用費	200	210	220	230	240
月材料費	4,500	4,500	4,500	4,500	4,500
總額	400	390	380	370	360

以上四方面因素分析如圖 5.10 所示。

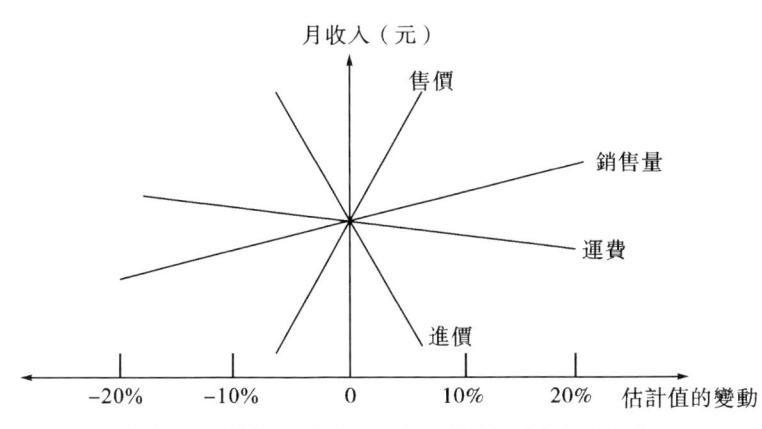

圖 5.10　銷售量、售價、進價、運費的敏感度分析圖

根據以上分析，決策者就可以對方案做出比較全面合理的判斷，由圖 5.10 可以清楚地看出月收入對於進價和售價的變化都很敏感，而對於月銷售量和運費則不敏感。

3. 概率分析

計算其聯合概率，見表 5.16。

表 5.16　　　　　　　　　　聯合概率

序號	聯合概率	收入	概率 X 收入
1	0.04	270	10.8
2	0.06	300	18
3	0.10	330	33
4	0.10	540	54
5	0.25	600	150
6	0.15	660	99
7	0.15	810	121.5
8	0.09	900	81
9	0.06	900	59.4
合計	1.00		626.7

由表 5.16 可以看出：除去月使用費和月材料費 220 元，每月 A 的銷售利潤為 406.7 元。根據計算結果，該方案雖然利潤不多，但風險很小，決策者可以選擇投資。

思考與練習

一、基本概念

1. 為什麼要進行不確定性分析？
2. 不確定性分析的常用方法有哪些？各自適用條件是什麼？
3. 如何利用盈虧平衡分析進行生產決策？影響盈虧平衡點的主要因素有哪些？
4. 敏感性分析的目的是什麼？分哪幾個步驟？
5. 怎樣用決策樹法對方案進行決策分析？

二、單選題

1. 進行單因素敏感性分析，要假設各個不確定因素之間相互獨立。當考察一個因素時，令其餘因素（　　）。
   A. 由大到小變化　　　　　　　　B. 由小到大變化
   C. 依次變化　　　　　　　　　　D. 保持不變

2. 某建設項目由於未來市場的不確定性，建設項目效益有幾種可能情況，每種情況的淨現值為 NPV_i，P_i 為概率，則下面論述正確的是（　　）。
   A. $E(NPV) \geq 0$，則該項目一定可行

第五章 不確定性分析

B. E（NPV）<0，但 P（NPV≥0）= 50%，則該項目一定可行
C. P（NPV）>0，則該項目一定可行
D. E（NPV）>0，但 P（NPV≥0）= 100%，則該項目一定可行

3. 單因素敏感性分析中，設甲、乙、丙、丁四個因素均發生10%的變化，使評價指標分別相應地產生10%，15%，25%，30%的變化，則敏感因素是（　　）。

　　A. 丁　　　　B. 丙　　　　C. 乙　　　　D. 甲

4. 某建設項目生產單一產品，已知建成後年固定成本為800萬元，單位產品的銷售價格為1,300元，單位產品的材料費用為320元，單位產品的變動加工費和稅金分別為115元和65元，則該建設項目產量的盈虧平衡點為（　　）件。

　　A. 7,143　　B. 8,163　　C. 6,154　　D. 10,000

5. 在可比性原則中，滿足需要上的可比不包括（　　）。
　　A. 產量的可比　　　　　　B. 價格的可比
　　C. 質量的可比　　　　　　D. 品種的可比

三、計算題

1. 某企業年固定成本為300萬元，產品單價150元/臺，單位產品可變成本240元，求盈虧平衡產量。

2. 某企業年固定成本6.5萬元，每件產品變動成本25元，原材料批量購買可降低單位材料費用為購買量的0.1%，每件售價為55元，隨銷售量的增加市場單位產品價格下降0.25%。試計算盈虧平衡點、利潤最大時產量和成本最低時的產量。

3. 某項目年總成本 $C = 2X^2 - 8X + 16$，產品單價 $P = 5 - Q/8$，Q 為產量，求盈虧平衡產量。

4. 某沿河岸臺地鋪設地下管道工程施工期內（1年）有可能遭到洪水的襲擊。據氣象預測，施工期內不出現洪水或出現洪水不超過警戒水位的可能性為60%，出現超過警戒水位的洪水的可能性為40%。施工部門採取的相應措施：不超過警戒水位時只需進行洪水期間邊坡維護，工地可正常施工，工程費約10,000元。出現超警戒水位時為維護正常施工，普遍加高堤岸，工程費約70,000萬元。工地面臨兩個選擇：①僅做邊坡維護，但若出現超警戒水位的洪水工地要損失10萬元。②普遍加高堤岸，即使出現警戒水位也萬無一失。試問應如何決策？

第六章 建設項目可行性研究及企業技術改造經濟分析

● 第一節 可行性研究概述

一、可行性研究概念

　　隨著科學技術的高速發展，人們從各種不同的需要出發，都在努力開發新的自然資源，探討對已開發資源的合理分配與有效利用的最佳途徑。這是一個全球性的課題。在制定規劃、開始興辦企業、建設（新建、改建、擴建）工程項目、擬定技術引進方案或制定科研課題時，如何避免投資決策的失誤，提高投資時效，是人們普遍遇到的問題。經濟預測學、運籌學、系統工程等科學理論和方法的發展，為科學地解決這一問題提供了可能和方便。可行性研究就是為決定某一特定項目是否合理可行，而在實施前對該項目進行調查研究及全面的技術經濟分析論證。它是通過對項目的主要內容和配套條件，如市場需求、資源供應、建設規模、工藝路線、設備選型、環境影響、資金籌措、盈利能力等，從技術、經濟、工程等方面進行調查研究和分析比較，並對項目建成以後可能取得的財務、經濟效益及社會影響進行預測，從而提出該項目是否值得投資和如何進行建設的諮詢意見，為項目決策提供依據的一種綜合性的分析方法，是一項在確定建設項目之前的具有決定性意義的工作。

　　1. 可行性研究一般要求回答下列問題：
　　（1）本項目在技術上是否可行？
　　（2）經濟上是否有生命力？
　　（3）財務上是否有利可圖？

第六章　建設項目可行性研究及企業技術改造經濟分析

(4) 需要多少投資？如何籌集？

(5) 需要多長時間能建立起來？

(6) 需要多少人力物力資源（包括建設時期的設備、建築材料和施工力量；生產時期的原料、燃料、生產消耗和設備備件以及生產人員）？

2. 可行性研究的主要作用

對於發展中國家來說，發展本國經濟的成敗，在具備必要條件的情況下，很大程度上取決於他們對發展目標和投資項目進行選擇和決策的能力，即如何在既定範圍內，進行有效的合理選擇，以最充分地利用寶貴的人力、物力和財力，來促進社會和經濟的迅速發展。因此各國在經濟開發中，都十分重視應用可行性研究這一科學方法。這是因為：

(1) 可行性研究是項目成功的關鍵。投資項目實施後將面臨十分複雜的社會經濟環境，面臨著來自各方面的競爭。只有那些適應社會發展需要，生存能力強的項目才能在競爭中獲勝，並取得預期的效益。而可行性研究採用專門的科學方法，對擬建項目的產品市場需求、建設費用、資金條件、建設條件、原輔材料和水電等供應情況以及費用與收益等進行預測、分析和測算，可以避免決策的盲目性，為項目成功創造條件。

(2) 可行性研究是促進整個社會經濟進入良性循環的有效途徑。如果所有項目上馬之前先進行可行性研究，對項目原材料能源等投入物供應和交通運輸等外部建設條件事先進行調查分析，就可以避免國民經濟中「瓶頸」環節的出現；同時，由於可行性研究可以避免決策的盲目性，提高項目投資效果，就可以避免項目上馬投產後因效益不好而導致三角債的出現。由此可見，項目可行性可以促進社會經濟進入良性循環。

(3) 可行性研究為項目建設等提供依據。①可行性研究是建設項目投資決策和編製設計任務書的依據；②可行性研究是項目建設單位籌集資金的重要依據；③可行性研究是建設單位與各有關部門簽訂各種協議和合同的依據；④可行性研究是建設項目進行工程設計、施工、設備購置的重要依據；⑤可行性研究是向當地政府、規劃部門和環境保護部門申請有關建設許可文件的依據；⑥可行性研究是國家各級計劃綜合部門對固定資產投資實行調控管理、編製發展計劃、固定資產投資、技術改造投資的重要依據；⑦可行性研究是項目考核和後評價評估的重要依據。

3. 可行性研究的意義

(1) 避免錯誤的項目投資；

(2) 減小項目的風險性；

(3) 避免項目方案的多變；

(4) 保證項目不超支、不延誤；

(5) 對項目因素的變化心中有數；

(6) 達到投資的最佳經濟效果。

工程經濟學

概括起來，可行性研究的內容包括三個方面：一是工藝技術；二是市場需要；三是財務經濟。其中市場是前提，技術是手段，核心問題是經濟效益問題。其他一切問題，包括複雜的技術工作、市場需求預測等，都要圍繞經濟效益這個核心並為此核心問題提供各種方案。

二、可行性研究特點

可行性研究具有以下五個特點：

（1）先行性。可行性研究是為編製和審批設計任務書提供可靠的依據，是為擬建項目而作的調查研究。它是在項目投資決策之前進行，因此它研究的不是在建項目的經濟技術效果，也不是當項目方案確定之後為找論據而進行的工作。先作項目決策，後搞論證的做法就失去了可行性研究的本來意義。

（2）不定性。可行性研究顧名思義就是要研究項目的可行與否及可行性的大小，其結果有可行和不可行兩種可能。通過研究為擬建項目提供上馬的充分的科學依據，當然是一種成功之舉；通過研究否定了不可行的方案，制止了不合理項目上馬，避免了巨大的浪費，同樣也是成功的可行性研究，這對於重大項目決策尤為重要。

（3）多科性。任何一個重大建設項目的可行性研究，都是綜合運用多種學科技術知識才能完成的。一個大型項目的理想的可行性研究小組，應該具有經濟學、財政學、會計學、商品學、市場學、計劃統計學、建築學、工程技術學、運籌學、計算機科學、社會科學、預測學、管理學和技術經濟學等方面知識的專家組成，通過協助配合，才能切實有效地進行工作。

（4）法定性。在許多工業發達國家中，為了提高競爭力，避免投資決策的失誤，重大項目一般都要進行可行性研究。在中國，國家明確規定了可行性研究「是建設前期工作的重要內容，是基本建設程序中的組成部分」，是「編製和審批設計任務書的可靠依據」。同時規定：「所有建設項目必須嚴格按照基本建設程序辦事，事前沒有進行可行性研究和技術經濟論證，沒有做好勘察設計等建設前期工作的，一律不得列入年度建設計劃，更不準倉促開工。違反這個規定的，必須追究責任。」很明確，可行性研究報告在中國具有鮮明的法定性。這個法定性的另一方面含義是，負責可行性研究的單位，要經過資質審查，要對工作成果的可靠性、準確性承擔責任，包括法律責任。

（5）預測性。在可行性研究階段由於項目尚未付諸實施，因此在可行性研究報告中，對項目投資費用以及項目未來的收益與費用都是根據目前的情況進行預測而得的，所以可行性研究報告中的數據具有預測性特點。

如果一個建設項目不進行項目可行性的研究或者只是進行淺表性的形式上的研究，而不去深入廣泛地開展研究，那麼對於建設項目的整個後續工作，包括項目的

第六章　建設項目可行性研究及企業技術改造經濟分析

實施階段和營運階段都將產生不可預知的風險，帶來一系列的不良後果。

大中型投資項目通常需要報請地區或者國家發改委立項備案。受投資項目所在細分行業、資金規模、建設地區、投資方式等不同影響，項目可行性研究報告均有不同側重。為了保證項目順利通過發改委批准完成立項備案，可行性研究報告的編製應當請有經驗的專業諮詢機構協助完成，或者委託有資質的設計單位完成。

第二節　可行性研究的階段劃分和工作內容

一、國外可行性研究的階段

根據聯合國工業發展組織（UNIDO）編寫的《工業可行性研究手冊》的規定，工程項目投資前期的可行性研究工作分為機會研究、初步可行性研究、可行性研究、評估與決策四個階段。

1. 機會研究

機會研究的主要任務是捕捉投資機會，為擬建工程項目的投資方向提出輪廓性建議。

（1）國際上的機會研究一般是通過分析下列各點，來鑑別投資機會或項目設想（以製造業項目為例）

①在加工或製造方面所需的豐富自然資源；

②為加工工業提供農業資料的現有農業佈局情況；

③對某些由於人口或購買力增長而具有增長潛力的消費品以及對新研製產品的今後需求；

④在經濟方面具有同樣水準的其他國家中成功的同類製造業部門；

⑤與本國或國際其他工業之間可能的相互關係；

⑥現有製造業通過前後工序配套，可能達到的擴展程度，如煉油廠的後道工序石油化學工業或軋鋼廠的前道工序煉鋼廠；

⑦多種經營的可能性，例如石油化工聯合企業的制約工業；

⑧現有工業生產能力的擴大，可能實現的經濟性；

⑨一般投資傾向；

⑩工業政策、進出口情況、生產要素的成本和可得性等。

（2）投資機會研究又可分為一般機會研究和工程項目機會研究。根據當時的條件，決定進行哪種機會研究，或者兩種機會研究都進行。

①一般投資機會研究。這種研究在一些發展中國家是通過國家機關或公共機構進行的，目的是通過研究指明具體的投資建議。有以下三種情況：

一是地區研究，查明某一些特定地區或某一個港口的內地貿易區內的各種機會。

二是分部門研究，謀求在某一劃定的分部門內的各種投資機會。

三是以資源為基礎的研究，以綜合利用某一自然資源或工農業產品為出發點，謀求識別其各種投資機會。

②具體投資機會研究，一般投資機會做出最初鑑別之後，即應進行這種研究，實際上做這項工作的往往是未來的投資者。

具體機會研究是要將項目設想變為概略的投資建議。以一般的投資機會為起點，選擇所鑑別的產品，並收編與每種產品有關的數據，以便投資者考慮。具體項目機會研究的主要意圖，是突出項目的主要投資方面。如果投資者做出肯定反應就可考慮進行初步可行性研究。

這一階段的工作內容相對比較粗略、簡單，一般可根據同類或類似工程項目的投資額及營運成本，初步分析投資效果。如果投資者對該項目設想或機會感興趣，則可轉入下一步的可行性研究工作，否則就停止研究工作。

2. 初步可行性研究

一般的，對要求較高或比較複雜的工程項目，僅靠機會研究尚不能決定項目的取捨，還需要進行初步可行性研究，以進一步判斷工程項目的生命力。初步可行性研究是介於機會研究和可行性研究的中間階段，是在機會研究的基礎上進一步弄清擬建項目的規模選址、工藝設備、資源、組織機構和建設進度等情況，以判斷其是否有可能和有必要進行下一步的可行性研究工作。其研究內容與詳細可行性研究的內容基本相同，只是深度和廣度略低。

許多投資項目在投資機會研究後，往往根據需要作初步可行性研究，其主要目的包括：

（1）投資機會是否有前途，值不值得進一步做詳細可行性研究。

（2）確定的項目概念是否正確，有無必要通過可行性研究進一步詳細分析。

（3）項目中有哪些關鍵性問題，是否需要通過市場調查、實驗室試驗、工業性試驗等功能研究做深入的研究。

初步可行性研究的結構與詳細可行性研究的結構基本相同，其主要內容包括：①市場和工廠生產能力；②原材料；③原材料；④工藝技術和設備選擇；⑤土建工程；⑥企業管理費；⑦人力；⑧項目實施及財務分析。

初步可行性研階段對工程項目投資的估算一般可採用生產能力指數法、因素法和比例法等估算方法，估算精度一般控制在±2%以內，所需時間約4～6個月，所需費用約占投資額的0.25%。

3. 可行性研究

這階段的可行性研究亦稱詳細可行性研究，它是對工程項目進行詳細、深入的技術經濟論證階段，是工程項目決策研究的關鍵環節。其研究內容主要有以下幾個方面：

（1）實施要點，即簡單地說明研究的結論的和建議；

第六章　建設項目可行性研究及企業技術改造經濟分析

（2）工程項目的背景和歷史；

（3）工程項目的市場研究及項目的生產能力，列舉市場預測的數據、估算的成本、價格、收入及利潤等；

（4）工程項目所需投入的資源情況；

（5）工程項目擬建的地點；

（6）工程項目設計，旨在說明工程項目設計最優方案的選擇、工程項目的總體設計、建築物的布置、材料及勞動力的需要量、建築物和工程設施的投資估算等；

（7）工程項目的管理費用；

（8）人員編製，根據工程項目生產能力的大小及難易程度，得出所需勞動力的構成、數量及工資支出等；

（9）工程項目實施設計，說明工程項目建設的期限和建設進度；

（10）工程項目的財務評價和經濟評價。

4. 評估與決策

工程項目評估是在可行性研究報告的基礎上進行的，其主要任務是綜合評價工程項目建設的必要性、可行性和合理性，並對擬建工程項目的可行性研究報告提出評價意見，最終判斷工程項目投資是否可行並選擇最方案。

由於基礎資料的佔有程度、研究深度及可靠程度等要求不同，可行性研究各階段的工作性質、工作內容、投資成本估算精度、工作時間與費用也各不相同。

二、中國建設項目可行性研究的階段

中國建設項目可行性研究階段是吸收國外的經驗，結合中國計劃編製和基建程序的規定，經過各行業部門的研究、實踐逐漸形成的。中國現階段可行性研究的階段劃分為以下三個階段：

1. 項目建議書階段

中國項目建議書主要是根據長期計劃要求、資源條件和市場需求，鑑別項目的投資方向，初步確定上什麼項目。著重分析項目建設的必要性，初步分析項目的可行性，因此大體上相當於國外的機會研究和初步可行性研究階段。

2. 可行性研究階段

這一階段要求對項目在技術上的可行性、經濟上的合理性進行全面調查研究和經濟分析論證，經過多方案比選，推薦編製設計任務書的最佳方案。

3. 項目評估決策階段

中國規定大中型建設項目由國家計委委託中國國際工程諮詢公司評估。評估是在可行性研究報告的基礎上，落實可行性研究的各項建設條件，進行再分析、評價。評估一經通過，即可作為批准設計任務書的依據，項目可列入五年計劃。

三、可行性研究內容

建設項目的可行性研究範圍是十分廣泛而全面的。但是其中市場需求預測是可行性研究的前提，生產建設條件與技術條件分析師可行性研究的基礎，而經濟評價是可行性研究的核心和目的。這些是可行性研究與可行性研究報告的主要內容。下面就這幾個方面做進一步的分析。

1. 籌劃準備

項目建議書被批准後，建設單位即可組織或委託有資質的工程諮詢公司對擬建項目進行可行性研究。雙方應當簽訂合同協議協議中應明確規定可行性研究的工作範圍、目標、前提條件、進度安排、費用支付方法和協作方式等內容。建設單位應當提供項目建議書和項目有關的背景材料、基本參數等資料，協調、檢查監督可行性研究工作。可行性研究的承擔單位在接受委託時，應瞭解委託者的目標、意見和具體要求，收集與項目有關的基礎資料、基本參數。技術標準等基礎依據。

2. 市場需求預測

市場需求預測的主要內容有：產品需求量預測；市場佔有率預測；產品壽命週期預測；新產品開發預測；市場競爭預測；產品社會擁有量預測。

3. 生產和建設條件分析

（1）資源分析。資源分析是項目建設和生產及其重要的物質基礎和保證條件。一般可分為礦產資源分析和農業資源分析。資源分析需要著重研究以下幾個問題：建設和生產所需資源的種類、特性和數量；可供資源的數量、質量和供應年限、開採條件及供應方式；資源的合理利用及綜合利用，特別是稀有資源和有限資源的有效利用以及可替代資源的開發前景等。

（2）原材料供應條件分析。原材料包括原料材料和輔助材料，是項目建設和生產正常進行的物質基礎和保障。原材料供應條件分析，主要包括原材料供應品種、數量、質量、價格、供應來源和地點、運輸距離、儲備量以及倉儲設施等方面的條件和狀況分析，特別是要著重分析和研究原材料供應數量能否滿足項目生產能力的需要；質量能否滿足生產工藝要求和設計產品功能和質量的要求；大宗原材料能否就地就近供應，以減少運輸量和運輸距離，節省運輸費用，降低產品成品費用；連續生產項目，原材料能否保證連續不斷地供應或保證合理的儲備量及倉儲設施條件等。

（3）燃料和動力條件分析。燃料和動力是項目建設和正常生產的極其重要的物質條件和保證。燃料，主要包括煤、石油和天然氣等；動力主要包括電、水、壓縮空氣、蒸汽等。燃料供應條件分析，要著重研究合理選擇燃料供應來源和供應品種、數量、質量以及運輸、儲備和倉儲等條件；電力供應條件分析，要著重研究最大耗電量、高負荷、穩定性、供應量和備用量以及電力網、變電站等設施和條件；工業

第六章　建設項目可行性研究及企業技術改造經濟分析

用水供應條件分析,要著重研究原料用水、工藝用水、鍋爐用水等的用水量、水質的要求以及水源地及其供應條件分析,要著重研究供應數量、質量、生產方式、供應方式或協作配合要求等。

(4) 交通運輸條件分析。交通運輸是項目建設和生產正常進行的關鍵環節,大量的物資供應和產品銷售都靠交通運輸來完成。項目的交通運輸,分廠內運輸和場外運輸兩類,是工廠總圖布置的重要組成部分。場內運輸方式及其設備選擇主要取決於生產工藝流程特點、車間組成、廠區地形地貌以及總圖布置的要求等條件。場外運輸的影響因素很多,運輸方式和設備選擇主要取決於運輸物資的數量、類型和特徵以及外部具備的運輸條件。交通運輸條件的分析,要著重研究各種不同運輸方式和運輸設施選擇的經濟合理性和運輸效益,實現運輸靈活、及時,運距短,運輸成本低,裝、運、卸、儲備環節密切聯繫和協調配合的目標。

(5) 工程地質和水文地質的分析。工程地質和水文地質是場址選擇、大型工程項目施工以及建成後長期生產的重要影響條件。工程地質和水文地質的分析,要著重研究項目建設地質的自然地理、地形地貌、地質構造等是否滿足建築場建造的要求,要嚴防場址選擇在地震、熔岩、流沙等不良地質構造上或選擇在有用礦床、礦坑及易塌陷地帶。要研究項目建設地址的地下水位,盡量避免或減少地下水滲漏等防水設施的建造。

(6) 場址選擇的分析。場址選擇也稱場址佈局,是在地區佈局已確定的基礎上具體選擇確定的建設項目場址的坐落位置。場址選擇的分析,要著重研究場址的選定是否符合城市或工礦區建設規劃及功能分區的原則;廠區工程地質、水文地質和氣象條件等是否符合建廠和工程項目施工的要求;是否符合工廠建設規模和總圖布置對廠區形狀、占地面積、發展餘地以及地形地貌的要求;是否符合水源、電力、動力以及文化教育、商業網點、公共交通等公用設施銜接和配合的要求;是否符合環境保護、生態平衡等要求。選擇場址必須在多種方案比較的基礎上做出最佳場址方案選擇。

4. 技術條件分析

(1) 工廠布置分析。工廠布置就是合理布置廠區內的車間、建築物、堆場、倉庫、動力及運輸設施等,妥善處理地上與地下、廠內與廠外設施配置,尋求相互協調、有機結合的建築群體的規劃工作。工廠布置通常是在總平面布置的基礎上進行的。工廠布置的分析,要著重研究工廠總體布置是否符合城市發展和工礦區建設規劃的要求;是否體現了合理利用地形地貌與地質條件、因地制宜布置的要求;車間、設備及氣體設施的布置,是否符合生產工藝特點,使物料運輸距離為最短,並避免交叉與往返運輸,以縮短生產週期,節約生產費用的要求;是否充分利用城市現有運輸條件,以保證物料輸入和產品輸出方便的要求;工廠總體布置是否既緊湊、減少占地面積,又留有工廠改建、擴建和長遠發展餘地的要求,等等。

(2) 項目建設規模的分析。項目規模一般可分為建設規模(又稱企業規模)和

工程經濟學

生產規模（又稱經濟規模），二者既有聯繫，又有區別。可行性研究中的項目規模是指項目的建設規模，即企業規模。企業規模通常是指勞動力、勞動資料、勞動對象等生產要素和產品在企業裡集中的程度。劃分企業規模的標志，是以產品年產量表示的反應企業綜合生產能力的產量規模。目前中國各行業規模一般劃分為特大型、大型、中型和小型四種。項目建設規模受多種因素的制約和影響，如社會需求量、技術經濟可能條件、企業技術經濟特點、專業化協作與生產聯合化水準及綜合經濟效益。故項目建設規模的分析，應著重分析和研究各項制約因素。

總之，確定項目建設規模時，必須對上述制約因素和影響條件進行綜合分析和研究，按照既滿足社會需求又具備必要的技術經濟可能條件，以及符合企業技術經濟特點的客觀要求和提高綜合經濟效益的原則，選擇和確定合理的項目建設規模。

(3) 生產工藝分析。生產工藝是項目經濟設計的重要組成部分。生產工藝流程是指原材料投入生產到生產出成品的全部生產加工過程。先進的生產工藝，就是採用先進的生產技術流程、加工設備和製造方法，生產出性能好、質量優、消耗少、成本低的產品或零部件。生產工藝的選擇，除了遵循技術的先進性、適用性、經濟性、合理性、可靠性、安全性等基本原則外，還要符合以下幾個方面的要求：要符合原材料特別是主要原材料的特性；要符合工序間的協調與配合，滿足前後工序相銜接的要求；要符合節約資源、節約能源、節約勞動力和提高綜合利用效率的要求，特別要注意選擇和採用節約能源消耗或稀缺資源消耗的工藝技術；要符合環境保護、生態平衡的要求。

(4) 設備選型的分析。設備是項目生產產品、實現生產目的的基本手段和工具。設備選型與生產工藝、加工方法有密切的聯繫，也與產品種類、生產規模等相關。因此，項目的設備選型要依據產品方案、加工方法、工藝流程和生產規模等因素確定。設備選擇要綜合考慮技術先進性、適用性、經濟合理性、可靠性和安全性等原則，力求統籌兼顧。設備的先進性常常與大小、精密、高速及自動化聯繫。一般地講，大型自動化設備都具有高效率、質量優、低消耗及成本低的特點。但是先進的大型、精密、高速及自動化設備，也存在著價格昂貴、投資多、技術複雜、製造困難、操作不易掌握等問題。因此，設備選型時要與國情和國力相適應，先進性與適用性和可靠性結合，做到先進技術、中間技術和一般技術相結合與協調發展。

5. 經濟評價

建設項目的經濟評價是項目可行性研究的重要組成部分和核心內容，是建設項目決策科學化的重要手段和有效工具。經濟評價的目的是根據國民經濟和社會發展戰略以及行業和地區發展規劃的要求，在完成市場預測、生產與建設條件分析、建設項目規模確定、場址選擇、工藝技術方案選擇、工廠布置等工程技術研究的基礎上，計算項目的效益和費用，通過多方案的比較，對擬建項目的財務可行性和經濟合理性進行分析論證，做出全面的經濟評價，並比較、選擇和推薦最佳方案，為建設項目的決策提供科學可靠的依據。

第六章　建設項目可行性研究及企業技術改造經濟分析

建設項目的經濟評價，從評價的角度和範圍不同可分為財務評價和國民經濟評價。一般地講，財務評價與國民經濟評價的結論均可行的項目，應予以通過；反之，應予以否定。某些國計民生急需的項目，如果國民經濟評價可行，而財務評價不可行，應重新設計方案，必要時也可向主管部門提出採用相應經濟優惠措施的建議，使項目得以具有財務上的生存能力。

6. 可行性研究報告

可行性研究報告的具體內容雖因行業而異，但基本內容都是相同的。就一般新建工業項目而言，報告格式及包含內容如下：

（1）總論
①項目概況、歷史背景、投資的必要性和經濟意義，以及項目發展規劃；
②研究的主要結論概要和存在的問題與建議，研究工作的依據和範圍。

（2）產品的市場需求和擬建規模
①調查國內外近期需求情況；
②國內現有工廠生產能力估計；
③銷售預測、價格分析、產品競爭能力、進入國際市場的前景；
④產品方案、擬建項目規模和發展方向的技術經濟比較和分析。

（3）資源、原料等主要協作條件
①經儲量委員會正式批准的資源儲量、品味、成本以及開採、利用條件的評述；
②原料、輔助材料、燃料的種類、數量、來源和供應的可能性；
③所需動力等公用設施的供應方式、數量、供應條件及外部協作條件，協議合同的簽訂情況。

（4）建廠條件和場址方案
①廠址的地理位置、氣象、水文、地質條件和社會經濟現狀；
②交通、運輸和水、電、氣的現狀和發展趨勢；離原料產地和市場的距離及地區環境情況；
③廠址面積、占地範圍、布置方案、建設條件、移民搬遷情況和規劃的選擇方案論述；地價、移動、拆遷及其他工程費用情況。

（5）項目工程設計方案
①項目主要單項工程的構成範圍、技術來源和生產方法、主要技術工藝和設備選型方案的比較，引進技術、設備的來源及國別比較，與外商合作製造的設想及附工藝流程圖；
②全廠總圖布置的初步選擇和土建工程量的估算；
③公用輔助設施和廠內外交通運輸方式的比較與選擇；
④生活福利設施、地震設防措施等。

（6）環境保護與勞動安全
①環境保護的可行性研究。調查環境現狀，確定擬建項目「三廢」（廢氣、廢

渣、廢水）種類、數量及其對環境的影響範圍和程度；綜合治理方案的選擇和回收利用情況；對環境影響的預評價。

②勞動保護、安全衛生和消防。

（7）生產組織、勞動定員和人員培訓

①全廠生產管理體制、機構的設置；

②勞動定員的配備方案；

③人員培訓的規劃和費用估算。

（8）項目實施計劃和進度要求

①勘察設計、設備製造、工程施工、安裝、試生產所需時間和進度要求；

②項目建設的總安排和基本要求。

（9）投資估算與資金籌措

①項目固定資產總投資和流動資金估算；

②項目資金來源、籌措方式與貸款計劃。

（10）項目的經濟效益與社會效益評價

①生產成本與銷售收入估算；

②項目財務評價和國民經濟評價；

③不確定性分析，包括盈虧平衡分析、敏感性分析和概率分析等；

④社會效益、生態效益評價；

⑤評價總結。

（11）結論與建議

運用各項數據，從技術、經濟、社會、財務等各方面論述建設項目的可行性，推薦可行方案，提供決策參考，指出項目存在的問題，提出結論性意見和改進建議。

（12）可行性研究報告附件

①研究工作依據文件：項目建議書；初步可行性研究報告；各類批文與協議；調查報告和資料匯編；實驗報告等。

②廠址選擇報告書；資源勘查報告書；環境影響報告書；貸款意向書。

③需單獨進行可行性研究的單項或配套工程的可行性研究報告。

④幾個生產技術方案，總平面布置方案及比較說明。

⑤對國民經濟有重要影響的產品市場調查報告。

⑥引進項目的考察報告、設備分交協議。

⑦利用外資項目的各類協議文件。

⑧其他。

⑨附圖：廠址地形成位置圖（註有等高線）；總平面布置方案圖（註有標高）；工藝流程圖；主要車間布置方案簡圖；其他。

第六章　建設項目可行性研究及企業技術改造經濟分析

● 第三節　投資估算與成本估算

一、投資的基本概念

投資是指人們的一種有目的的經濟行為，即以一定的資源投入某項計劃，以獲取所期望的報酬。投資活動按其對象分類，可分為產業投資和證券投資兩大類。投資是指為獲得未來期望收益而進行的資本的投放活動。對於具體的工程經濟分析對象——建設項目（或技術方案）而言，投資是維持其存在的基礎。通過投資活動使得項目（或方案）具備和維持基本的營運條件，以支撐其作為投資者獲益方式的存在。在項目（或方案）的存續期間，投資活動維繫著投資者的這種獲益方式，並使其效果不致劣化。所以，從經濟效益的意義上講，投資是反應勞動占用的耗費類指標。

產業投資是指經營某項事業或使真實資產存量增加的投資；證券投資是指投資者用累積起來的貨幣購買股票、債券等有價證券，借以獲得效益的行為。建設投資屬於產業投資。產業投資投入的可以是資金，也可以是人力、技術或其他資源。具體來說，投資是指人們在社會生產活動中為實現某種預定的生產經營目標而預先墊支的資金。對於一個運輸建設項目來說，總投資由建設投資（固定資產投資方向調節稅和建設期貸款利息）和流動資產投資兩部分構成。

二、投資分類

根據投資者與投資項目等的關係，可以分為直接投資和間接投資；根據投資者收回時間的長短，可以分為長期投資和短期投資；根據投資使用於項目內外部情況，投資可分為對內投資和對外投資；根據投資在生產過程中的作用，投資可分為初創投資和後續投資。按投資的先後形成的資產性質的不同，投資可分為固定資產投資和流動資產投資。下面對各種投資進行詳細的介紹。

1. 直接投資和間接投資

①直接投資是指投資者將資金直接投入投資項目，形成企業資產的投資。擁有經營控制權是直接投資的特點，直接投資者通過直接佔有並經營企業資產而獲得收益。直接投資的形式有開辦合資企業、收購現有企業和開設子公司等。國際貨幣基金組織規定，佔有企業股權25%以上的投資，即視為直接投資；而美國則規定只要擁有企業股權的10%，就可視為直接投資。

直接投資的實質是資金所有者與使用者的統一，是資產所有權與資產經營權的統一。直接投資能擴大生產能力，增加實物資產存量，最終產出社會產品，為增加社會財富和提供服務創造物質基礎，它是經濟增長的重要條件。

②間接投資是指投資者不直接投資辦企業，而是將貨幣用於購買證券（包括股

票、債券）和提供信用所進行的投資。間接投資形成金融資產。間接投資的形式主要有證券投資和信用投資兩種。

證券投資是投資者為了獲得預期收益購買資本證券以形成金融資產的經濟活動。證券投資的形式大體上分為兩類，即股票和債券。股票投資是投資者將資金用於購買股份公司的股票，並憑藉股票持有權從股份公司以股息、紅利形式分享投資效益或獲取股價差價的投資活動；債券投資是投資者將資金用於購買直接投資者發行的債券，並憑藉債券持有權從直接投資主體那裡以利息形式分享投資效益的投資行為。

信用投資是投資者將資金運用於提供信用給直接投資者，並從直接投資主體那裡以利息形式分享投資效益的投資活動。信用投資的主要形式可分為兩類：信貸和信託。信貸投資是投資者將資金運用於提供貸款給直接投資主體，並從直接投資主體那裡以利息形式分享投資效益的投資活動；信託投資是投資者將資金運用於委託銀行的信託部或信託公司代為投資，並以信託受益形式分享投資效益的投資行為。

間接投資的實質是資金所有者和資金使用者的分離，是資產所有權和資產經營權的分離。間接投資者不直接參與生產經營活動，僅憑有價證券或借據、信託受益權證書獲取一定的收益，因而沒有引起社會再生產擴大和社會總投資的增加。只有當間接投資被直接投資者運用於直接投資時，才使社會總投資增加和社會再生產規模擴大。而間接投資把社會閒散資金迅速集中起來，從而形成巨額資金流入直接投資者手中，這必然加速和擴大了直接投資的規模，促進了經濟的增長。隨著商品經濟的充分發展，市場經濟制度的完善，金融市場越來越成熟，間接投資也越來越顯出其重要性。

2. 長期投資和短期投資

長期投資又稱資本性投資，是指投資者投資回收期在1年以上的投資以及購入的在1年內不能變現或不準備變現的證券等的投資。這類投資屬於非流動資產類，其投資的目的主要是累積資金、經營獲利、為將來擴大經營規模做準備、取得對被投資企業的控制權等。用於股票和債券的長期投資，在必要時可以變現，而真正難以改變的是生產經營性的固定資產投資。所以，有時長期投資專指固定資產投資。

短期投資又稱流動資產投資，是指能夠在一年以內收回的投資，主要指對現金、應收帳款、存貨、短期有價證券等的投資，長期有價證券如能隨時變現亦可用於短期投資。

3. 對內投資和對外投資

對內投資的形式是指將籌集的資金投資於企業內部生產經營活動所形成的各項經濟資源的具體表現形式。對內投資是在工程項目內部形成各項流動資產、固定資產、無形資產和其他資產的投資。如果一個公司對內投資的現金流出量大幅度提高，往往意味著該公司正面臨著新的發展機會或新的投資機會，公司股票的成長性一般會很好。如果一個公司對外投資的現金流出量大幅度提高，則說明該公司正常的經營活動沒有能充分吸納其現有的資金，而需要通過投資活動來尋找獲利機會。股民

第六章　建設項目可行性研究及企業技術改造經濟分析

在分析投資活動產生的現金流量時，應聯繫籌資活動產生的現金流量進行綜合分析。如果一個公司經營活動產生的現金流量未變，公司投資活動大量的現金淨流出量是通過籌集活動大量的現金流入量來解決的，說明公司正在擴張。

對外投資是指企業以購買股票、債券等有價證券方式或以現金、實物資產、無形資產等方式向企業以外的其他經濟實體進行的投資。其目的是為了獲取投資效益、分散經營風險、加強企業間聯合、控制或影響其他企業。

4. 初創投資和後續投資

初創投資是指取得投資時實際支付的全部價款，包括稅金、手續費等相關費用。但實際支付的價款中包含的已宣告但尚未領取的現金股利，或已到付息期但尚未領取的債券利息，應作為應收項目單獨核算。初創投資是在建立新企業時所進行的各種投資。它的特點是投入的資金通過建設形成企業的原始資產，為企業的生產、經營創造必備的條件。後續投資是指鞏固和發展企業再生產所進行的各種投資，主要包括為維持企業簡單再生產所進行的更新性投資，為實現擴大再生產所進行的各種投資，為調整生產經營方向所進行的轉移性投資。公司往往需要多輪投資，如果一家私募股權公司過去投資過某家公司，後來又提供了額外的資金，就是「後續投資」了。初創投資是在建立新企業時所進行的各種投資。它的特點是投入的資金通過建設形成企業的原始資產，為企業的生產、經營創造必要的條件。

後續投資則是指為鞏固和發展企業再生產所進行的各種投資，主要包括為維持企業簡單再生產所進行的更新性投資，為實現擴大再生產所進行的追加性投資，為調整生產經營方向所進行的轉移性投資等。

5. 固定資產投資和流動資產投資

固定資產投資通常是指用於構建新的固定資產或更新改造原有的固定資產的投資。固定資產投資按固定資產再生產的方式可分為基本建設投資和更新改造投資。

基本建設投資是指能夠實現擴大生產能力或工程效益的工程建設及其有關工作的投資活動。基本建設投資的結果是形成外延型的擴大再生產。其主要包括通過新建、改建、擴建、恢建、遷建等形式，以實現固定資產的擴大再生產。基本建設投資的具體內容包括：建築安裝工作，即建築物的建造和機器設備的安裝；設備、工具和器具的購置；其他基本建設工作，如勘察設計、徵地拆遷、職工培訓等。

更新改造投資是指對現有固定資產進行更新和技術改造的投資活動。其結果形成內涵型擴大再生產。它是通過在更新固定資產過程中採用新設備、新工藝、新技術來提高產品質量、節約能源、降低消耗，以提高固定資產技術含量，從而實現固定資產的再生產。更新改造投資的具體內容主要包括：設備更新改造；生產工藝革新；修整和改造建築物、構築物；綜合利用原材料等。

流動資產投資是指工業項目投產前預先墊付，用於投產後購買原材料、燃料和動力、支付工資、支付其他費用以及被在產品、半成品、產成品占用，以保證生產和經營中流動資金週轉的投資活動。流動資產的投資對於社會再生產過程的正常進

行是必不可少的。一個企業要組織生產和經營活動，不僅要投入貨幣資金購買固定資產，還要投入購買勞動對象和支付工資。固定資產是生產的物質條件，而流動資產則是生產過程的對象和活勞動。在生產過程中，活勞動作為推動力，借助於勞動資料作用於勞動對象，生產出半成品、成品，經過銷售重新取得貨幣，完成一次生產過程。在產品生產過程中，流動資金的實物形態不斷改變，一個生產週期的結束，其價值全部轉移到產品中去，並在產品銷售後以貨幣形式獲得補償。所以，流動資金的週轉過程就表現為：貨幣資金—儲備資金—生產資金—成品資金—貨幣資金。這一週轉過程循環往復。流動資金的主要內容包括：儲備資金、生產資金、成品資金、貨幣資金。流動資金週轉越快，實際發揮作用的流動資產也就越多。每一個生產週期流動資金完成一次週轉，但在整個項目壽命週期內始終被占用。到項目壽命週期末，流動資金才能退出生產與流通，以貨幣資金形式被收回。

三、工程總投資費用概述

工程總投資一般是指工程從建設前期的準備工作到工程全部建成竣工投產為止所發生的全部投資費用。生產性工程總投資包括項目的固定資金投資（建設投資）和流動資金投資（營運投資）兩部分，其總投資構成如表 6.1 所示。

表 6.1　　　　　　　　　　工程總投資構成

工程總投資	固定資金投資（建設投資）	設備及工器具購置費用	工程費用
		安裝工程費用	
		土建工程費用	
		工程建設其他費用	土地使用費 與項目建設有關的費用 與未來生產經營有關的費用
		預備費用	
		建設期貸款利息	
		固定資產投資方向調節稅	
	流動資金投資（營運投資）	鋪地流動資金	
		流動資金借款	

1. 設備及工器具購置費用

設備及工器具購置費是指為工程建設購置或自製的達到固定資產標準的各種國產或進口設備、工具、器具的購置費用。

2. 安裝工程費用

此費用包括各種需要安裝的機電設備、專用設備、儀器儀表等設備的安裝費，各專業工程的管道、管線、電纜等的材料費和安裝費，以及設備和管道的保溫、絕

第六章　建設項目可行性研究及企業技術改造經濟分析

緣、防腐等的材料費和安裝費等。

3. 土建工程費用

土建工程費用是指建造永久性建築物和構築物所需要的費用。

4. 工程建設其他費用

工程建設其他費用是指從工程籌建起到工程竣工驗收交付使用為止的整個期間，除設備及工器具購置費、安裝工程費用、土建工程費用外，為保證工程建設和交付使用後能夠正常發揮效用而發生的各項費用的總和。

按其內容大致可分為三類：

（1）土地使用費——如土地使用權出讓金、土地徵用及拆遷補償費等。

（2）與項目建設有關的費用——如建設單位管理費、勘察設計費、研究試驗費、工程監理費、工程保險費、引進技術和進口設備其他費用、工程總承包管理費等。

（3）與未來企業生產和經營活動相關的費用——如聯合試運轉費、生產準備費、辦公和生活家具購置費等。

5. 預備費用

預備費用是指在投資估算時預留的費用，以備項目實際投資額超出估算的投資額。項目實施時，預備費用可能不使用，可能被部分使用，也可能被完全使用，甚至預備費用不足。預備費用包括：

（1）基本預備費——彌補由於自然災害等意外情況的發生以及在設計、施工階段由於工程量增加等因素所導致的投資費用增加。

（2）漲價預備費——彌補建設期間物價上漲而引起的投資費用增加。

6. 建設期貸款利息

建設期間，由於投資借款而產生的借款利息，該利息作為資本化利息計入固定資產的價值。

7. 固定資產投資方向調節稅（現已不徵收）

8. 鋪地流動資金

鋪底流動資金是短期日常營運現金，用於人工、購貨、水、電、電話、膳食等開支。根據國有商業銀行的規定，新上項目或更新改造項目投資者必須擁有至少30%的自有流動資金，其餘部分可申請貸款。

四、建設投資費用估算方法

建設投資費用估算方法主要有分項指標估算法和擴大指標估算法兩種。

1. 分項指標估算法

該算法是根據有關標準（單位費用標準或單位費率標準）和相關公式，逐項估算建設投資當中的各分項投資，最後匯總各分項投資而得出建設投資。

(1) 設備及工器具購置費用估算

設備購置費用一般的估算公式為：

設備購置費用＝設備原價(國產或進口)＋設備運雜費(國產或進口)　　(6-1)

進口設備原價構成及估算公式見表6.2。

表6.2　　　　　　　　　進口設備原價構成及估算程序

序號	構成	估算公式	備註
1	貨價(離岸價)		即裝運港船上交貨價(FOB)
2	國際運費	原幣貨價×運費率 運量×單位運價	
3	運輸保險費	$\dfrac{原幣貨價＋國際運費}{1-保險費率}$×保險費率	
4	銀行財務費	離岸價格(FOB)×人民幣外匯匯率×銀行財務費率	銀行財務費率一般取0.4%~0.5%
5	外貿手續費	到岸價格(CIF)×人民幣外匯匯率×外貿手續費率	到岸價格(CIF)包括FOB價、國際運費、運輸保險費三項費用 外貿手續費率一般為1%~2%
6	關稅	到岸價格(CIF)×人民幣外匯匯率×關稅費率	進口關稅稅率分為優惠和普通兩種
7	海關監管手續費	到岸價格(CIF)×人民幣外匯匯率×海關監管手續費率	全額徵收進口關稅的設備，不收取海關監管手續費。費率一般為0.3%
8	消費稅	$\dfrac{CIF＋關稅}{1-消費稅稅率}$×消費稅稅率	
9	進口環節增值稅	(CIF＋關稅＋消費稅)×增值稅稅率	
10	車輛購置稅	(CIF＋關稅＋消費稅＋增值稅)×車輛購置稅率	
Σ		抵岸價(進口設備原價)	

進口設備國內運雜費是指引進設備從合同確定的中國到岸港口或與中國接壤的陸地交貨地點，到設備安裝現場所發生的鐵路、公路、水運及市內運輸的運輸費、保險費、裝卸費、倉庫保管費等，但不包括超限設備運輸的特殊措施費。

進口設備國內運雜費＝進口設備抵岸價×國內運雜費率　　(6-2)

工器具購置費用一般的估算公式為：

工器具及生產家具購置費＝設備購置費用×定額費率　　(6-3)

(2) 安裝工程費用估算

安裝工程費用一般根據行業或專門機構發布的安裝工程定額、取費標準進行估算。具體計算可按安裝費費率、每噸設備安裝費指標或每單位安裝實物工程量費用指標進行估算。估算公式為：

第六章　建設項目可行性研究及企業技術改造經濟分析

$$安裝工程費 = 設備原價 \times 安裝費費率 \quad (6-4)$$
$$安裝工程費 = 設備噸位 \times 每噸設備安裝費指標 \quad (6-5)$$
$$安裝工程費 = 安裝實物工程量總量 \times 每單位安裝實物工程量費用指標 \quad (6-6)$$

（3）土建工程費用估算

同安裝工程費用估算相類似，土建工程費用估算需要依據行業或專門機構發布的土建工程定額、取費標準進行估算。

【例 6-1】某工程的土建工程包括建築工程 12,000m³，道路工程 1,000m，土石方工程 15,000m³。參照相關標準，建築工程概算指標為 600 元/m³，道路工程概算指標為 1,200 元/m，土石方工程概算指標為 20 元/m³。試估算土建工程費用。

解：土建工程費用 M = 600×12,000+1,200×1,000+20×15,000 = 870（萬元）

（4）工程建設其他費用估算

工程建設其他費用包括很多分項費用，各分項費用應分別按有關計費標準和費率估算。以土地使用費為例，工程建設可能發生費用有：

①土地使用權出讓金

國家以土地所有者的身分，將一定年限內的土地使用權有償出讓給土地使用者。土地使用者支付土地出讓金的估算可參照政府前期出讓類似地塊的出讓金數額，並根據時間、地段、用途、臨街狀況、建築容積率、土地出讓年限、周圍環境狀況及土地現狀等因素修正得到，也可依據所在城市人民政府頒布的城市基準地價或平均標定地價，根據項目所在地段等級、用途、容積率、使用年限等因素修正得到。

②土地徵用費

土地徵用費是指徵用農村土地發生的費用，主要有土地補償費、土地投資補償費（青苗補償費、樹木補償費、底面附著物補償費）、人員安置補助費、新菜地開發基金、土地管理費、耕地占用稅和拆遷費等。農村土地徵用費的估算可參照國家和地方的有關規定進行。

③城市建設配套費

城市建設配套費是指因政府投資進行城市基礎設施（如自來水廠、污水處理廠、煤氣廠、供熱廠和城市道路等）的建設而由受益者分攤的費用。

④拆遷安置補償費

實際包括兩部分費用，即拆遷安置費和拆遷補償費。拆遷安置費是指開發建設單位對被拆除房屋的使用人，依據有關規定給予安置所需費用。被拆遷房屋的使用人因拆遷而遷出時，作為拆遷人的開發建設單位應付給搬遷輔助費或臨時安置補助費。拆遷補償費是指開發建設單位對被拆除房屋的所有人，按照有關規定給予補償所需費用。拆遷補償的方式可以實行貨幣補償，也可以實行房屋產權的調換。

【例 6-2】某工程需要徵用耕地 100 畝，該耕地被徵用前三年平均每畝年產值分別為 2,000 元、2,100 元和 2,200 元，土地補償費標準為前三年平均年產值的 10 倍；被徵用單位人均佔有耕地 1 畝，每個需要安置的農業人口的安置補助費標準為該耕

地被徵用前三年平均年產值的 6 倍；地上附著物共有樹木 2,400 棵，補償標準為 50 元/棵，青苗補償標準為 200 元/畝，試計算土地徵用費。

解：

土地補償費 = $\dfrac{2,000+2,100+2,200}{3} \times 100 \times 10 = 210$（萬元）

安置補助費 = $\dfrac{2,000+2,100+2,200}{3} \times 100 \times 6 = 126$（萬元）

地上附著物補償費 = $2,400 \times 50 = 12$（萬元）

青苗補償費 = $200 \times 100 = 2$（萬元）

土地徵用費 = $210 + 126 + 12 + 2 = 350$（萬元）

（5）工程預備費用估算

基本預備費估算

$$\text{基本預備費} = (\text{工程費用} + \text{工程建設其他費用}) \times \text{基本預備費率} \quad (6\text{-}7)$$

一般根據國家規定的投資綜合價格指數按複利法計算。估算公式為：

$$PF = \sum_{t=0}^{n} I_t [(1+f)^t - 1] \quad (6\text{-}8)$$

式中，PF——漲價預備費；

I_t——建設期第 t 年計劃投資額，包括工程費用、工程建設其他費用、基本預備費；

n——建設期年份數；

f——年平均物價預計上漲率。

【例 6-3】某工程建設期 3 年，各年投資計劃額為：第 1 年投資 7,200 萬元，第 2 年 10,800 萬元，第 3 年 3,600 萬元，年均價格上漲率為 6%。計算項目建設期漲價預備費。

解：

第 1 年漲價預備費為

$PF_1 = I_1[(1+f)-1] = 7,200 \times 0.06 = 432$（萬元）

第 2 年漲價預備費為

$PF_2 = I_2[(1+f)^2-1] = 10,800 \times (1.06^2 - 1) = 1,334.9$（萬元）

第 3 年漲價預備費為

$PF_3 = I_3[(1+f)^3-1] = 3,600 \times (1.06^3 - 1) = 687.7$（萬元）

建設期的漲價預備費

$PF = PF_1 + PF_2 + PF_3 = 2,454.6$（萬元）

（6）建設期貸款利息

在實際估算時，當總貸款分年發放，建設期利息可按當年借款在年中支用考慮，即當年借款按半年計息，在以後年份全年均計息。在項目建設期，由於項目正在建

第六章　建設項目可行性研究及企業技術改造經濟分析

設，不可能有效益償還借款利息，所以在每一計息週期的利息中加入本金，下一計息週期一併計息。建設期每年利息的計算公式為：

$$I_t = (P_{t-1} + \frac{1}{2}A_t) \cdot i \tag{6-9}$$

式中，I_t——建設期第 t 年應計利息；

　　　P_{t-1}——建設期第 (t - 1) 年年末借款餘額，其大小為第 (t - 1) 年年末的借款本金累計加此時借款利息累計；

　　　A_t——建設期第 t 年借貸款；

　　　i——借款利率。

【例6-4】某新建項目，建設期為 3 年，需向銀行借款 1,300 萬元，借款計劃為：第 1 年 300 萬元，第 2 年 600 萬元，第 3 年 400 萬元。借款年利率為 12%。計算建設期借款利息。

解：在建設期，各年利息計算如下：

$$I_1 = \frac{1}{2}A_1 \times i = \frac{1}{2} \times 300 \times 12\% = 18 \text{（萬元）}$$

$$I_2 = (P_1 + \frac{1}{2}A_2) \times i = (318 + \frac{1}{2} \times 600) \times 12\% = 74.16 \text{（萬元）}$$

$$I_3 = (P_2 + \frac{1}{2}A_3) \times i = (318 + 600 + 74.16 + \frac{1}{2} \times 400) \times 12\% = 143.06 \text{（萬元）}$$

建設期貸款利息共計為 235.22 萬元。

（7）固定資產投資方向調節稅的估算（現已不徵收）

固定資產投資方向調節稅＝(工期費用＋工程建設其他費用＋預備費用) ×適用的稅率 　　　　　　　　　　　　　　　　　　　　　　　　　(6-10)

2. 擴大指標估算法

擴大指標估算法是參照已有的同類項目的一些投資經驗參數來簡便而粗略地估算擬建項目固定資產投資額的一種方法。主要有以下幾種方法：

（1）生產能力指數法

該法是用已建成的、性質類似的工程或生產裝置的投資額和生產能力及擬建項目或生產裝置的生產能力來估算擬建項目的投資額。計算公式為：

$$C_2 = C_1(\frac{A_2}{A_1})^n \cdot f \tag{6-11}$$

式中，C_1——已建類似項目的實際投資額；

　　　C_2——擬建項目的估算投資額；

　　　A_2——擬建項目的生產能力或主導參數；

　　　A_1——已建類似項目生產能力或主導參數；

f——為不同時期、不同地點的定額、單價、費用變更等形成的綜合調整系數；

n——生產能力指數，$0 \leq n \leq 1$。

統計表明，若 $A_2/A_1 \leq 50$，且擬建項目的擴大僅靠增大設備規模來達到時，則指數 n 取值約 0.6~0.7；若是靠增加相同規格設備的數量來達到時，則指數 n 取 0.8~0.9。一般工業項目的生產能力指數平均為 0.6，所以這種方法又稱為「0.6 指數法」。

指數 n 的確定也可通過調查收集諸多類似項目的 C 值和 A 值，採用算術平均計算 n 值。

【例6-5】某擬建項目的生產規模為 50 萬立方米/天，通過調查，收集了類似項目的投資額 C 和生產能力 A，見表，綜合調整系數為 1.0，試估算該擬建項目的投資額。

解：

根據收集的資料，計算已獲得資料各自的生產能力指數 n_m，見表 6.3。

採用算數平均法計算該項目的指數 n：

$$n = \frac{1}{m}\sum_{m=1}^{7} n_m = \frac{1}{7} \times (0.926 + 0.941 + 0.909 + 0.877 + 1.000 + 0.775 + 0.204)$$

$$= 0.805$$

採用 $C_1 = 64,000$ 萬元、$A_1 = 40$ 萬立方米/天，得

$$C_2' = C_1 \left(\frac{A_2}{A_1}\right)^n \cdot f = 64,000 \times \left(\frac{50}{40}\right)^{0.805} \times 1.0 = 76,594 \text{（萬元）}$$

採用 $C_1 = 104,000$ 萬元，$A_1 = 65$ 萬立方米/天，得

$$C_2'' = C_1 \left(\frac{A_2}{A_1}\right)^n \cdot f = 104,000 \times \left(\frac{50}{40}\right)^{0.805} \times 1.0 = 84,199 \text{（萬元）}$$

擬建項目的投資額：

$$C_2 = (C_2' + C_2'')/2 = (76,594 + 84,119)/2 = 80,396 \text{（萬元）}$$

表 6.3　　　　　　　　　求解指數計算表

序號	規模 A/ (萬立方米/天)	投資 C/萬元	$Y_m = \dfrac{C_{m+1}}{C_m}$	$Z_m = \dfrac{A_{m+1}}{A_m}$	$n_m = \dfrac{\lg Y_m}{\lg Z_m}$
1	3	6,000	1.90	2.00	0.926
2	6	11,400	1.62	1.67	0.941
3	10	18,500	2.30	2.5	0.909
4	25	42,500	1.51	1.60	0.877
5	40	64,000	1.63	1.63	1.000
6	65	104,000	1.24	1.32	0.775

第六章　建設項目可行性研究及企業技術改造經濟分析

表6.3(續)

序號	規模 A/ (萬立方米/天)	投資 C/萬元	$Y_m = \dfrac{C_{m+1}}{C_m}$	$Z_m = \dfrac{A_{m+1}}{A_m}$	$n_m = \dfrac{\lg Y_m}{\lg Z_m}$
7	86	129,000	1.01	1.05	0.204
8	90	130,500	—	—	—

(2)按設備費用推算法

該估算方法適用於工藝流程確定後，能夠明確項目所需設備的數量和型號，且能夠準確計算出項目設備費的情形。以設備費為基數，根據已建成的同類項目或裝置的建築安裝工程費和其他工程費用占設備的價值百分比，估算出相應的建築安裝工程費和其他工程費用，再加上擬建項目的工程建設其他費用，總和即為項目或裝置的投資額，公式為：

$$C = E(1 + f_1 p_1 + f_2 p_2 + f_3 p_3) + I \qquad (6-12)$$

式中，C——擬建工程的投資額；

　　　E——擬建工程設備購置費的總額；

　　　p_1，p_2，p_3——分別為建築工程、安裝工程、建設工程其他費用占設備費用的百分比；

　　　I——擬建項目的其他雜費。

【例6-6】某設備全部進口，到岸價位 3,500 萬美元，結算匯率 1 美元 = 8.7 元人民幣，銀行財務費為 15 萬美元，外貿手續費率為 1.5%，平均關稅稅率為 20%，進口環節增值稅率為 17%，國內運雜費率為 1%。根據以往資料，與設備配套建築工程、安裝工程和其他費用占設備費用的百分比分別為 43%、15% 和 10%。假設各種工程費用的上漲與設備費用上漲是同步的，及 $f_1 = f_2 = f_3 = 1$，其他雜費為 200 萬元。試估算全部工程費用。

解：

外貿手續費 = 3,500×8.7×1.5% = 456.75（萬元）

關稅 = 3,500×8.7×20% = 6,090（萬元）

進口環節增值稅 =（3,500×8.7+6,090）×17% = 6,211.8（萬元）

設備抵岸價 = 3,500×8.7+15×8.7+456.75+6,090+6,211.8 = 43,339.05（萬元）

設備國內運雜費 = 43,339.05+1.0% = 43,772.44（萬元）

則全部工程的投資估算值為：

C = 43,772.44×(1+0.43+0.15+0.10)+200 = 73,737.70（萬元）

五、總成本費用構成

1. 按製造成本法分類

製造成本法是 20 世紀早期資本主義公司發展的產物。按製造成本法分類，即按

費用的經濟用途分類，總成本費用構成如表 6.4 所示。

表 6.4　　　　　　　　總成本費用構成（製造成本法）

總成本費用	製造成本	直接成本	直接或分攤計入成本
		製造費用	
	期間費用	管理費用	不計入成本
		財務費用	
		銷售費用	

（1）製造成本

製造成本是指生產活動的成本，即企業為生產產品而發生的成本，包括直接成本和製造費用。製造成本是生產過程中各種資源利用情況的貨幣表示，是衡量企業技術和管理水準的重要指標。

（2）期間費用

期間費用是與產品生產無直接關係，屬於某一時期耗用的費用，包括管理費用、財務費用、銷售費用三項費用。

在中國的財務管理中，管理費用、財務費用及銷售費用作為期間費用不計入產品成本，而直接計入當期損益，直接從當期收入中扣除。

製造成本法特點是同一投入要素分別在不同的項目中加以記錄和核算。其優點在於簡化了核算過程，便於成本核算的管理；缺點是看不清各種投入要素占總成本的比例。為了解決這一問題，總成本費用可由生產要素為基礎構成。

2. 按要素成本法分類

要素成本指按生產費用的經濟性質劃分各種費用要素，即按製造產品時所耗費的原始形態劃分，不考慮這些費用產生的用途和發生的地點，只要性質相同都歸為一類。此時，總成本費用包括折舊費、攤銷費、財務費用、外購原材料燃料和動力費等、工資及福利費、修理費、其他費用。其中前三項屬於隱形成本，後四項屬於顯性成本（又稱經營成本）。

特別應注意的是各費用要素中均包含直接材料費中的原材料、輔助材料、備品備件、外購半成品、包裝物以及其他直接材料，還包含製造費用、期間費用中的無聊消耗、低值易耗品費用等。

其他費用是組織和管理生產以及銷售產品過程中所發生的不包括折舊費、攤銷費、財務費用、外購原材料費、燃料費、動力費、工資及福利費、修理費之內的各項費用總和，如辦公費、差旅費、勞動保護費、保險費、工會經費、土地使用費、房產稅、車船使用稅、廣告費等。

3. 按成本與產量的關係分類

為了進行工程經濟效果的不確定性分析，按照成本與產量的關係，將總成本劃

第六章　建設項目可行性研究及企業技術改造經濟分析

分為固定成本和可變成本。可變成本是指隨著產品產量的增減而發生增減的各項費用，固定成本是指隨著產品產量的增減而相對不變的費用。此種分類便於企業加強成本費用管理。分類如圖6.1所示：

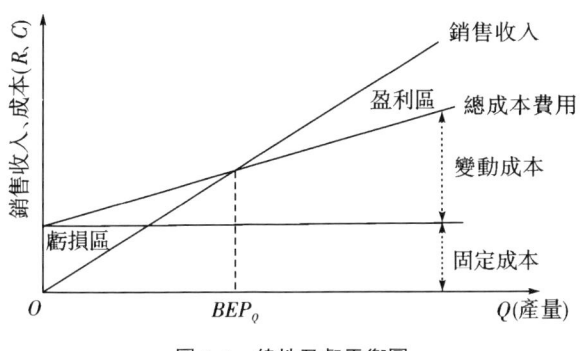

圖6.1　線性盈虧平衡圖

4. 經營成本

通俗地講，經營成本是指在一年的會計週期內，純粹為了生產經營活動而在當年支出的費用，表示項目年度的資金流出量。年度成本費用減去年折舊費、年攤銷費和年利息支出後即為經營成本。

$$經營成本 = 總成本費用 - 折舊費 - 攤銷費 - 借款利息支出 \tag{6-13}$$

六、總成本費用估算

1. 外購原材料成本估算

$$原材料耗用額 = \sum (產品年產量 \times 單位產品原材料消耗定額 \times 原材料單價) \tag{6-14}$$

2. 外購燃料、動力成本估算

其估算方法類似於外購原材料成本估算方法。

3. 工資及福利費用估算

$$工資總額 = 職工定員數 \times 人均年工資額 \tag{6-15}$$

式中，職工定員數是指按擬訂方案提出的生產人員、分廠管理人員、總部管理人員及銷售人員總人數；人均年工資額有時要考慮一定的年增長率。

職工福利制度是指企業職工在職期間應在衛生保健、房租價格補貼、生活困難補助、集體福利設施，以及不列入工資發放範圍的各項物價補貼等方面享受的待遇和權益，這是根據國家規定，為滿足企業職工的共同需要和特殊需要而建立的制度。

以前我們國家的財務制度規定企業按照工資總額的14%計提職工福利費，而2006年12月4日財政部頒布的新《企業財務通則》（2007年1月1日起在國有及國有控股企業（金融企業除外）執行，其它企業參照執行）。企業不再按照工資總額

的14%計提職工福利費，企業實際發生的職工福利費據實列支。

但職工福利性質費用支用得越多，國家、股東分配的利益就越少。新《企業財務通則》（2006）明確規定企業不得承擔下述費用：一是屬於個人的娛樂、健身、旅遊、招待、購物、饋贈等支出；二是購買商業保險、證券、股權、收藏品等支出；三是個人行為導致的罰款、賠償等支出；四是購買住房、支付物業費等支出；五是應由個人承擔的其他支出等。

4. 折舊費估算

固定資產在使用的工程中，將受到有形磨損和無形磨損而使其價值發生損失。損失的價值逐漸轉移到產品成本或商品流通費用當中，該損失價值稱為折舊。

計提折舊，是企業回收固定資產投資的一種會計手段。按照國家規定的折舊制度，企業把已發生的資本性支出轉移到產品成本費用中去，然後通過產品的銷售，逐步回收初始的投資費用。

（1）平均年限法

平均年限法又稱直線折舊法，是企業的固定資產折舊通常採用的方法。其公式為：

$$年折舊率 = \frac{1-預計淨殘值率}{折舊年限} \times 100\% \qquad (6-16)$$

$$年折舊額 = 固定資產原值 \times 年折舊率 \qquad (6-17)$$

採用該法時，每年折舊率相同，每年折舊額相同。

（2）工作量法

工作量法是以固定資產的使用狀況為依據計算折舊的一種方法。它適用於企業專業車隊的客、貨運汽車及某些大型設備的折舊。

按照行駛里程計算折舊：

$$單位里程折舊額 = 原值 \times \frac{1-預計淨殘值率}{總行駛里程} \qquad (6-18)$$

$$年折舊額 = 單位里程折舊額 \times 年行駛里程 \qquad (6-19)$$

按照工作小時計算折舊：

$$每工作小時折舊額 = 原值 \times \frac{1-預計淨殘值率}{總工作小時} \qquad (6-20)$$

$$年折舊額 = 每工作小時折舊額 \times 年工作小時 \qquad (6-21)$$

（3）雙倍餘額遞減法

雙倍餘額遞減法是在不考慮固定資產殘值的情況下，根據每期期初固定資產帳面淨值和雙倍的直線法折舊率計算固定資產折舊的一種方法。

$$年折舊率 = \frac{2}{折舊年限} \times 100\% \qquad (6-22)$$

$$年折舊額 = 年初固定資產淨值 \times 年折舊率 \qquad (6-23)$$

$$年初固定資產淨值 = 固定資產原值 - 之前累計年折舊額 \qquad (6-24)$$

採用該法時，年折舊率不變，但計算基數逐年遞減，因此，年折舊額也逐年遞

第六章　建設項目可行性研究及企業技術改造經濟分析

減。雙倍餘額遞減法是固定資產加速折舊的一種計算方法。該法折舊時，由於初期和中期時不考慮淨殘值對折舊的影響，為了防止淨殘值被提前一起折舊，因此現行會計制度規定，在固定資產使用的最後兩年中，折舊計算方法改為平均年限法。

（4）年數總和法

年數總和法是將固定資產的原值減去預計淨殘值後的淨額乘以一個逐年遞減的分數計算每年的折舊額，這個分數的分子代表固定資產尚可使用的年數，分母代表使用年限的逐年數字總和。

$$年折舊率 = \frac{折舊年限 - 已使用年限}{折舊年限 \times (折舊年限 + 1) \div 2} \times 100\% \qquad (6-25)$$

$$年折舊額 = (固定資產原值 - 預計淨殘值) \times 年折舊率 \qquad (6-26)$$

採用該法時，計算基數不變，但年折舊率遞減，因此，年折舊額也隨之遞減。

正確計算和提取折舊，不但有利於計算產品成本，而且保證了固定資產再生產的資金來源。折舊是成本的組成部分，運用不同的折舊方法計算出的折舊額在量上不一致，分攤到各期生產成本中的固定資產成本也存在差異，特別是採用加速折舊的方法（雙倍餘額遞減法和年數總和法）。因此，折舊的計算和提取必然關係到成本的大小，直接影響企業的利潤水準，最終影響企業的所得稅輕重。由於折舊方法上存在差異，也就為企業進行稅收籌劃提供了可能。

【例6-7】上海洋山碼頭一吊裝機械設備的資產原值為5,000萬元，折舊年限為10年，預計淨殘值率為4%。試按不同的折舊方法計算年折舊額。

解：計算結果見表6.5。

表6.5

方法	年份 項目	1	2	3	4	5	6	7	8	9	10	合計
平均年限法	資產淨值/萬元	5,000	4,520	4,040	3,560	3,080	2,600	2,120	1,640	1,160	680	
	年折舊率/%	9.6	9.6	9.6	9.6	9.6	9.6	9.6	9.6	9.6	9.6	
	年折舊額/萬元	480	480	480	480	480	480	480	480	480	480	4,800
	預計淨殘值/萬元											200
雙倍餘額遞減法	資產淨值/萬元	5,000	4,000	3,200	2,560	2,048	1,638	1,310	1,048	838	519	
	年折舊率/%	20	20	20	20	20	20	20	20	—	—	
	年折舊額/萬元	1,000	800	640	512	410	328	262	210	319	319	4,800
	預計淨殘值/萬元											200
年數總和法	資產淨值/萬元	5,000	4,127	3,342	2,644	2,033	1,509	1,073	724	462	287	
	年折舊率/%	10/55	9/55	8/55	7/55	6/55	5/55	4/55	3/55	2/55	1/55	
	年折舊額/萬元	873	785	698	611	524	436	349	262	175	87	4,800
	預計淨殘值/萬元											200

5. 攤銷費估算

攤銷費是指無形資產和遞延資產在一定期限內分期攤銷的費用。無形資產和遞延資產的原始價值也要在規定的年限內，按年度或產量轉移到產品的成本之中，這一部分被轉移的無形資產和遞延資產的原始價值，成為攤銷費。企業通過計提攤銷費，回收無形資產及遞延資產的資本支出。

攤銷期限一般不少於 5 年，不超過 10 年。

攤銷一般採用直線法計算，不留殘值。有時可採用加速攤銷法。

隨著知識經濟時代的到來，無形資產在企業經濟活動中占的地位越來越重要。無形資產的攤銷方法也應比照固定資產的折舊方法，即也要反應企業消耗無形資產內含經濟利益的方式。

6. 修理費用估算

修理費包括大修理費用和中、小修理費用。可行性研究階段無法確定修理費具體發生的時間和金額，一般按照年折舊費的一定百分比計算。該百分比可參照同類項目的經驗數據加以確定。即

$$\text{修理費} = \text{固定資產年折舊額} \times \text{計提比率}（\%） \tag{6-27}$$

7. 財務費用

一般情況下，財務費用主要是利息支出。包括生產經營期間所發生的由於建設投資借款而產生的利息、流動資金借款利息以及其他短期借款利息等。

8. 其他費用估算

在可行性研究階段，其他費用一般根據總成本費用中前七項（外購原材料成本、外購燃料動力成本、工資及福利費、折舊費、攤銷費及修理費）之和的一定百分比計算，其比率應按照同類企業的經驗數據加以確定。

【例 6-8】某工程有關資料如下：

項目計算期 10 年，其中建設期 2 年。項目第 3 年投產，第 5 年開始達到 100%設計生產能力。

項目固定資產投資 9,000 萬元（不含建設期貸款利息和固定資產投資方向調節稅），預計 8,500 萬元形成固定資產，500 萬元形成無形資產。固定資產年折舊費為 673 萬元，固定資產餘值在項目營運期末收回，固定資產投資方向調節稅稅率為 0%。

無形資產在營運期 8 年中，均勻攤入成本。

流動資金為 1,000 萬元，在項目計算期末收回。

項目的設計生產能力為年產量 1.1 萬噸，預計每噸銷售價為 6,000 元，年銷售稅金及附加按銷售收入的 5%計算，所得稅率為 33%。

項目的資金投入、收入、成本等基礎數據，見表 6.6。

第六章　建設項目可行性研究及企業技術改造經濟分析

還款方式：在項目營運期間（即從第 3 年~第 10 年）按等額本金法償還，流動資金貸款每年付息。長期貸款利率為 6.22%（按年付息），流動資金貸款利率為 3%。

經營成本的 80% 作為固定成本。

表 6.6　　　　　　　　　工程資金投入、收益及成本表　　　　　　　單位：萬元

序號	項目	年份	1	2	3	4	5~10
1	建設投資	自有資金部分	3,000	1,000			
		貸款（不含貸款利息）		4,500			
2	流動資金	自有資金部分			400		
		貸款			100	500	
3		年銷售量/萬噸			0.8	1.0	1.1
4		年經營成本			4,200	4,600	5,000

【問題】

a. 計算每年無形資產攤銷費。

b. 編製借款還本付息表。

c. 編製總成本費用估算表。

解：

a. 每年無形資產攤銷費 = 500÷8 = 62.5（萬元）

b. 長期借款利息：

建設期貸款利息 = 0.5×4,500×6.22% = 140（萬元）

每年應還本金 =（4,500+140）÷8 = 580（萬元）

項目借款還本付息估算見表 6.7：

表 6.7　　　　　　　　　項目借款還本付息表　　　　　　　　　單位：萬元

序號	項目　　年份	1	2	3	4	5	6	7	8	9	10
1	年初累計借款			4,640	4,060	3,480	2,900	2,320	1,740	1,160	580
2	本年新增借款		4,500								
3	本年應計利息		140	289	253	216	180	144	108	72	36
4	本年應還本金			580	580	580	580	580	580	580	580
5	本年應還利息			289	253	216	180	144	108	72	36

c. 總成本估算費用見表 6.8：

表6.8　　　　　　　　　　　　總成本費用表　　　　　　　　　　　單位：萬元

序號	年份 項目	3	4	5	6	7	8	9	10
1	經營成本	4,200	4,600	5,000	5,000	5,000	5,000	5,000	5,000
2	折舊費	673	673	673	673	673	673	673	673
3	攤銷費	63	63	63	63	63	63	63	63
4	財務費	292	271	234	198	162	126	90	54
4.1	長期借款利息	289	253	216	180	144	108	72	36
4.2	流動資金借款	3	18	18	18	18	18	18	18
5	總成本費用	5,228	5,607	5,970	5,934	5,898	5,862	5,826	5,790
5.1	固定成本	3,360	3,680	4,000	4,000	4,000	4,000	4,000	4,000
5.2	可變成本	1,868	1,927	1,970	1,934	1,898	1,862	1,826	1,790

第四節　建設項目經濟評價

一、項目經濟評價概述

　　建設項目經濟評價時，項目可行性研究的有機組成部分和重要內容，應根據國民經濟與社會發展以及行業、地區發展規劃的要求，在項目初步方案的基礎上，採用科學、規範的分析方法，對擬建項目的財務可行性和經濟合理性進行分析論證，做出全面評價，為項目的科學決策提供經濟方面的依據。

　　2006年7月3日由國家發展改革委和建設部印發了第三版的《建設項目經濟評價方法與參數》，提出了一套比較完整、適用面廣、切實可行的經濟評價方法與參數體系。這套體系與第二版比較，更貼近中國社會主義市場經濟條件下建設項目經濟評價的需要；調整了經濟效益分析與財務分析的側重點；增設了財務效益與費用估算、資金來源於融資方案、費用效果分析、區域經濟與宏觀經濟影響分析等章節內容；對財務分析、經濟費用效益分析、不確定性分析與風險分析、方案經濟比選等內容也進行了調整和擴充；增加了公共項目財務分析和經濟費用效益分析的內容；增加了經濟風險分析內容；方案經濟比選增加了不確定性因素和風險因素下的方案比選方法；簡化了改擴建項目經濟評價方法；增加了併購項目經濟評價的基本要求；補充了電信、農業、林業、水利、教育、衛生、市政和房地產等行業經濟評價的特點。參數部分，建立了建設項目經濟評價參數體系；明確評價參數的測算方法、測定選取的原則、動態適時調整的要求和使用條件；修改了部分財務評價參數和國民經濟評價參數等。此套評價方法既總結了國內經驗又與國際慣例接軌，既有繼承又

第六章　建設項目可行性研究及企業技術改造經濟分析

有創新，內容全面、方法科學、簡便易行，指導性更強，能基本滿足經濟評價的需要。

建設項目經濟評價的內容及側重點，應根據項目性質、項目目標、項目投資者、項目財務主體以及項目對經濟與社會的影響程度等具體情況選擇確定。（見表 6.9）建設項目經濟評價的深度，應根據項目決策工作不同階段的要求確定。建設項目可行性研究階段的經濟評價，應系統分析、計算項目的效益和費用，通過多方案經濟比選推薦最佳方案，對項目建設的必要性、財務可行性、經濟合理性、投資風險等進行全面的評價。項目規劃、機會研究、項目建議書階段的經濟評價可適當簡化。

建設項目經濟評價必須保證評價的客觀性、科學性、公正性，通過「有無對比」堅持定量與定性結合分析，以定量分析為主和動態分析與靜態分析相結合，以動態分析為主的原則。

表 6.9　　　　　　建設項目經濟評價內容選擇參考表

項目類型		分析內容	財務分析 生存能力分析	財務分析 償債能力分析	財務分析 盈利能力分析	經濟費用效益分析	費用效果分析	不確定性分析	風險分析	區域經濟與宏觀經濟分析
政府投資	直接投資	經營	◇	◇	◇	◇	◇	△	△	△
		非經營	◇	△		◇	◇	◇	△	△
	資本金	經營	◇	◇	◇	◇	◇	△	△	△
		非經營	◇	△		◇	◇	◇	△	△
	轉貸	經營	◇	◇	◇			△	△	△
		非經營	◇	◇				△	△	△
	補助	經營	◇	◇	◇			△	△	△
		非經營								
	貼息	經營	◇	◇	◇		◇	△	△	△
		非經營								
企業投資（核准制）		經營	◇	◇	◇	△	◇	△	△	△
企業投資（備案制）		經營		◇	◇	△		△	△	

註：表中◇代表要做；△代表根據項目的特點，有要求時做，無要求時可以不做。具體使用的指標見《建設項目經濟評價方法與參數》中的相關分析條文。

二、項目財務評價

項目財務評價是在國家現行的財稅制度和價格體系的前提下，從項目的角度出發，計算項目範圍內的財務效益和費用，分析項目的盈利能力和清償能力，評價項目在財務上的可行性。

工程經濟學

1. 財務效益與費用估算

財務效益與費用是財務分析的重要基礎，其估算的準確性與可靠程度對項目財務分析影響極大。財務效益和費用估算應遵循「有無對比」的原則，正確認識和估算「有項目」和「無項目」狀態的財務效益與費用。財務效益與費用估算應反應行業特點，符合依據明確、價格合理、方法適宜和表格清晰的要求。

2. 財務分析

財務分析應在項目財務效益與費用估算的基礎上進行。財務分析的內容應根據項目的性質和目標確定。對於經營性項目，財務分析通過編製財務分析報表（參見《建設項目經濟評價方法與參數》附錄B），計算財務指標，分析項目的盈利能力、償債能力和財務生存能力，判斷項目的財務可接受性，明確項目對財務主體及投資者的價值貢獻，為項目決策提供依據。對於非經營性項目，財務分析應主要分析項目的生存能力。

財務分析可分為融資前分析和融資後分析，一般宜先進行融資前分析，在融資前分析結論滿足要求的情況下，初步設定融資方案，再進行融資後分析。融資前分析應以動態分析為主，靜態分析為輔。

（1）融資前分析和融資後分析

①融資前分析

融資前動態分析應以營業收入、建設投資、經營成本和流動資金的估算為基礎，考察整個計算期內現金流入和現金流出，編製項目投資先進流量表，利用資金時間價值的原理進行折現，計算項目投資內部收益率和淨現值等指標。

融資前分析排除了融資方案變化的影響，從項目投資總獲利能力的角度，考察項目方案設計的合理性。融資前分析計算的相關指標，應作為初步投資決策與融資方案研究的依據和基礎。

根據分析角度的不同，融資前分析可選擇計算所得稅前指標和（或）所得稅後指標。融資前分析也可計算靜態投資回收期指標，用以反應收回項目投資所需要的時間。

②融資後分析

融資後分析應以融資前分析和初步的融資方案為基礎，考察項目在擬定融資條件下的盈利能力、清償能力和財務生存能力，判斷項目方案在融資條件下的可行性。融資後分析用於比選融資方案，幫助投資者做出融資決策。

融資後的盈利能力分析應包括動態分析和靜態分析兩種。動態分析包括下列兩個層次：以一個層次：項目資本金現金流量分析，考察項目資本金可獲得的收益水準。第二個層次：投資各方現金流量分析，考察投資各方可能獲得的收益水準。靜態分析指不採取折現方式處理數據，依據利潤與利潤分配表計算項目資本金淨利潤率和總投資收益率指標。

第六章　建設項目可行性研究及企業技術改造經濟分析

（2）財務分析指標

①盈利能力分析指標

盈利能力分析的主要指標包括項目投資財務內部收益率和財務淨現值、項目資本金財務內部收益率、投資回收期、總投資收益率、項目資本金淨利潤率等，可根據項目的特點及財務分析的目的、要求等選用。

- 財務內部收益率（FIRR）

財務內部收益率是指能使項目計算期內淨現金流量現值累計等於零時的折現率

$$\sum_{t=1}^{n} (CI - CO)_t (1 + FIRR) \qquad (6-28)$$

式中：CI——現金流入量；

　　　CO——先進流出量；

　　　n——項目計算期；

　　　$(CI - CO)_t$——第 t 年的淨現金流量。

項目投資財務內部收益率、項目資本金財務內部收益率和投資各方財務內部收益率都依據上式計算，但所用的現金流入和現金流出不同。當財務內部收益率大於或等於所設定的辨別基準 ic（基準收益率）時，項目方案在財務上可考慮接受。項目投資財務內部收益率、項目資本金財務內部收益率和投資各方財務內部收益率有不同的判別基準。

- 財務淨現值（FNVP）

財務淨現值是指按設定的折現率（一般採用基準收益率 ic）計算的項目計算期內淨現金流量的現值之和，可按下式計算：

$$FNPV = \sum_{t=1}^{n} (CI - CO)_t (1 + i_c)^{-t} \qquad (6-29)$$

式中：i_c——設定的折現率（同基準收益率）。

一般情況下，財務盈利能力分析只計算項目投資財務淨現值，可根據需要選擇計算所得稅前淨現值或所得稅後淨現值。按照設定的折現率計算的財務淨現值大於或等於零時，項目方案在財務上可考慮接受。

- 項目投資回收期（P_t）

項目投資回收期是指以項目的淨收益回收項目投資所需要的時間，一般以年為單位。項目投資回收期宜從項目建設開始年算起。若從項目投產年開始計算，應予以特別註明。項目投資回收期可採用下式計算：

$$\sum_{t=1}^{T_p} (CI - CO)_t = 0 \qquad (6-30)$$

項目投資回收期可借助項目投資現金流量表計算。項目投資現金流量表中累計淨現金流量由負值變為零的時點，即為項目的投資回收期。投資回收期應按下式進行計算：

$$P_t = T - 1 + \frac{\left|\sum_{i=1}^{T-1}(CI-CO)_i\right|}{(CI-CO)_T} \quad (6-31)$$

式中：T——各年累計淨現金流量首次為正值或零的年數。

投資回收期短，表明項目投資回收快，抗風險能力強。如果投資回收期與行業的基準投資回收期比較，當小於行業的基準投資回收期時，表示項目投資能在規定的時間內收回，具有財務可行性。

- 總投資收益率（ROI）

總投資收益率表示總投資的盈利水準，是指項目達到設計能力後正常年份的年息稅前利潤或營運內年平均息稅前利潤（EBIT）與項目總投資（TI）的比率；總投資收益率應按下式計算：

$$\text{ROI} = \frac{\text{EBIT}}{\text{TI}} \times 100\% \quad (6-32)$$

式中：EBIT——項目正常年份的年息稅前利潤或營運期內年平均息稅前利潤；
　　　　TI——項目總投資。

總投資收益率高於同行業的收益率參考值，表明用總投資收益率表示的盈利能力滿足要求。

- 項目資本金淨利潤率（ROE）

項目資本金淨利潤率表示項目資本金的盈利水準，是指項目達到設計能力後正常年份的年淨利潤或營運期內年平均淨利潤（NP）與項目資本金（EC）的比率；項目資本金淨利潤率應按下式計算：

$$\text{ROE} = \frac{\text{NP}}{\text{EC}} \times 100\% \quad (6-33)$$

式中：NP——項目正常年份的年淨利潤或營運期內年平均淨利潤；
　　　　EC——項目資本金。

項目資本金淨利潤率高於同行業的淨利潤率參考值，表明用項目資本金淨利潤率表示的盈利能力滿足要求。

②償債能力分析指標

償債能力分析應通過計算利息備付率（ICR）、償債備付率（DSCR）和資產負債率（LOAR）等指標，分析判斷財務主體的償債能力。上述指標應按下列公式計算：

- 利息備付率（ICR）

利息備付率是指在借款償還期內的息稅前利潤（EBIT）與應付利息（PI）的比值，它從付息資金來源的充裕性角度反應項目償付債務利息的保證程度，應按下式計算：

$$\text{IRC} = \frac{\text{EBIT}}{\text{PI}} \quad (6-34)$$

第六章　建設項目可行性研究及企業技術改造經濟分析

式中：EBIT——息稅前利潤；

PI——計入總成本費用的應付利息。

利息備付率應分年計算。利息備付率高，表明利息償付的保障程度高。利息備付率應當大於1，並結合債權人的要求確定。

- 償債備付率

償債備付率是指在借款償還期內，用於計算還本付息的資金（$EBITDA - T_{AX}$）與應還本付息金額（PD）的比值，它表示可用於還本付息的資金償還借款本息的保障程度，應按下式計算：

$$DSCR = \frac{EBITAD - T_{AX}}{FD} \qquad (6-35)$$

式中：$EBITDA$——息稅前利潤加折舊和攤銷；

T_{AX}——企業所得稅；

PD——應還本付息金額，包括還本金額和計入總成本費用的全部利息。

融資租賃費用可視同借款償還。營運期內的短期借款本息也應納入計算。

如果項目在營運期內有維持營運的投資，可用於還本付息的資金應扣除維持營運的投資。償債備付率應分年計算，償債備付率高，表明可用於還本付息的資金保障程度高。償債備付率應大於1，並結合債權人的要求確定。

- 資產負債率（LOAR）是指各期末負債總額（TL）同資產總額（TA）的比率，應按下式計算：

$$LOAR = \frac{TL}{TA} \qquad (6-36)$$

式中：TL——期末負債總額；

TA——期末資產總額。

適度的資產負債率，表明企業經營安全、穩健，具有較強的籌資能力，也表明企業和債權人的風險較小。對該指標的分析，應結合國家宏觀經濟狀況、行業發展趨勢、企業所處競爭環境等具體條件判定。項目財務分析中，在長期財務分析中，在長期債務還清後，可不再計算資產負債率。

③財務生存能力分析指標

財務生存能力分析，應在財務分析輔助表和利潤與利潤分配表的基礎上編製財務計劃現金流量表，通過考察項目計算期內的投資、融資和經營活動所產生的各項現金流入和流出，計算淨現金流量和累積盈餘資金，分析項目是否有足夠的淨現金流量維持正常營運，以實現財務可持續性。

財務可持續性應首先體現在有足夠大的經營活動淨現金流量，其次各年累計盈餘資金不應出現負值，應進行短期借款，同時分析該短期借款的年份長短和數額大小，進一步判斷項目的財務生存能力。短期借款應體現在財務計劃現金流量表中，其利息應計入財務費用。為維持項目正常營運，還應分析短期借款的可靠性。

對於非經營性項目，財務分析可按下列要求進行：

對沒有營業收入的項目，不進行盈利能力分析，主要考察項目財務生存能力。此類項目通常需要政府長期補貼才能維持營運，應合理估算項目營運期各年所需的政府補貼數額，並分析財政補貼的可能性與支付能力，對有債務資金的項目，還應結合借款償還要求進行財務生存能力分析。

對有營業收入的項目，財務分析應根據收入抵補支出的程度，區別對待。收入補償費用的順序應為：補償人工、材料等生產經營耗費、繳納流轉稅、償還借款利息、計提折舊和償還借款本金。

按以上內容完成財務分析後，還應對各項財務指標進行匯總，並結合不確定性分析的結果，做出項目財務分析的結論。

三、項目的國民經濟評價

國民經濟評價是在合理配置資源的前提下，從國家經濟整體利益的角度出發，計算項目對國民經濟的貢獻，分析項目的經濟效率、效果和對社會的影響，評價項目的宏觀經濟上的合理性。

1. 經濟效益與費用識別估算

經濟效益和經濟費用可直接識別，也可通過調整財務效益和財務費用得到。項目經濟效益和費用的識別應符合下列要求：遵循有無對比的原則；對項目所涉及的所有成員及群體的費用和效益做全面分析；正確識別正面和負面外部效果，防止誤算、漏算或重複計算；合理確定效益和費用的空間範圍和時間跨度；正確識別和調整轉移支付，根據不同情況區別對待。

(1) 經濟效益的識別計算

經濟效益的計算應遵循支付意願（WTP）原則和（或）接受補償意願（WTA）原則。

如果項目的產出效果表現為對人力資本、生命延續或疾病預防等方面的影響，如教育項目、衛生項目、環境改善工程或交通運輸項目等，應根據項目的具體情況，測算人力資本增值的價值、可能減少死亡的價值，以及對健康影響的價值，並將量化結果納入項目經濟費用效益分析的框架之中。如果貨幣量化缺乏可靠依據，應採用非貨幣的方法進行量化。

效益表現為費用節約的項目，應根據「有無對比分析」，計算節約的經濟費用，計入項目相應的經濟效益。

對於表現為時間節約的運輸項目，其經濟價值應採用「有無對比」分析方法。根據不同人群、貨物、出行目的等，區別下列情況計算時間節約價值：

①根據不同人群及不同出行目的對時間的敏感程度，分析受益者為得到這種節約所願意支付的貨幣數量，測算出行時間節約的價值。

第六章　建設項目可行性研究及企業技術改造經濟分析

②根據不同貨物對時間的敏感程度，分析受益者為得到這種節約所願意支付的價格，測算其時間節約的價值。

（2）經濟費用的識別計算

經濟費用的識別計算應遵循機會成本原則。

（3）外部效果的識別計算

外部效果是指項目的產出或投入無意識地給他人帶來費用或效益，但項目卻沒有為此付出代價或為此獲得收益。為防止外部效果計算擴大化，一般只應計算一次相關效果。

環境及生態影響的外部效果是經濟費用效益分析必須加以考慮的一種特殊形式的外部效果，應盡可能對項目所帶來的環境影響的效益和費用（損失）進行量化和貨幣化，將其列入經濟現金流。

環境及生態影響的效益和費用，應根據項目的時間範圍和空間範圍、具體特點、評價的深度要求及資料佔有情況，採用適當的評估方法與技術對環境影響的外部效果進行識別、量化和貨幣化。

（4）影子價格的確定

經濟效益和經濟費用應採用影子價格計算。

對於具有市場價格的投入和產出，影子價格的計算應符合下列要求：

①可外貿貨物的投入或產出的影子價格應根據口岸價格，按下列公式計算：

$$出口產出的影子價格(出廠價) = 離岸價(FOB) \times 影子匯率 - 出口費用 \quad (6-37)$$

$$進口投入的影子價格(到廠價) = 到岸價(CIF) \times 影子匯率 + 進口費用 \quad (6-38)$$

②對於非外貿貨物。其投入或產出的影子價格應根據下列要求計算：

如果項目處於競爭性市場環境中，應採用市場價格作為計算項目投入或產出的影子價格的依據，如果項目的投入或產出的規模很大，項目的實施將足以影響其市場價格，導致「有項目」和「無項目」兩種情況下市場價格不一致。在項目評價中，取二者的平均值作為測算影子價格的依據。

③影子價格中流轉稅（如消費稅、增值稅、營業稅等）宜根據產品在整個市場中發揮的作用，分別計入或不計入影子價格。

如果項目的產出效果不具有市場價格，應遵循消費者支付意願和（或）接受補償意願的原則，按下列方法測算其影子價格：

①採用「顯示偏好」的方法，通過其他相關市場價格信號，間接估算產出效果的影子價格。

②利用「陳述偏好」的意願調查方法，分析調查對象的支付意願或接受補償的意願，推斷出項目影響效果的影子價格。

特殊投入物的影子價格應按下列方法計算：

①項目因使用勞動力所付的工資，是項目實施所付出的代價。勞動力的影子工資等於勞動力機會成本與因勞動力轉移而引起的新增資源消耗之和。

②土地是一種重要的資源，項目占用的土地無論是否支付費用，均應計算其影子價格。項目所占用的農業、林業、牧業、漁業及其他生產性用地，其影子價格應按照其未來對社會可提供的消費產品的支付意願及因改變土地用途而發生的新增資源消耗進行計算；項目所占用的住宅、休閒用地等非生產性用地，市場完善的，應根據市場交易價格估算其影子價格；無市場交易價格或市場機制不完善的，應根據支付意願價格估算其影子價格。

③項目投入的自然資源，無論在財務上是否付費，在經濟費用效益分析中都必須測算其經濟費用。不可再生自然資源的影子價格應按資源的機會成本計算；可再生自然資源的影子價格應按資源再生費用計算。

（5）影子匯率

影子匯率是指用於對外貿貨物和服務進行經濟費用效益分析的外幣的經濟價格，應能正確反應外匯的經濟價值，應按下式計算：

$$影子匯率 = 外匯牌價 \times 影子匯率換算系數 \quad (6-39)$$

2. 經濟費用效益分析

經濟費用效益分析應從資源合理配置的角度，分析項目投資的經濟效率和對社會福利所做出的貢獻，評價項目經濟合理性。對於財務現金流量不能全面、真實地反應其經濟價值，需要進行經濟費用效益分析的項目，應將經濟費用效益分析的結論作為項目決策的主要依據之一。

如果項目的經濟費用和效益能夠進行貨幣化，應在費用效益識別和計算的基礎上，編製經濟費用效益流量表，計算下列經濟費用效益分析指標，分析項目投資的經濟效率：

• 經濟淨現值（ENPV）

經濟淨現值（ENPV）是指項目按照社會折現率將計算期內各年的經濟淨效益流量折現到建設期初的現值之和，應按下式計算：

$$ENPV = \sum_{t=0}^{n}(B-C)_t(1+i_s)^{-t} \quad (6-40)$$

式中：ENPV——經濟淨現值；

B——經濟效益流量；

C——經濟費用流量；

$(B-C)_t$——第 t 期的經濟淨效益流量；

n——項目壽命年限；

i_s——社會折現率。

在經濟費用效益分析中，如果經濟淨現值等於或大於零，表明項目可以達到符合社會折現率的效率水準，認為該項目從經濟資源配置角度可以被接受。

• 經濟內部收益率（EIRR）

經濟內部收益率是指項目在計算期內經濟淨效益流量的現值累計等於零時的折

第六章　建設項目可行性研究及企業技術改造經濟分析

現率，應按下式計算：

$$\sum_{t=0}^{n}(B-C)_t(1+\text{EIRR})^{-t}=0 \qquad (6-41)$$

式中其他符號意義同上。

如果經濟內部收益率等於或大於社會折現率，表明項目資源配置的經濟效率達到了可以被接受的水準。

- 經濟效益費用比（R_{bc}）

經濟效益費用比是指項目在計算期內效益流量的現值與費用流量的現值之比，應按下式計算：

$$R_{bc}=\frac{\sum_{t=1}^{n}B_t(1+i_s)^{-t}}{\sum_{t=1}^{n}C_t(1+i_s)^{-t}} \qquad (6-42)$$

式中：B_t—— 第 t 期的經濟效益；

C_t—— 第 t 期的經濟費用。

如果經濟效益費用比大於 1，表明項目資源配置的經濟效率達到了可以被接受的水準。

在完成經濟費用效益分析後，應進一步分析對比經濟費用效益與財務現金流量之間的差異，並根據需要對財務分析與經濟費用效益分析結論之間的差異進行分析，找出受益或受損群體，分析項目對不同利益相關者在經濟上的影響程度，並提出改進資源配置效率及財務生存能力的政策建議。

對於效益和費用可以貨幣化的項目應採用上述經濟費用效益分析方法；對於效益難於貨幣化的項目，應採用費用效果分析方法；對於效益和費用均難於量化的項目，應進行定性經濟費用效益分析。

項目的國民經濟評價和財務評價是相互聯繫的，既有相同的地方，也有不同的地方，相同點表現在兩者的評價目的相同，都是尋求以最小的投入獲得最大的產出。

由於這兩類評價所代表的利益主體不同，因而國民經濟評價與財務評價相比存在以下區別：

第一，兩者評價的出發點不同。

財務評價是站在企業或項目自身的角度，衡量投資項目的盈利狀況，評價項目財務上是否有利可圖；國民經濟評價是站在國家整體角度，分析投資項目為國民經濟創造的效益和做出的貢獻，評價項目經濟上的合理性。前者主要為企業或項目的投資決策提供依據，後者則是為政府宏觀的投資決策提供依據。

第二，兩者計算費用和收益的範圍不同。

在財務評價中，根據企業的實際收支情況確定項目的財務收益和費用，收益和費用中要考慮通貨膨脹、稅金、利息、國家給予的補貼等。在國民經濟評價中，根

據所耗費的有用資源和項目對社會提供的有用產品及服務來考查項目的費用和收益，一般不考慮通貨膨脹、稅金、折舊等轉移支付，但要考慮間接受益和間接費用。由於費用和收益範圍的不同，同一個投資項目，財務評價和國民經濟評價的計算結果有差異，在某些情況下結論也會有差異。

第三，兩者評價中採用的價格不同。

財務評價應採用以市場價格體系為基礎的預測價格。在建設期內，一般應考慮投入的相對價格變動及價格總水準變動。在營運期內，若能合理判斷未來市場價格變動趨勢，投入與產出可採用相對變動價格；若難以確定投入和產出的價格變動，一般可採用項目營運期初的價格；有要求時，也可考慮價格總水準的變動。

國民經濟評價應採用以影子價格體系為基礎的預測價格，不考慮價格總水準變動因素。

第四，兩者評價中使用的參數不同。

所謂評價參數，主要指匯率、貿易費用率、工資及折現率。在財務評價中，上述各參數需根據不同行業的不同企業，以及企業條件、企業環境自行選定。在國民經濟評價中，同樣為了達到投資項目橫向可比的目的，採用國家統一測定的影子匯率、影子工資和社會折現率。

第五，兩者評價中採用的核心指標不同。

國民經濟評價的指標是經濟淨現值和經濟內部收益率，財務評價的主要指標是財務淨現值和財務內部收益率。國民經濟評價的結論和財務評價的結論有時不一致，在西方私有制的經濟體制下，以財務評價是否可行作為項目選取條件。在中國，以國民經濟評價結果作為項目選取條件，對經濟上可行、財務上可行的方案予以接受；對經濟上可行但財務上不可行的方案，或重新修改方案，或國家通過價格補貼或減免稅收等措施使方案在財務上也變為可行。對經濟上不可行的項目，不論其財務評價是否可行都應予以拒絕。

四、經濟評價指標的關係與方案選擇

1. 各種評價指標與方法的比較

投資項目的經濟評價是以動態指標為主的，靜態指標只起輔助作用。性質上不同的指標主要有 5 個：淨現值、內部收益率、動態投資回收期、費用—效益率和現值率。

當採用行業基準收益率 i_c 或 MARR（報酬率）作為計算折現率或評價判據時，因為 NPV$(i_c) \geq 0$ 則必然有 IRR $\geq i_c$，NPVR$(i_c) \geq 0$，$N/K(i_c) \geq 1$，$B/C(i_c) \geq 1$，故用任何一個指標都會得出相同的可行或者不可行的結論。

至於用哪一個指標則因不同的機構而異。例如，世界銀行傾向把 IRR 作為主要評價指標，而美國國際開發署則規定採用 NPV，發達國家對公用項目的經濟評價常

第六章　建設項目可行性研究及企業技術改造經濟分析

用 B/C，但 B/C 在發展中國家卻使用不多，中國則規定主要的評價指標是 IRR。

對於一個獨立項目而言，內部收益率一般與淨現值的結論完全一致，即項目的內部收益率大於基準折現率時淨現值必然大於零。內部收益率判據的優點是可以在不預先給出基準收益率的條件下求出來，IRR 的值不受外部參數（折現率）的影響而完全取決於工程項目本身的現金流量。內部收益率的缺點是：並不是在所有情況下都給出唯一的確定值。

淨現值指標沒有內部收益率的這一缺點，但淨現值只能表示投資項目在經濟淨貢獻上是否達到了要求的基準收益率，無法表示項目的淨貢獻比要求的收益率高出多少。此外，用淨現值評價項目時並不考慮投資額大小。因此，容易忽視有限資金的最優利用。

當給定的基準折現率剛好等於項目的內部收益率時，動態投資回收期就等於項目的工程壽命期或計算期。一般情況下，若給定的基準折現率小於內部收益率，則必有小於工程壽命期的動態投資回收期。因此，動態投資回收期與內部收益率是等價的。

建國以來，中國一直把靜態投資回收期指標作為篩選項目的一個主要指標，各部門累積了不少數據。考慮到資金的短缺會長期存在，投資回收期的長短有著較大的意義。因此，在《建設項目經濟評價方法與參數》中，國家計委把靜態投資回收期也列為計算指標，供項目決策時參考。

工程方案經濟性評價，除了採用前述評價指標（如投資回收期 T_p、淨現值 NPV、內部收益率 IRR），分析該方案評價指標值是否達到了標準的要求（如 $T_p \leq T_b$，$NPV(i_o) \geq 0$，$\Delta IRR \geq i_o$）之外，往往需要在多個備選方案中進行比選。多方案比選的方法，與被選方案之間關係的類型有關。因此，本節在分析備選方案及其類型的基礎上討論如何正確運用各種評價指標進行備選方案的評價與選擇。

2. 備選方案及其類型

在工程和管理中，人們常常會遇到決策問題，因為設計或計劃通常總會面對幾種不同情況，又可能採取幾種不同的方案，最後總要選定某一個方案。所以，決策時工程和管理過程的核心。

合理的決策過程包括兩個主要的階段：一是探尋備選方案，這實際上是一項創新活動；二是對不同備選方案作衡量和比較，稱之為決策分析。由於經濟效果是評價和選擇的主要依據，所以決策過程的核心問題就是對不同備選方案經濟效果的衡量和比較問題。

備選方案是由各級組織的操作人員、管理人員和研究人員制定的。在收集、分析和評價方案的同時，分析人員也可以提出實現目標的備選方案。備選方案不僅要探討現有工藝技術，而且在有些情況下，還應探討新工藝技術的研究和開發，過著改進現有的工藝技術。例如，某種專用零件常規採用鋁或黃銅製作，此時的備選方案有兩個，即僅需比較使用鋁的方案和使用黃銅的方案就可以了。但是作為工程師

工程經濟學

還應考慮其他可能性，例如，用塑料的方案也許比用鋁或黃銅的方案更為可取。

對備選方案經濟差別的認識，可加強探求備選方案的能力。事實上經濟差別正是創造備選方案的一種動力。工程或管理人員在觀察某項工程或業務時，必定會不斷地觀察其中的一些經濟差別，有計劃地尋求備選方案。

只有在建立了一些備選方案的條件下，才能進行經濟決策。同時，也只有瞭解了備選方案之間的相互關係，才能掌握正確的評價方法，達到正確決策的目的。

通常，備選方案之間的相互關係可分為如下三種類型：

（1）獨立型。指各個方案的現金流量是獨立的，不具有相關性，且任一方案的採用與否都不影響其他方案是否採用的決策。例如，個人投資，可以購買國庫券，也可以購買股票，還可以購房增值等。可以選擇其中一個方案，也可選擇其中兩個或三個，方案之間的效果與選擇不受影響，互相獨立。

獨立方案的特點是具有「可加性」。例如，X 與 Y 兩個投資方案，只選擇 X 方案時，投資 30 萬元，淨收益 36 萬元；只選擇 Y 方案時，投資 40 萬元，淨收益 47 萬元；當 X 與 Y 一起選擇時，工序投資 30 + 40 = 70 萬元，得到淨收益共為 36 + 47 = 83 萬元。那麼，X 與 Y 具有可加性，在這種情況下，認為 X 與 Y 之間是獨立的。

（2）互斥型。指各方案之間具有排他性，在各方案中最多只能選擇一個。例如，同一地域的土地利用方案是互斥方案，是建居民住房，還是建寫字樓等，只能選擇其中之一；場址問題，也是互斥方案的選擇問題；杭州新建機場建在蕭山、餘杭、還是建德，只能選擇其中之一；建設國模問題也是互斥方案的選擇問題。

（3）混合型。指獨立方案與互斥方案混合的情況。例如，在有限的資源制約條件下有幾個獨立的投資方案，在這些獨立方案中又分別包含著若干互斥方案，那麼所有方案之間就是混合型的關係。例如，某公司有兩個投資領域，一是現有工廠技術改造，另一個是新建一企業，這兩個投資領域是相互獨立的，但是現有工廠技術改造互斥方案兩個，新建一企業也有三個廠址可供選擇，因此組合起來的方案就是混合方案。

3. 獨立方案的經濟評價方法

獨立方案的採用與否，只取決於方案自身的經濟性，且不影響其他方案的採用與否。因此在無其他制約條件下，多個獨立方案的比選與單一方案的評價方法是相同的，即用經濟效果評價標準（如 $NPV \geq 0$，$NAV \geq 0$，$\Delta IRR \geq i_o$，$T_p \leq T_b$ 等）直接判別該方案是否接受。

4. 互斥方案的經濟評價方法

對於互斥方案決策，要求選擇方案組中的最優方案，且最優方案要達到標準的收益率，這就需要進行方案的必選。比選的方案應具有可比性，主要包括計算的時間具有可比性，計算的收益與費用的範圍和口徑一致，計算的價格可比。

互斥方案的比選可以採用不同的評價指標，有許多方法。其中，通過計算增量淨現金流量評價增量投資經濟效果，也就是增量分析法，是互斥方案比選的基本

第六章　建設項目可行性研究及企業技術改造經濟分析

方法。

5. 混合方案的經濟評價方法

混合方案的選擇，是實際工作中常遇到的一類問題。例如，某些公司實行多種經營，投資方向較多，這些投資方向就業務內容而言，是相互獨立的，而對每個投資方向又可能有幾個可供選擇的互斥方案，這樣構成了混合方案的選擇問題。這類問題選擇方法複雜。

四、費用效果分析

費用效果分析師通過比較項目預期的效果與所支付的費用，判斷項目的費用有效性和經濟合理性。效果難於或不能貨幣化，或貨幣化的效果不是項目目標的主體時，在經濟評價中應採用費用效果分析法，其結論作為項目投資決策的依據之一。

費用效果分析中的費用是指為實現項目預定目標所付出的財務代價或經濟代價，採用貨幣計量；效果是指項目的結果所起到的作用、效應或效能，是項目目標的實現程度。按照項目要實現的目標，一個項目可選用一個或幾個效果指標。

1. 採用費用效果分析的項目應滿足的條件

費用效果分析遵循多方案比選的原則，所分析的項目應滿足下列條件：

（1）備選方案不少於兩個，且為互斥方案或可轉化為互斥型方案；

（2）備選方案應具有共同的目標，目標不同的方案、不滿足最低效果要求的方案不可進行比較；

（3）備選方案的費用應能貨幣化，且資金用量不應突破資金限制；

（4）效果應採用同一費貨幣計量單位衡量，如果有多個效果，其指標加權處理形成單一綜合指標；

（5）備選方案應具有可比的壽命週期。

2. 費用效果分析方法的步驟

費用效果分析應按下列步驟進行：

（1）確立項目目標；

（2）構想和建立備選方案；

（3）將項目目標轉化為具體的可量化的效果指標；

（4）識別費用與效果要素，並估算各個備選方案的費用與效果；

（5）利用相關指標，綜合比較、分析各個方案的優缺點；

（6）推薦最佳方案或提出優先採用的次序。

3. 費用效果分析方法

費用應包括從項目投資開始到項目終結的整個期間內所發生的全部費用，可按費用現值公式或按費用年值公式計算。

項目效果計量單位的選擇，應能切實度量項目目標實現的程度，且便於計算。

若項目的目標不止一個，或項目的效果難以直接度量，需要建立次級分解目標加以度量時，需要用科學的方法確定權重，借助層次分析法對項目的效果進行加權計算，形成統一的綜合指標。

費用效果分析可採用下列基本方法：

（1）最小費用法，也稱固定效果法，在效果相同的條件下，應選取費用較小的備選方案。

（2）最大效果法，也稱固定費用法，在費用相同的條件下，應選取效果最大的備選方案。

（3）增量分析法，當效果與費用均不固定，且分別具有較大幅度的差別時，應比較兩個備選方案之間的費用差額和效果差額，分析獲得增量效果所付出的增量費用是否值得，不可盲目選擇效果費用比大的方案或費用效果比小的方案。

五、項目的不確定性分析與風險分析

1. 不確定性分析

不確定性分析主要包括盈虧平衡分析和敏感性分析。盈虧平衡分析是指通過計算項目達產年的盈虧平衡點，分析項目成本與收入的平衡關係，判斷項目對產出產品數量變化的適應能力和抗風險能力。盈虧平衡分析只用於財務分析。敏感性分析是指通過分析不確定性因素發生增減變化時，對財務或經濟評價指標的影響，並計算敏感度系數和臨界點，找出敏感因素。通常只進行單因素敏感性分析。

2. 風險分析

分析風險因素發生的可能性及給項目帶來經濟損失的程度。常用的風險分析方法包括專家調查法、層次分析法、概率樹、CIM模型及蒙特卡羅等分析方法，應根據項目具體情況，選用一種方法或幾種方法組合使用。影響項目效益的風險因素可歸納為下列內容：項目收益風險、建設風險、融資風險、建設工期風險、營運成本費用風險、政策風險等。

風險分析的過程包括風險識別、風險估計、風險評價與風險應對。

六、區域經濟與宏觀經濟影響分析

區域經濟影響分析是指從區域經濟的角度出發，分析項目對所在區域乃至更大範圍的經濟發展的影響。宏觀經濟影響分析是指從國民經濟整體的角度出發，分析項目對國家宏觀經濟各方面的影響。直接影響範圍限於局部區域的項目應進行區域經濟影響分析，直接影響國家經濟全局的項目應進行宏觀經濟影響分析。

區域經濟與宏觀經濟影響分析應遵循系統性、綜合性、定性分析與定量分析相結合的原則。其分析的指標體系宜由經濟總量指標、經濟結構指標、社會與環境指標和國力適應性指標構成，分析應立足於項目的實施能夠促進和保障經濟有序高效

第六章　建設項目可行性研究及企業技術改造經濟分析

運行和可持續發展，分析重點影視項目與區域發展戰略和國家長遠規劃的關係。分析內容應包括下列直接貢獻和見解貢獻、有利影響和不利影響。

具備下列部分或全部特徵的特大型建設項目應進行區域經濟或宏觀經濟影響分析：

- 項目投資巨大、工期超長（跨五年計劃或十年計劃）；
- 項目實施前對所在區域或國家的經濟結構、社會結構以及群體利益格局等有較大改變；
- 項目導致技術進步和技術轉變，引發關聯產業或新產業群體的發展變化；
- 項目對生態與環境影響大、範圍廣；
- 項目對國家經濟安全影響較大；
- 對區域或國家長期財政收支影響較大；
- 項目的投入或產出對進出口影響大；
- 其他對區域經濟或宏觀經濟有重大影響的項目。

第五節　技術改造項目經濟分析

一、技術改造概述

1. 技術改造的含義及特點

技術改造是在原有企業基礎上進行的再建設，它用先進的技術和工藝設備對現有企業的產品、設備、工藝等進行改造，以提高產品質量，擴大生產規模，提高企業的經濟效益水準，是一種以內涵式發展為主要特徵的擴大再生產方式。它依靠技術進步來提高生產力要素質量，以實現增加產品品種、提高產品質量、擴大生產能力，提高生產效率，節能降耗，改善生產條件和提高經濟效益的目的。所以，技術改造實質上是新技術、新工藝、新設備以及新的組織形式和管理手段在企業中的應用過程。

技術改造與基本建設是擴大再生產的兩種基本手段。與基本建設相比，技術改造有如下特點：

（1）可以充分利用現有生產力要素，從而以較小的增量投入盤活大量的存量資源；

（2）技術改造是在堅持技術進步的前提下，充分考慮市場需求和企業實際情況，在穩定性和動態性之間進行平衡的結果。以技術進步為顯著特徵，以提高生產要素質量為主要標誌；

（3）技術改造是一個動態的永恆的過程。在這個過程中，既有機器設備、工藝材料等「硬技術」的應用推廣，又有思想理念、規則程序等「軟技術」的實施；既

153

有技術創新,又有管理創新;既有內涵的發展,又有外延的擴展。

2. 技術改造的內容

技術改造的內容是多方面的。概括將有以下幾種主要類型:

(1) 工序調整。對企業在生產中存在的瓶頸工序,進行有針對性的調整和強化。

(2) 採用新工藝。用先進的工藝流程和操作方法替代落後的工藝和操作方法。

(3) 更換陳舊設備。對於磨損(尤其是精神磨損)嚴重的設備及時用新型設備更換。

(4) 設備現代化改裝,把現代化技術成就「嫁接」在現有設備上,使其「煥發青春」。

3. 技術改造的意義

技術改造是企業戰略決策的重要內容,在科技快速發展的時代,與企業生死攸關。企業技術改造的意義表現在以下幾個方面:

(1) 技術改造是促進企業技術進步的基本途徑。企業經濟的發展越來越依賴於技術進步,技術進步已成為支撐企業經濟發展的永恆動力。而技術改造是實用、經濟、快速地實現技術進步的基本途徑。尤其是對於中國企業,由於普遍規模較小,技術進步儲備不足,操作人員技術素質不高,所以技術改造更成為一種提升技術水準的首選方式。

(2) 技術改造是促進企業產品升級和產品結構調整的有力手段。企業經濟發展的基礎是滿足市場之需,而市場是隨著人們的消費觀念和消費能力的變化而變化的。企業要維護其市場地位,就必須不斷進行產品升級換代和產品結構調整,以滿足人們變化的、多元化的需求。技術創新才是產品升級的源泉。通過技術改造推動技術創新,並因此拉動產品升級和產品結構調整。

(3) 技術改造是提高企業素質的基本保障。技術改造通過新的「硬技術」的引進和吸收,使生產力要素質量得以提高;通過新的「軟技術」的實施,使得生產力要素的配置更加合理,使用更加科學。從而極大地提高企業的綜合素質。企業素質的提高所產生的綜合效益是十分可觀的。

四、技改項目的經濟性分析

1. 技改項目特點及其特殊性

在多年的建設項目經濟評價工作中,遇到為數不少的擴建、改建、技術改造項目(以後統稱為改擴建項目)的經濟評價。它與新建項目相比有以下特點:

(1) 不同程度地利用了原有資產和資源,以增量調動存量,以較小的新增投入取得較大的新增效益。

(2) 原來已在生產經營,而且其狀況還在發生變化,項目效益和費用的識別、

第六章　建設項目可行性研究及企業技術改造經濟分析

計算較複雜。

（3）建設期內建設與生產同步進行。

所以改擴建項目具有新建項目的一般性，又有其特殊性。

改擴建項目也是投資項目，具有一般新建項目所共有的特點。因此，一般新建項目經濟評價的原則和基本方法也適用於改擴建項目。但是，改擴建項目與從無到有的新建項目又有所不同。對於新建項目來說，所發生的費用、產生的效益都可歸於項目，而改擴建項目的費用和效益既與企業原有基礎部分有關，又涉及新投資的部分，從而給評價項目的經濟效益帶來新的問題。如果改擴建項目所涉及的費用和收益可以很清楚、很容易地從總的費用和收益中分離出來，那麼這樣的項目就和新建項目沒有區別，可採用新建項目的經濟評價方法。雖然在一定條件下，這種分離是可能做到的，但是對多數改擴建項目來說，實現這種分離是很困難的，必須尋找新的評價原理和方法。

2. 技改項目效益識別與費用識別

識別效益和費用是進行技改項目經濟評價的基礎性工作，其準確合理性直接影響評價精度和評價結論。效益和費用識別的方法有兩種：「有無」法和「前後」法。

在進行改擴建項目經濟評價時，應採用「有無對比」原理，即進行改擴建（稱「有項目」）和不進行改擴建（稱「無項目」）的效益對比分析，不能用「改擴建前」與「改擴建後」的「前後對比」原理。因為，改擴建前（即現狀）只能說明改擴建前這一時點上企業的狀況，而無項目反應的是不進行改擴建時企業狀況隨時間推移發生的變化。因而，「前後對比」不能說明投入產出方面隨時間變化所發生的變化，有可能導致對項目投資所產生的淨以益作出錯誤的判斷。如在以下三種情況下，就能出現下述錯誤：

①企業自身和市場需求都有一定潛力，通過改善經營管理，企業的淨收益可以逐年增長（比如增長2%），進行改擴建以後，可促使企業的淨收益得到更大程度的增長（比如每年增長10%）。在這種情況下，如果只是簡單地比較「項目前」和「項目後」，就會錯誤地把項目投產後增加的淨收益都歸功於改擴建項目。實際上屬於改擴建項目後的淨收益只有8%（10% - 2% = 8%）。在這種情況下，用「前後對比」原理會高估改擴建項目的淨收益。

②如果原有企業不進行改擴建，企業淨收益將會逐年下降，改擴建後，只是維持了原有的淨收益水準。在這種情況下採用「前後對比」原理會低估改擴建項目的淨收益。

③如果原有企業不進行改擴建，企業淨收益將會逐年下降，而改擴建後，不但避免了淨收益的下降，而且還比改擴建前有了增加。在這種情況下，若簡單地採用「前後對比」原理，就無法識別這部分由避免淨收益下降所獲得的淨收益，因而會低估改擴建項目的淨收益。可以看出「有無對比」與「前後對比」的結果是不同的，「前後對比」其作法違背了資金的時間價值這一原則，因此會導致錯誤的結論。

五、改擴建項目經濟評價方法

評價方法有兩種：總量效果評價法和增量效果評價法。

1. 總量效果評價法

總量效果評價法也叫總量法，就是分別計算進行有項目和無項目兩種情況下的企業總體效益，然後進行對比分析。有項目與無項目實際上是互相排斥的兩個備選方案，對這類項目的評價，實際是對互斥方案的研究，因此在進行評價時要用價值型指標（如淨現值）。

用總量效果評價法進行經濟評價應把原有資產作為現金流出。因為原有資產不僅有其實物形態，而且具有價值形態，若擁有者不使用這筆資產，可將其出售。如擁有者不出讓，就意味著失去了獲得這筆收入的機會，這是一種機會損失，因此在經濟分析中將其視為支出。另外，還應注意企業部分原有資產轉讓出售的可能性。即如果由於改擴建而使部分原有資產不再有用，並能轉讓出售，這筆收入應視為現金流入。下面舉例說明。

【例 6-9】某企業現有固定資產 70 萬元，流動資產 30 萬元，若進行更新改造需要投入 50 萬元資金，改造於當年完成。計算期設定為 10 年，基準受益率 $i_c = 10\%$。改造與不改造每年收入及支出見表 6.10。

表 6.10　　　　　　改造與不改造每年收入及支出預測表

	不改造		改造	
年份	1—9	10	1—9	10
年收入	700	700	800	800
資產回收		335		385
年支出	590	590	600	600

（1）原有資產列入現金流出

不改造的淨現值為 $NPV_{無}$，改造後的淨現值為 $NPV_{有}$，不改造 $NPV_{無}$ 的計算見表 6.11。

表 6.11　　　　　　　　　不改造現金流量

	0	1	2	3	4	5	6	7	8	9	10	合計
現金流入		700	700	700	700	700	700	700	700	700	1,035	
現金流出	1,000	590	590	590	590	590	590	590	590	590	445	
淨現金流量	−1,000	110	110	110	110	110	110	110	110	110	445	
累計淨現金流量	−1,000	−890	−780	−670	−560	−450	−340	−230	−120	−10	435	

第六章　建設項目可行性研究及企業技術改造經濟分析

表6.11(續)

	0	1	2	3	4	5	6	7	8	9	10	合計
淨現值 ($i_c=10\%$)	-1,000	100	90.9	82.6	75.1	68.3	62	56.4	51.4	46.6	171.8	-194.9
累計淨現值 ($NPV_無$)	-1,000	-900	-809.1	-726.5	-651.4	-583.1	-521.1	-464.7	-413.3	-366.7	-194.9	

$NPV_無 = -194.9$ 萬元，同樣方法可得 $NPV_有 = -122.6$ 萬元。

雖然 $NPV_有 > NPV_無$，但 $NPV_有$、$NPV_無$ 均小於零，所以不能輕易地做出應當改造的結論。

(2) 原有資產不列入現金流出

同樣的計算方法可計算得到：不改造的淨現值 $NPV'_無 = 805.1$ 萬元。改造的淨現值 $NPV'_有 = 877.4$ 萬元。按此得到的結論是，$NPV'_有 > NPV'_無 > 0$，按這個結果可得出該改造項目可以上馬。

從以上兩種方法的計算和分析，可以看出忽略原有資產與考慮原有資產的評價結果是不同的。忽略原有資產，有可能將實際上不可行的項目判為可行。因此，採用總量法時必須將原有資產列入現金流出。總量法的優點也在於它不僅能夠體現改擴建與否的相對效果，而且能夠體現其絕對效果。

總量效果評價法雖然能同時體現相對效果和絕對效果，但是，單憑企業改擴建後的總量效益是不能說明改擴建投資的效果水準的。只有改擴建方案引起的費用和效益的增加額，才是該項目的真正費用和效益。另外，總量法需將原有資產視為投資。如果要使計算結果真實地反應時間價值，那就需要對原有資產進行評估，由於評估工作非常複雜，因此總量評價法，有時是不可取的。

2. 增量效果評價法

增量效果評價法也叫增量法，它是用改擴建與不改擴建的增量現金流量計算增量效果指標，然後作出判斷。由於在計算現金流量的時候，改擴建與不改擴建具有相同原有資產，可相互抵消，因此評價方法可大大簡化。

增量效果指標主要有增量淨現值 (ΔNPV) 增量內部收益率 (ΔIRR)。通常，當 $\Delta NPV > 0$ 或 $\Delta IRR > i_c$ 時，則項目可行。但因為增量法所體現的是相對效果，不能體現絕對效果，作為投資決策的依據是否可靠，下面通過分析對這種方法進行驗證與說明。我們將改擴建項目增量指標和總量指標可能出現的結果列於表6.12中，從上至下第1、2、5、6四種情況，增量指標與改擴建後總量指標結果一致，根據增量指標進行決策不會發生錯誤。第4種情況是越改越壞，不應進行改擴建。

工程經濟學

表6.12　　　　　　　　　　增量指標和總量指標

增量指標	總量指標		按增量指標做出的決策
	不改擴建	改擴建	
$\Delta NPV > 0$	$\Delta NPV_無 > 0$	$\Delta NPV_有 > 0$	改擴建
$\Delta NPV > 0$	$\Delta NPV_無 < 0$	$\Delta NPV_有 > 0$	改擴建
$\Delta NPV > 0$	$\Delta NPV_無 < 0$	$\Delta NPV_有 < 0$	改擴建
$\Delta NPV < 0$	$\Delta NPV_無 < 0$	$\Delta NPV_有 > 0$	不改擴建
$\Delta NPV < 0$	$\Delta NPV_無 < 0$	$\Delta NPV_有 < 0$	不改擴建
$\Delta NPV < 0$	$\Delta NPV_無 > 0$	$\Delta NPV_有 < 0$	不改擴建

　　第三種情況，不管進行或不進行改擴建，總量指標都達不到基準值，但增量指標大於零說明改擴建投資改善了企業的效益，增量效益是可行的。而改擴建後總量效益仍不好是由於原企業的效益太差，這筆增量投資還不足以把全部存量帶動起來。這種情況下企業有三種選擇：a. 不進行改擴建，繼續生產經營；b. 進行改擴建；c. 關閉企業，把現有資產拍賣。

　　由於增量指標大於零，改擴建投入的資金產生了效益，使企業整體效益得到了提高，故方案 b 優於方案 a，可以進行改擴建。

　　方案 b 和方案 c 的優化選擇。如果只看增量指標，是可以進行改擴建的。如果只看總量指標，那就應該考慮關閉企業把現有資產拍賣。所以，這時如果只看一種指標，有可能做出錯誤的選擇。這種情況下就需要同時看總量指標和增量指標。如果企業排除了關閉，把現有資產拍賣的選擇，那麼只進行增量指標的計算就可以了。

　　【例6-10】某礦業公司焦化廠，為了提高經濟效益，改變虧損面貌，提出了對該廠進行技術改造的設想。下面將一些主要指標列於表6.13。

表6.13　　　　　　　焦化廠技術改造經濟評價指標

	單位	數量
技改項目總投資	萬元	2,572.00
項目計算期	年	15
基準收益率	%	7
總量淨現值（$NPV_無$）	萬元	-5,707.73
總量淨現值（$NPV_有$）	萬元	-63.78
增量淨現值（ΔNPV）	萬元	-5,643.95

　　從上表可知：$\Delta NPV > 0$，$NPV_無 < 0$，$NPV_有 < 0$。

　　ΔNPV 遠大於零，說明技改項目資金的投入產生了很大的效益，但從 $NPV_無 < 0$ 和 $NPV_有 < 0$ 來看，技術改造後總量效益仍沒有達到規定值以上。是進行技術改造

第六章　建設項目可行性研究及企業技術改造經濟分析

還是不進行技術改造？排除掉關廠拍賣資產的可能，所以只從增量指標就可判定該技改項目是可行的。

改擴建項目經濟評價中，一般情況下只需要進行增量效果評價，即可滿足投資決策要求，只有當現有企業確實虧損嚴重，需要就關閉企業把現有資產拍賣還是進行改擴建做出決策時，需同時進行增量效果評價和總量效果評價。

思考與練習

一、簡答題

1. 簡述工程經濟的構成要素。
2. 如何進行可行性研究的階段劃分？其主要工作內容是什麼？
3. 財務評價中盈利能力指標償債能力指標有哪些？
4. 總投資及總成本的詳細構成及其估算方法是什麼？

二、論述題

1. 互斥方案、獨立方案、混合方案等多方案的比較方法是什麼？
2. 某市投資26億元建成了五層互通、高32米、雙向六車道、全長15公里的雙門橋立交，這是華東地區最大的現代化城市立交橋。該橋西接賽虹橋立交，東至大明路，南接龍蟠路和卡子門高架，北至龍蟠南路和秦虹路路口，有效地解決了該市城市快速交通的「瓶頸」，緩解了城區的交通壓力。試定性分析這一政府投資項目的費用和效益構成。

三、計算題

1. 某小型投資項目有五個互斥備選方案，各方案預測數據見表1，計算分析期均為6年。

（1）基準收益率為10%，哪一個方案最優？
（2）C方案在什麼情況下才能成為最優方案？

表1　　　　　　　　　　　　　　　　　　　　　　　　　　　　　　單位：萬元

方案	A	B	C	D	E
初始投資	100	200	300	400	500
年淨收益	35	50	95	120	152

2. 有互斥方案 A、B、C，計算期內各年淨現金流量如表2所示，設基準收益率為10%，試根據表中各方案的數據，解答以下幾個問題：

表2　　　　　　　　　　　　　　　　　　　　　　　　　　　　單位：萬元

年末	0	1	2	3	4	5
方案 A	-150	50	50	50	50	50
方案 B	-150	30	40	50	60	70
方案 C	-150	70	60	50	40	30

（1）三個方案的內部收益率分別為20%、17%、24%，是否可據此認為C方案是最優方案？為什麼？

（2）計算3個方案的淨現值，並選擇最優方案。

（3）當基準收益率提高時，對哪一個方案有利？為什麼？

（4）若三個方案是獨立的方案，且有投資資金450萬元，如何選擇最優投資方案？

（5）在（4）中，如果投資資金只有300萬，又如何選擇？說明理由。

3. 某集團擬投資一個新項目，其原始資料簡化如下：

（1）計算期為10年，建設期為1年，第二年為投產期，投產當年即達到設計生產能力。

（2）建設投資4,000萬元（不含建設期利息），建設投資全部形成固定資產（年限平均法計提折舊，折舊年限15年，殘值率5%）。建設投資資金來源：資本金為1,000萬元，其餘為銀行貸款；銀行貸款的條件：年利率10%，按年計息，建設期只計息不還款，第2年開始按利息當年結清、本金在投產後的第五年年末（即項目計算期的第6年年末）一次還清方式歸還建設貸款。

（3）流動資金投資500萬元，其中資本金為300萬元，其餘向銀行貸款，年利率10%，按年計息。

（4）銷售收入、經營成本和增值稅及附加見表3，所得稅稅率為25%。

表3　　　　　　　　　　　　　　　　　　　　　　　　　　　　單位：萬元

年份	1	2	3	4	5	6	7	8	9	10
銷售收入		3,000	3,000	3,000	3,000	3,000	3,000	3,000	3,000	3,000
經營成本		1,500	1,500	1,500	1,500	1,500	1,500	1,500	1,500	1,500
增值稅及附加		150	150	150	150	150	150	150	150	150

問題：

（1）計算以下經濟要素，並寫出計算過程：

①建設投資貸款各年的利息（相同年份予以說明，不必重複計算）；

②固定資產年折舊費；

③各年的總成本（相同年份予以說明，不必重複計算）；

④各年的所得稅及稅後利潤，（相同年份予以說明，不必重複計算）；

（2）編製該項目的「資本金財務現金流量表」。

第七章 價值工程

第一節 價值工程的基本原理

價值工程（Value Engineering，簡稱 VE），也稱價值分析（Value Analysis，簡寫 VA），是 20 世紀 40 年代產生的一門新興的管理技術。價值工程的創始人是美國工程師麥爾斯（L. D. Miles）。第二次世界大戰期間，美國軍火工業有了很大的發展，但是由於原材料供應短缺，這在客觀上提出了合理利用資源和節約資源的問題。麥爾斯從多年的採購工作實踐中摸索到短缺材料可以尋找相同功能者作為「替代者」的經驗，他認為購買的不是材料本身而是材料功能，在經歷了一系列成功實踐之後，總結出一套在保證同樣功能的前提下降低成本的較完整的科學方法，定名為「價值分析」。後期隨著這一研究內容的不斷完善和豐富，其研究領域也從材料代用逐步推廣到產品設計、生產工程、組織、服務等領域，成為了一套成熟的提高產品價值、降低產品成本的科學體系——價值工程。

戰後的實踐證明：價值工程是一種新興的工程經濟方法，它用「價值」的概念，把技術和經濟統一起來，謀求用最低的成本，得到必要的功能。在滿足使用者需要的同時，可以使企業和社會都獲得最佳的經濟效果，使有限的資源得到充分合理的利用。

價值工程首先在美國得到廣泛重視和推廣，由於麥爾斯《價值分析程序》的發展，1955 年價值工程傳入日本後，他們把價值工程與全面質量管理結合起來，形成具有日本特色的管理方法，並取得了極大成功。中國運用價值工程是從 20 世紀 70 年代末開始的。1984 年國家經委將價值工程作為 18 種現代化管理方法之一，向全國推廣。1987 年國家標準局頒布了第一個價值工程標準《價值工程基本術語和一般

工作程序》。

一、價值工程的概念

價值工程就是通過各相關領域的協作，對所研究對象的功能與費用進行系統分析，不斷創新，旨在提高所研究對象價值的思想方法和管理技術。目標是以最低的壽命週期成本，可靠地實現產品或服務的必要功能，從而提高產品或服務的價值。

價值工程包括三個基本概念，即價值、功能和壽命週期成本。

1. 價值

價值工程中「價值」的含義不同於政治經濟學中所說的價值，即「凝結在商品中的一般人類勞動」，也不是統計學中用貨幣表示的價值。而更接近於日常生活中「值不值得」的意思，是指事物的有益程度，反應了功能和成本的關係，用數學比例式表達如下：

$$V = \frac{F}{C} \tag{7-1}$$

式中：V（value）——研究對象的價值；

F（function）——研究對象的功能；

C（cost）——研究對象的成本，即壽命週期成本。

價值的大小取決於功能和成本。產品的價值高低表明產品合理有效利用資源的程度和產品物美價廉的程度。產品的價值越高，說明其資源利用程度越高；產品的價值越低，說明其資源沒有得到有效利用，應採取改進措施加以提高。提高價值是消費者利益的要求，也是企業和國家的要求。因此企業應當採取一系列有效措施來提高產品的價值，滿足消費者的需求，提高企業的競爭力。

2. 產品的功能

價值工程中的功能是指產品能夠滿足某種需求的一種屬性，具體來說功能就是有效。任何產品都具有功能，如住宅的功能就是提供居住空間，建築物基礎的功能就是承受荷載等。

功能必須表達它的有用性。沒有用的東西就沒有什麼價值，也就談不到價值分析了。以產品來說，人們在市場上購買商品就是購買它的功能，而非產品本身的結構。如人們購買住宅，實質是購買住宅「提供生活空間」的功能。功能是產品的本質屬性。價值工程自始至終都要圍繞用戶要求的功能，對產品的本質進行思考。

3. 壽命週期成本

價值工程中的成本指的是壽命週期成本，包括產品從研究、設計、製造、銷售、使用直至報廢為止的整個壽命週期過程中所發生的全部費用，稱為壽命週期成本 C，包括生產成本 C_1 和使用成本 C_2，計算式為：

$$C = C_1 + C_2 \tag{7-2}$$

在一定範圍內，產品的生產成本和使用成本存在著此消彼長的關係。隨著產品

第七章　價值工程

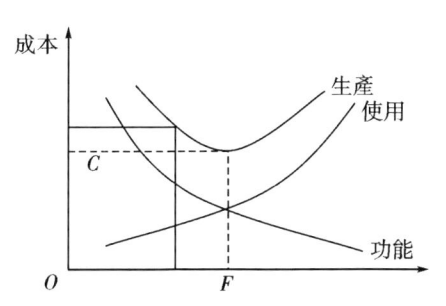

功能水準的提高，產品的生產成本 C_1 增加，使用及使用成本 C_2 降低；反之，產品功能水準降低，其生產成本 C_1 降低，但使用及使用成本 C_2 會增加。因此當功能水準逐步提高時，壽命週期成本 $C = C_1 + C_2$ 呈馬鞍形變化，如圖 7.1 所示。壽命週期成本為最小值 C_0 時，所對應的功能水準是僅從成本方面考慮的最適宜功能水準。

圖 7.1　壽命週期成本與功能的關係

對於用戶而言，它們對產品所支付的費用，除了包括種種費用在內的生產成本外，還有使用成本，特別是對一些產品，如空調、冰箱、住宅等耐用性產品，其維護使用費用往往遠高於購置費用。因此，用戶把整個壽命週期成本的多少作為選擇產品的依據是非常重要的。所以，生產企業只有站在用戶的角度，把企業的利益和用戶的利益緊密地結合在一起在考慮降低設計製造成本的同時，還應考慮降低用戶的維護使用成本，企業的產品才能具有真正的生命力。否則，只降低設計製造成本，反而提高了維護使用成本，用戶買得起卻用不起，企業產品就不可能有持久的生命力。在價值工程活動中，雖然把重點放在產品的設計階段，但既要重視降低設計製造成本，也必須重視降低維護使用成本，把產品的生產和使用作為一個整體。這樣做，不僅對企業有利，對用戶有利，對整個社會也有極大的益處。

二、價值工程的定義

價值工程的定義是：以功能分析為核心，力求用最低的全壽命週期費用，可靠地實現產品或作業的必要功能的一種有組織的創造性活動。價值工程的定義包括以下四個內容：

（1）功能分析是價值工程的核心。即準確地分析產品或作業的必要功能、剩餘功能、不必要功能是價值工程實施效果的關鍵；能分析是價值工程特有的一種分析方法，也是價值工程的重要特點。價值工程活動之所以能取得顯著效果，其關鍵就在於抓住了功能系統分析這一環節。只有通過功能系統分析，才能瞭解現有功能的性質，明確功能的滿足程度及各功能之間的邏輯關係，為研究功能與成本之間的關係打下基礎。由於功能與成本的關係是相當複雜的，只有採用系統的觀點和方法，進行定性和定量的分析研究，才能達到滿足功能需求，降低成本，提高研究對象價值的目的。

(2) 追求的是全壽命週期費用最低,這就說明僅僅追求產品的生產成本最低是不夠的,還需要考慮產品在其壽命週期的使用成本。

(3) 價值工程是有組織的創造性活動,價值工程的活動範圍涉及企業內外生產經營活動的許多環節,必須把與價值工程對象相關的環節,從產品的開發、設計、製造、供銷、成本核算直到把產品用戶的有關人員組織起來,有組織、有計劃、有步驟地展開,形成功能與成本綜合分析的創造性活動。價值工程強調,要想提高價值必須有創造性的活動,它是通過對研究對象進行功能與成本的系統分析,找出改進目標後,突出價值工程活動過程中「不斷創新」環節,充分發揮人的主觀能動性和創新精神,並把突破、創新的思想移植於價值工程的具體操作上,把提高價值的目標和提高功能或降低成本的具體創新結合起來。從而創造出新的功能載體或者新的生產載體來,使指導思想轉化為一種具體的技法。

(4) 從消費者角度分析必要功能,價值工程的目的是以最低的費用實現產品的必要功能,因此價值應從用戶的角度來考慮,而不是從製造者或設計者的角度來考慮。產品功能的高低是以能否滿足用戶的需要來衡量和評價的。因此,功能不能滿足用戶的要求,即質量再高的產品是沒有市場的;但是,如果質量超過了用戶的需要,導致費用和價格的大幅提高,顯然也不會受到市場的歡迎。所以從價值工程的觀點來看,功能不足、功能過剩或不必要功能對產品的市場競爭能力都不利,應以滿足用戶所需要的必要功能為目標。

三、價值工程的特點

價值工程是一種行之有效的降低成本的科學方法。價值工程著重研究用最低壽命週期成本向用戶提供必要功能。其特點有以下幾個方面:

1. 堅持用戶第一的觀點

任何一種產品或者一項服務工作,如果沒有用戶或服務對象,那麼這種產品或者服務工作就沒有存在的必要。如果這種產品的用戶少,用戶不大愛用,或者一項服務工作,顧客少,不受歡迎,那麼,這種產品或者服務工作就是不景氣的,它也沒有什麼發展前途。所以,一切從用戶出發,一切為用戶著想,是價值工作的特點之一。

2. 以功能分析為核心

價值工程的核心是進行產品功能和所需費用的分析。這是價值工程獨特的一種研究方法。因為用戶要求的不是產品本身,而是產品所提供給他們的功能。價值工程所要研究的,就是用戶所需必要功能的內容,和如何用最低費用實現必要功能的途徑。

3. 以提高技術經濟效益為目的

應用價值工程的目的是提高社會和企業的技術經濟效益。這正是企業生產和經

第七章　價值工程

營的目的，也是中國經濟建設中迫切需要解決的問題。價值工程通過研究產品（或作業）的功能和所需費用，達到提高產品價值的目的，以取得較好的技術經濟效益。

4. 技術與經濟工作相結合

技術與經濟是一個統一體的兩個方面，缺一不可。價值工程就是一種把技術和經濟工作結合起來綜合分析問題的方法。它指導技術人員要關心自己所從事工作的成本費用，經濟工作人員要關心自己所從事經濟工作的技術問題，而管理人員要善於把這兩者緊密地結合好，這是提高企業技術經濟效益的一個重要方面。價值工程把技術工作和經濟工作結合起來，綜合研究問題，克服了過去技術與經濟脫節的現象。

5. 進行有組織的活動

應用價值工程要採取有組織的活動，發揮集體的智慧。價值工程的運用，依賴企業的經營管理、產品設計、試驗研究、產品製造、物資供應、協作配套、生產組織、產品銷售、技術服務等各個方面，需要運用產品設計、材料選擇、製造工藝、技術經濟分析、信息等各門學科的知識。因此，要依靠各方面專家的智慧和經驗，系統將一切組織起來，進行有目的活動才能獲得成功。

6. 採用系統分析方法

價值工程在分析研究對象時，採用系統分析方法。價值工程創始人拉里·邁爾斯曾指出：價值工程是一個完整的系統，這個系統運用各種已有的技術知識和技能，有效地識別哪些是多餘的功能，從而改進產品，提高價值。

7. 價值工程以研製階段為重點

產品的功能和壽命週期費用主要取決於研究設計階段。據統計，產品成本70%~80%是由研製階段決定的。設計和計劃階段的節約，是最大的節約，所以價值工程活動主要側重在這一階段。

四、提高價值的途徑

從價值的定義式可知，價值的提高與功能和成本緊密相關，所以要提高某一產品的價值，必須從功能與成本兩方面來考慮。提高價值有以下五種途徑：

1. 應用新技術、新材料，在提高產品功能的同時，又降低產品成本

隨著科學技術的進步，新技術、新材料的不斷湧現，特別是價值工程活動的日益深入，人們在改進產品設計、研製更新換代產品時，有所創新，有所突破，既提高了產品的功能，又降低了產品的成本，比如從計算機的發展歷史來看，隨著科技進步，依次經歷了電子管、晶體管和集成電路三階段發展，其成本越來越低，但運算速度越來越快，體積也越來越小。

2. 功能不變，降低成本，提高價值

這是開展價值工程活動普遍採用的基本途徑，也是企業提高經濟效益常用的方

法之一。企業生產產品，在保證用戶需求功能的前提下，當然是盡量降低成本，以提高企業的經濟效益；用戶購買產品，在保證所需功能的前提下，也自然是選購價格便宜的產品，以提高用戶的資金效益。顯然，這一途徑多用於對現有產品的工藝改進、材料代用、結構簡化等方面，以求在保證產品功能不變的條件下，降低產品的成本。特別需要指出的是，成本的降低不損害用戶所需功能，否則，將根本違背價值工程活動的目的。

3. 功能有所提高，成本不變，提高價值

功能有所提高，成本不變，若產品的價格不變，功能提高，就會增強企業產品的競爭能力。用戶花同樣的錢，買到的是質量和性能更好的產品，必然擴大企業產品的市場。顯然，這是一條企業和用戶均會受益的途徑。

這種措施對於美學功能在功能系統中佔有較大比重的產品，其效果非常明顯。像改變顏色、式樣、包裝等，無需增加成本，卻可使功能有顯著提高。

4. 功能略有下降，成本大幅度降低，提高價值

任何一種產品的用戶都不會處在一個需求層次上，因此，企業必須生產不同功能檔次的產品為適應各種層次用戶的需求，雖然功能略有下降，但價格（成本）卻大幅度降低，從而使產品的價值提高了。這樣，不僅用戶會得到經濟實惠，企業也會因薄利多銷而取得良好的經濟效益。當然，這裡需要指出的是，所謂功能略有下降，是以滿足使用者需求為前提的，並在認真進行功能分析的基礎上，確保產品的基本功能或不可缺少的使用功能，剔出不必要功能，削減過剩功能，從而使產品成本有較大幅度的下降。如手機處理器，聯發科公司生產的手機處理器從性能上比高通公司略差一些，但價格卻有大幅降低，所以多年來依然能夠能在中低端手機市場上占得一席之地。

5. 提高功能，適當提高成本，大幅度提高功能，從而提高價值

一般而言，提高產品的功能往往會引起產品成本的提高。但是，當功能提高的幅度大於成本提高的幅度時，產品的價值也會提高。在市場競爭更加激烈的今天，企業要想提高市場佔有率，增加市場競爭力，就必須不斷推出新穎的、多功能的產品或具有「與眾不同」功能的產品，只要用戶喜歡，哪怕價格稍高一些，也會贏得顧客。

上述 5 種基本途徑，僅是依據價值工程的基本關係式，從定性的角度所提出來的一些提高價值的思路，在價值工程活動中，具體選擇提高價值途徑時，則須進一步進行市場調查，依據用戶的要求，按照價值分析的重點，針對不同途徑的適用特點和企業的實際條件進行具體的選擇。

四、價值工程的指導原則及工作程序

麥爾斯在長期實踐過程中，總結了一套開展價值工作的原則，用於指導價值工

第七章　價值工程

程活動的各步驟的工作。這些原則是：
(1) 分析問題要避免一般化、概念化，要作具體分析。
(2) 收集一切可用的成本資料。
(3) 使用最好、最可靠的情報。
(4) 打破現有框框，進行創新和提高。
(5) 發揮真正的獨創性。
(6) 找出障礙，克服障礙。
(7) 充分利用有關專家，擴大專業知識面。
(8) 對於重要的公差，要換算成加工費用來認真考慮。
(9) 盡量採用專業化工廠的現成產品。
(10) 利用和購買專業化工廠的生產技術。
(11) 採用專門生產工藝。
(12) 盡量採用標準。
(13) 以「我是否這樣花自己的錢」作為判斷標準。

這 13 條原則中，第 1 條~第 5 條是屬於思想方法和精神狀態的要求，提出要實事求是，要有創新精神；第 6 條~第 12 條是組織方法和技術方法的要求，提出要重專家、重專業化、重標準化；第 13 條則提出了價值分析的判斷標準。

進行一項價值分析，首先需要選定價值工程的對象。一般說來，價值工程的對象是要禁社會生產經營的需要以及對象價值本身被提高的潛力。例如，選擇占成本比例大的原料部分如果能夠通過價值分析降低費用提高價值，那麼，這次價值分析對降低產品總成上的影響也會很大。遠定分析對象後需要收集對象的相關情報，包括用戶需求、銷售市場、科技技術進步狀況、經濟分析以及本企業的實際能力等。價值分析中能夠確定的方案的多少以及實施成果的大小與情報的準確程度、及時程度、全面程度緊密相關。有了較為全面的情報之後就可以進入價值工程的核心階段——功能分析。在這一階段要進行功能的定義、分類、整理、評價等步驟。經過分析和評價，分析人員可以提出多種方案，從中篩選出最優方案加以實施。在決定實施方案後應該制訂具體的實施計劃、提出工作的內容、進度、質量、標準、責任等方面的內容，確保方案的實施質量。為了掌握價值工程實施的成果，還要組織成果評價。成果的鑒定一般以實施的經濟效益、社會效益為主。

價值工程已發展成為一門比較完善的管理技術，在實踐中已形成了一套科學的實施程序。這套實施程序實際上是分析問題、綜合研究和方案評價的 3 個一般決策程序，通常是圍繞以下 7 個合乎邏輯程序的問題展開的：
(1) 價值工程的研究對象是什麼？
(2) 它的作用是什麼？
(3) 它的成本是多少？
(4) 它的價值是多少？

(5) 有無其他方法實現同樣功能？

(6) 新的方案成本是多少？功能如何？

(7) 新的方案能滿足要求嗎？

按順序回答和解決這 7 個問題的過程，就是價值工程的工作程序和步驟。主要是選擇價值工程對象，收集情報，功能系統分析，功能評價，方案創造和評價，方案試驗和提案，活動成果評價。其具體內容如下：

(1) 選擇價值工程對象

價值工程的主要途徑是進行分析，選擇對象是在總體中確定功能分析的對象。它是根營企業、市場的需要，從效益出發來分析確定的。對象選擇的基本原則是：在生產經營上有迫切的必要性，在改進功能、降低成本上有取得較大成果的潛力。

(2) 收集情報

通過收集情報，可以從情報中得到進行價值工程活動的依據、標準、對比對象，同時可以受到啟發、打開思路，深入地發現問題，科學地確定問題的所在和問題的性質，以及設想改進方向、方針和方法。

(3) 功能系統分析

功能分析也稱為功能研究，對新產品來講，也叫功能設計，是價值工程的核心。價值工程的活動就是圍繞這個中心環節在進行。因為價值工程的目的是用最低的壽命週期成本，可靠地實現用戶所需的必要的功能。所以，價值工程師對產品的分析，首先不是分析產品的結構，而是分析產品的功能，亦即從傳統的對產品結構的分析（研究）轉移到對產品功能的分析和研究。這樣就擺脫了現存結構對設計思路的束縛，可廣泛聯繫科學技術的新成果。找出實現所需功能的最優方案，提供了一種有效方法。

功能分析包括功能定義、功能分類和功能整理。功能定義是指用來確定分析對象的功能。功能分類是指確定功能的類型和重要程度，如基本功能、美觀功能、必要功能、不必要功能等。功能整理是指製作功能系統圖，用來表示功能間的「目的」和「手段」關係，去除不必要功能。

①確定功能定義。對功能要給予科學的定義，進行按類整理，理順功能之間的邏輯關係，為功能分析提供系統資料。

②功能整理。功能整理的目的是確切地定義功能，正確地劃分功能類別，科學地確定功能系統，發現和提出不必要的功能和不正確的或可以簡化的功能。

(4) 功能評價

其目的是尋求功能最低的成本。它是用量化手段來描述功能的重要程度和價值，以找出低價值區域。明確實施價值工程的目標、重點和大致的經濟效果。功能評價的主要尺度是價值系數，可由功能和費用來求得。此時，要將功能用成本來表示，以此將功能量化，並可確定與功能的重要程度相對應的功能成本。

第七章　價值工程

（5）方案創新和評價

為了改進設計，就必須提出創新方案，麥爾斯曾說過，要得到價值高的設計，必須有 20~50 個可選方案。提出實現某一功能的各種各樣的設想，逐步使其完善和具體化，形成若干個在技術上和經濟上比較完善的方案。提出改進方案是一個創造的過程，在進行中應注意以下幾點：

①要敢於打破框架，不受原設計的束縛，完全根據功能定義來設想實現功能的手段，要從各種不同角度來設想。

②要發動大家參加這一工作，組織不同學科、不同經驗的人在一起商討改進方案，互相啟發。

③把不同想法集中，發展成方案，逐步使其完善。在提出設想階段形成的若干種改進新方案，不可能十分完善，也必然有好有壞。

因此，一方面要使方案具體化，一方面要分析其優缺點，進行評價，最後選出最佳方案。

方案評價要從兩方面進行：一方面要從滿足需要、滿足要求、保證功能等方面進行評價；另一方面要從降低費用，降低成本等經濟方面進行評價。總之，要看是否提高了價值，增加了經濟效果。

（6）方案試驗和提案

為了確保選用的方案是先進可行的，必須對選出的最優方案進行試驗。驗證的內容有方案的規格和條件是否合理、恰當，方案的優缺點是否確切，存在的問題有無進一步解決的措施。並將選出方案及有關技術經濟資料編寫成正式提案。

（7）評價活動成果

在方案實施以後，需要對實施方案的技術、經濟、社會效果進行分析總結。

以上工作程序和問題見表 7.1。

表 7.1　　　　　　　　價值工程一般工作程序

價值工程的工作階段	活動程序		對應問題
	基本步驟	具體步驟	
1. 分析問題	（1）確定 VE 工作對象	1）選擇對象	①價值工程的研究對象是什麼？
		2）收集資料	
	（2）功能系統分析	3）功能定義	②它的作用是什麼？
		4）功能整理	
	（3）功能評價	5）功能評價	③它的成本是多少？
			④它的價值是多少？
2. 綜合研究	（4）方案創造	6）方案創造	⑤有無其他方法實現同樣功能？

表7.1(續)

價值工程的工作階段	活動程序 基本步驟	活動程序 具體步驟	對應問題
3. 方案評價	(5) 方案評價	7) 概括評價	⑥新方案的成本是多少？
		8) 指定具體方案	
		9) 詳細評價	
		10) 方案評審	
	(6) 方案實施	11) 方案實施	⑦新方案能滿足要求嗎？
		12) 成果評價	

第二節　VE 的組織與對象選擇

選擇價值工程活動的對象，就是要具體確定功能成本分析的產品與零部件。這是決定價值工程活動收效大小的第一個步驟。在一個企業裡，並不是對所有產品都要進行價值工程分析，而是有選擇、有重點地進行。這樣就可以提高價值工程活動的效果，在工作量相同的情況下，力爭取得最好的成效。一般地說，選擇價值工程活動的對象，必須遵循一定的原則，運用適當的方法保證對象選擇得合理。

一、對象選擇原則

價值工程是就某個具體對象開展的有針對性的分析評價和改進，有了對象才有分析的具體內容和目標。價值工程的對象選擇過程就是逐步收縮研究範圍、尋找目標、確定主攻方向的過程。一般說來，對象的選擇有以下幾個原則：

1. 與企業生產經營發展相一致的原則

由於行業、部門不同，環境、條件不同，企業經營目標的側重點也必然不同。企業可以根據一定時期的主要經營目標，有針對性地選擇價值工程的改進對象。通常企業經營目標有如下九個方面：

(1) 對國計民生影響較大的產品。

(2) 國家計劃任務和社會需要較大的產品。

(3) 對企業經濟效益影響較大的產品。

(4) 競爭激烈的產品。

(5) 擴大銷售量，提高市場佔有率的產品。

(6) 計劃延長產品壽命週期的產品。

(7) 用戶意見大、質量有待繼續提高的產品。

(8) 成本高、利潤少的產品。

第七章　價值工程

（9）出口創匯的產品。

2. 潛力大、易於提高價值的原則

對象選擇要圍繞提高經濟效益這個中心，選擇價值低、潛力大並和企業人力、設備、技術條件相適應，在預定時間能取得成功的產品或零部件作為價值工程活動對象。具體可以從下列幾個方面分析和選擇：

（1）從設計方面看，對產品結構複雜、性能和技術指標差距大、體積大、重量大的產品、部件進行價值工程活動，可使產品結構、性能、技術水準得到優化，從而提高產品價值。

（2）從生產方面看，對數量多、關鍵部件、工藝複雜、原材料消耗高和廢品率高的產品或零部件，特別是對量多、產值比重大的產品，如果把成本降下來，所取得的總的經濟效果會比較大。

（3）從市場銷售方面看，選擇用戶意見多、系統配套差、維修能力低、競爭力差、利潤率低的，或者選擇市場上暢銷但競爭激烈的產品。對於新產品、新工藝和壽命週期較長的產品也可以列為重點。

（4）從成本方面看，選擇成本高於同類產品、成本比重大的，如材料費、管理費、人工費等。推行價值工程就是要降低成本，以最低的壽命週期成本可靠地實現必要功能。

根據以上原則，對生產企業，有以下情況之一者，應優先選擇為價值工程的對象：

①結構複雜或落後的產品。
②製造工序多或製造方法落後及手工勞動較多的產品。
③原材料種類繁多和互換材料較多的產品。
④在總成本中所占比重大的產品。

對由各組成部分組成的產品，應優先選擇以下部分作為價值工程的對象：

①造價高的組成部分。
②占產品成本比重大的組成部分。
③數量多的組成部分。
④體積或重量大的組成部分。
⑤加工工序多的組成部分。
⑥廢品率高和關鍵性的組成部分。

二、分析對象選擇方法

價值工程研究對象選擇往往要兼顧定性分析和定量分析，因此，研究對象選擇的方法有多種，不同方法適宜於不同的價值工程研究對象。應根據具體情況選用適當的方法，以取得較好的效果，下面分別介紹如下：

工程經濟學

定性的方法主要有經驗分析法和壽命週期分析法。

1. 經驗分析法

經驗分析法也稱因素分析法。這種方法是根據經驗，運用智慧對各種影響因素進行綜合分析，區分主次與輕重，充分考慮所選對象的必要性和可能性，盡可能準確地選擇出價值工程改善對象。

該方法簡便易行，考慮問題比較全面，不需要對有關人員作特殊培訓，特別是在時間緊迫或企業資料不完善的情況下，效果明顯。但此方法缺乏定量分析，精確程度較差，對象選擇是否適當，主要取決於分析人員的經驗、知識和責任心，可結合決策樹分析法使用。一般用於下列情況：

（1）供選擇的對象，其條件比較懸殊。

（2）預計所考慮的對象能夠提高經濟效益的差異比較明顯的。

（3）在繁多的產品、品種（或零部件）中，粗略篩選工作對象。

2. 壽命週期分析法

產品壽命週期是指產品從投入市場開始直至被淘汰為止所經歷的時間，實際是指產品的技術壽命。這段時間一般按產品在市場上的銷售量的多少分為投入期、發展期（成長期）、成熟期（飽和期）、衰退期四個階段。

使用產品壽命週期分析法，首先確定產品在壽命週期中處在哪個階段，然後採取相應措施提高產品的價值。

（1）對於處在投入期的新產品，價值工程活動的重點是使產品的功能和成本盡可能滿足用戶的要求，使產品具有較大價值，投入市場就能擴大銷售，有較大盈利空間。

（2）對於處在發展期的產品，價值工程活動的重點是改進產品的工藝和物資供應條件，增加產量並擴大銷售量。

（3）對於處在成熟期的產品，首先是少許投資尚能較大降低成本或增加功能的產品，要著重進行價值工程分析。再就是產品銷售已下降，但對購買力低的用戶尚有吸引力的產品，也應著重價值分析。在該階段，要努力降低成本和提高功能，增強產品競爭能力，並應抓住時機進行更新換代的研製工作。盡快開發新產品，一旦產品進入衰退期，應立即向市場投入具有更高價值的新產品。

定量的方法主要有百分比分析法、ABC 分析法以及我們後面將會提到的強制確定法和價值系數法等。

2. 百分比分析法

百分比分析法是一種通過分析某種費用或資源對企業的某個技術經濟指標的影響來選擇價值工程對象的方法。

【例 7.1】某公司擬開發 5 種類型產品，在各項功能基本相同的前提下，其成本比重與利潤比重見表 7.2 所示。

第七章 價值工程

表 7.2　　　　　　　　　　產品成本比重及利潤比重

產品	成本比重（%）	利潤比重（%）	價值工程對象選擇
A	35	20	
B	20	30	
C	25	10	
D	12	25	
E	8	15	
合　　計	100	100	

【解】從表 7.2 可知，A、C 兩種類型產品的成本比重大於利潤比重，故將 A、C 兩產品作為價值工程的分析對象，研究降低其成本的途徑。

3. ABC 分析法

ABC 分析法是一種運用數理統計的分析技術原理，按照局部成本在總成本中的比重大小來選擇價值工程對象的方法，國外把這種方法叫帕雷托分析法。此法是選擇價值工程對象最常用的方法之一。其基本原理是在選擇價值工程對象時，要分清主次、輕重，區別關鍵的少數和次要的多數，根據不同的情況進行分類對待。

ABC 分類法是義大利經濟學家帕雷托（Perato）於 19 世紀引入經濟管理的，他在分析研究本國財富分配狀況時從大量的統計資料中發現，占人口比例小的少數人，擁有絕大部分社會財富，而佔有少量社會財富的則是大多數人，ABC 分類法應運而生。後來在生產實踐中，人們發現經濟管理活動也存在此種不均分佈的規律，因而，逐步把帕雷托的 ABC 分類法的原理和方法應用於選擇價值工程活動的對象，效果十分顯著。

ABC 分析法根據研究對象對某項技術經濟指標的影響程度，通過研究對象的成本和數量比例，把擬研究對象劃分成主次有別的 A、B、C 三類。將舉足輕重的劃為 A 類，作為價值工程的研究對象。通過這種劃分，準確地選擇價值工程改善對象。ABC 分類的參考標準見表 7.3 所示。

表 7.3　　　　　　　　　　ABC 分類的參考標準

分類	累計成本比重（%）	數量比重（%）
A 類	70	10
B 類	20	20
C 類	10	70

在運用上述標準時，成本標準是最基本的，數量標準僅作為參考。ABC 分析法的步驟如下：

（1）確定每一對象的成本。

（2）計算每一對象的成本與總成本的百分比，即成本比重，並依大小順序排列編表。

（3）按順序累計研究對象的成本比重，當成本比重累積到（70%左右時，視為A類；當成本比重累計介於70%~90%之間時，除掉A類以後的為B類，其餘則為C類。

【例7.2】某土建工程共需購買10種混凝土構配件，總成本為189.8萬元，各構配件成本與數量見表7.4所示。用ABC分析法選擇價值工程對象。

表7.4 構配件成本與數量表

編號	1	2	3	4	5	6	7	8	9	10	Σ
成本（萬元）	80	60	15	12	8	5	3	2.5	2.2	2.1	189.8
構件數量	1	1	2	1	2	4	2	3	2	2	21

【解】將10種混凝土構配件按成本大小依次排列填入表7.4的序號1。

計算出各混凝土構配件的累計成本比重，填入表7.4的序號2。

計算出各混凝土構配件的數量比重，填入表7.4的序號3。

計算出各混凝土構配件的累計數量比重，填入表7.4的序號4。

分類累計成本比重歸並和分類累計數量比重歸並，填入表7-5的序號5、6。

根據表7.3的分類標準，混凝土構配件劃分類別見表7.5的序號7。

表7.5 ABC分類

序號	編號	1	2	3	4	5	6	7	8	9	10
1	成本比重（%）	42.15	31.61	7.90	6.32	4.21	2.63	1.58	1.32	1.16	1.11
2	累計成本比重（%）	42.15	73.76	81.66	87.98	92.19	94.82	96.40	97.72	98.88	99.99
3	數量比重（%）	4.76	4.76	9.52	4.76	9.52	19.05	14.29	9.52	14.29	9.52
4	累計數量比重（%）	4.76	9.52	19.04	23.8	33.32	52.37	66.66	76.18	90.47	99.99
5	分類累計成本比重歸並	73.76%		18.43%			7.80%			
6	分類數量比重歸並	9.52%		23.80%			66.67%			
7	類別	A		B			C			

由表7.5可知，A類混凝土構配件的成本約占總成本的74%，為價值工程的重點研究對象。在工程實施中應控制好構件1、2的採購成本，同時避免施工中發生浪費現象。

三、信息資料情報收集

在VE活動中，收集情報的工作是非常重要的。一般說，情報收集得越多，提高價值的可能性就越大。因為通過情報，可以對有關問題進行分析對比，而通過對

第七章　價值工程

比往往使 VE 人員受到啟發，打開思路，發現問題和找出差距，可以找到解決問題的方向和方法，可以從情報中找到提高價值的依據和標準。因此，在一定意義上可以說 VE 成果的大小在很大程度上取決於情報收集的質量、數量與適宜的時間。

價值工程情報，就是以價值工程為主體，對其有關客體的內容通過識別、加工、整理、分析、綜合、判斷、選擇等方式獲得有用的資料，並為價值工程活動提供信息。

情報是為了達到某種特定目的而收集的。因此要著眼於尋找改進依據，要在龐大的總體系統中找出需要改進的薄弱環節，必須有充分的情報作為依據，如功能分析時需要經濟情報，在此基礎上才能創造性地運用多種手段，正確地進行對象選擇和功能分析。

1. 情報收集需要注意的方面

（1）情報收集要廣泛，要掌握全面的信息，以便從全局去觀察、研究和分析問題，避免出現片面的結論。同時要注重所收集的信息資料應是可靠無誤的。錯誤的信息會導致錯誤的結論，導致錯誤的決策，這關係到企業的興衰成敗，所以信息要真實可靠。

（2）收集信息資料的目的必須明確，力求避免盲目性。目的性就是要解決「專」的問質，即對每個問題要有深入細緻的資料。

（3）收集情報前，要瞭解對象和明確範圍，只有對對象的功能及壽命週期有足夠的瞭解，才能透過現象弄清本質，與用戶的真正要求作比較，有效地進行研究分析。

（4）要注意時間的重要性，錯過時機無可挽回，因而信息要及時，才能適應國民經濟迅速發展、市場需求瞬息萬變、競爭激烈的需要。

2. 情報收集的內容

由於 VE 對象不同，需要收集的情報也有所不同。原則上講應將產品研製、生產、流通、交換、消費全過程中的有關情報都收集起來，並對其進行整理和分析。VE 的情報內容大致有如下幾個方面：

（1）用戶方面的情報

用戶方面的情報對價值改善具有規定性作用，是產品設計的基本依據。主要包括如下內容：

①用戶的基本要求。用戶要求產品必備的基本功能及其水準；對產品壽命與可靠性要求；希望價格降低幅度及交貨時間；對技術服務的具體要求；對產品所產生副作用的最高限度等。

②用戶的基本條件。用戶所處的銷售地區及其市場階層；用戶的經濟條件及購買力水準；用戶的文化水準及操作能力；用戶的使用環境及維修、保養能力等。

（2）銷售方面的情報

銷售方面的情報對價值改善具有指導性作用，是確定產品設計目標的重要基礎。

175

工程經濟學

主要包括如下內容：

①產品方面。產品銷售的市場範圍及其發展趨勢；產品銷售數量的演變及其緣由；國家需求計劃與市場需求預測；產品的技術現狀及其發展的可能。

②競爭方面。主要競爭對手的技術經濟現狀及其未來發展趨勢；競爭對手的主要特性與問題；名牌產品的優勢與特色；各企業的產量、銷量以及售後服務等。

(3) 技術方面的情報

技術方面的情報，對價值改善具有方向性作用，是改進設計的主要來源。主要包括如下內容：

①科技方面。有關的科研成果及其應用情況新結構、新材料、新工藝的現狀及其發展；標準化的具體要求及其存在問題；國內外同類產品的開發與研究方向。

②設計方面。產品設計的主要功能標準與其相關要求；產品的結構原理及零部件配合的先進程度；材料價格、尺寸、精度；產品造型的適時程度及其體積、重量、色澤的發展趨向。

(4) 成本方面的情報

成本方面的情報，對價值改善具有參考性作用，是確定成本目標的參照系統。主要有如下內容：

①同類企業成本。同類企業的生產成本、使用成本；主要原材料、能源費用的構成情況及其變化趨勢；車間經費、企業管理費等有關資料；產品及其組件等歷史資料中的最低成本。

②供料企業成本。供料企業成本的變動，必將引起供應材料價格的變動。具體包括原材料、燃料生產企業的各種成本的現狀；各個歷史時期的發展變化情況；未來發展的趨勢與可能。

(5) 本企業的情報

①經營狀況。指企業的經營思想、方針、目標；企業的近期發展與長遠發展規劃；企業的經營品種與相應產量、質量情況；企業的技術經濟指標在同類企業中所處的地位。

②綜合能力。指企業的開發、設計、研究能力；技術經濟的總體水準；施工生產的能力；施工機械等技術裝備情況；保證產品質量的能力；按時交貨能力及應變能力等。

(6) 協作企業的情報

協作企業的情報，對改善價值具有制約的作用，它是產品開發設計可能性的外界因素，主要包括如下內容：

①涉及對象。產品開發、設計所涉及的原材料、輔助材料、半成品、外協件的品種，規格、數量、質量以及訂貨的難易程度。

②企業概況。經常性的供應與協作企業地區分佈、距離、交通運輸、聯絡的難易程度；企業的經營管理水準，質量、價格、信譽情況；企業的長遠發展趨勢與可

第七章　價值工程

靠性狀況。

（7）政府社會部門法規和條例方面情報

法規、條例等信息包括國家的新經濟政策；有關產品的優惠政策；有關部門的技術政策、能源政策；有關部門的對外貿易、技術引進，以及環保方面的法規等。

需要收集的情報很難一一列舉，但收集情報時要注意目的性、可靠性、適時性。收集情報要事先明確目的，避免無的放矢。要力爭無遺漏又無浪費地收集必要的情報。情報是行動和決策的依據，錯用了不可靠的情報會導致 VE 活動的失敗。準確的情報只有在需要使用時提出才有價值，過時的情報毫無用處，如果不能及時得到必要的情報，VE 活動就無法進行下去。

● 第三節　功能分析和評價

價值工程旨在提高研究對象的價值，其目的是以對象的最低壽命週期成本實現使用者所需功能，以獲取最佳的綜合效益。顯然，要想提高對象價值，獲取最佳的綜合效益，必須抓住對象的本質——功能。為此，只有通過功能系統分析，才能加深對功能的理解，探索功能要求，明確功能的性質和相互關係，並使功能數量化，進而對研究對象進行價值評價和成本評價，以利於方案創新。

功能分析是價值工程活動的核心和基本內容，它通過分析信息資料，用動詞和名詞的組合方式，簡明正確地表達各對象的功能，明確功能特性的要求，並繪製功能系統圖，從而弄清楚產品各功能之間的關係，以便去掉不合理的功能，調整功能間的比重，使產品的功能結構更合理。功能系統分析包括功能定義、功能整理和功能計量等內容。通過功能系統分析，回答對象「是幹什麼用的」的提問，從而準確地掌握用戶的功能要求。

一、功能分類

既然功能是滿足某種需求的一種屬性，那麼，凡是滿足用戶需求的任何一種屬性都應屬於功能的範疇。功能的概念是廣義的，它隨著研究對象的不同，可以有多方面的含義，如就一個機構、一項活動來說，其功能可以解釋為其所具有的特定職能或任務。

例如表可以顯示時間，還能防水、防磁、防能。顯然，這些屬性並非一樣。如不能顯示時間，就無法稱其為手錶；若不能防水，也就很難保證其可靠準確地顯示時間。但對十大多數用戶而言，手錶缺乏防水功能並不一定就認為手錶不能使用。一個產品可以有多種功能，為了更好地研究這些不同的功能，首先需要將功能進行分類。

工程經濟學

1. 從功能的重要程度角度看可分為基本功能和輔助功能

（1）基本功能。基本功能是與對象的主要目的直接有關的功能，是對象存在的主要理由。一個產品可以有多種功能來滿足用戶對產品所提出的各種要求，其中能滿足用戶基本要求的那一部分功能就是產品的基本功能，它是產品存在的基本條件，也是用戶購買產品的主要原因。顯然，一件產品並不一定只具有一項基本功能。例如，手錶的基本功能是顯示時間，而鬧鐘的基本功能是顯示時間和定時產生響聲。由於基本功能是用戶需求的基本原因，因此不能由設計者或企業加以改變，相反卻要想方設法給予保證。

（2）輔助功能。輔助功能是為更好地實現基本功能服務的功能。輔助功能又稱為二次功能，是為有效地實現基本功能而添加的功能。其作用雖然相對於基本功能是次要的，但它是實現基本功能的重要手段。例如，手錶的基本功能是顯示時間，而防水、防磁、防震則是為了更準確地顯示時間而附加的輔助功能。又如，電視機的遙控功能就是為使基本功能能夠得到更方便的實現而附加的輔助功能。

由於輔助功能是由設計者附加上去的功能，當然是可以改變的，所以，應該在確保基本功能實現的前提下，根據需要和可能來增加或剔除輔助功能。從開展價值工程活動本身來說，改進輔助功能是開展價值工程活動的重要課題，也是降低成本潛力較大的地方。

需要指出的是，隨著科學技術的進步和用戶需求的變化，基本功能和輔助功能的劃分是相對的，有時輔助功能也可以轉化為基本功能。例如，洗衣機的基本功能曾經是洗滌衣物，而自動、半自動、漂洗、脫水等為其輔助功能。但發展到目前的「全自動」洗衣機時，由於可以根據需要來預選操作程序，「自動洗滌」就成為其基本功能了。

2. 從用戶對功能需求角度看分為必要功能和不必要功能

按用戶的要求可分為必要功能和不必要功能。必要功能是為滿足使用者需求而必須具有的功能，不必要功能是對象所具有的、與滿足使用者的需求無關的功能。

必要功能是用戶所必要的功能，它包括基本功能與輔助功能，基本功能一定是必要功能，而輔助功能既有必要的部分，也可能包含有不必要的部分。不必要功能的發生，可能源於生產廠家的失誤，也可能源於用戶不同的要求。因此，區分功能必要與否，必須以用戶的需求為準繩，而不能憑生產廠家的主觀臆斷。發現不必要功能並剔除不必要功能，正是價值工程活動中研究功能的重要目的。當然，功能是否必要，對於不同用戶來說，有不同的劃分標準，因此，在產品設計時，要有明確的市場目標群體才能準確地劃分必要功能與不必要功能。

3. 從功能的性質角度看可分為使用功能和美學功能

（1）使用功能。使用功能是對所具有的與技術經濟用途直接有關的功能，凡是從產品使用目的方面所提出的各項特性要求都屬於使用功能，也就是產品及其組成部分的實際用途或給用戶帶來的效用，並體現用戶要求效用的程度，如可靠性、安

第七章　價值工程

全性、維修性、操作性和有效性等。使用功能是用戶最關心的功能。它們往往通過基本功能或輔助功能來體現，如熱水瓶的保持水溫、手錶的顯示時間和計時均是使用功能。

確定產品使用功能不僅要考慮使用目的（用戶所要求的效用），也要考慮使用時間與條件，還要考慮企業的經營方針、生產技術水準及用戶的購買能力。只有這樣，才能使產品的使用功能既滿足用戶需求，又符合社會利益（如環境保護等）。

（2）美學功能。美學功能是與使用者的精神感覺、主觀意識有關的功能，如貴重功能/美學功能、外觀功能、欣賞功能等。美學功能是在滿足用戶對使用功能要求的前提下，為了吸引用戶，提高競爭能力，在貴重、美學、外觀、欣賞等方面所提供的功能，如產品的結構、造型、色彩、數字符號、商標圖案、包裝裝潢等。美學功能多通過輔助功能來實現，但像工藝品、裝飾品的美學功能則屬於基本功能。

有些產品只要求使用功能，不要求美學功能，如礦產資源、地下管道及其他無須外觀要求的產品。有些產品卻只要求美學功能，一般不要求使用功能，如工藝品等。但對大多數產品來說，則既有使用功能，又有美學功能，只不過因產品性質、經濟發達程度、民族特點、風俗文化的不同，使用功能與美學功能的構成比例不同而已。但隨著生產的發展和生活水準的不斷提高，美學功能越來越顯示出重要的作用。

4. 從功能的滿足程度角度看，可分為不足功能和過剩功能

不足功能是對象尚未滿足使用者需求的必要功能，過剩功能是對象所具有的、超過使用者需求的必要功能。不足功能既可以表現為產品的整體功能在數量上低於某一確定標準，也可以表現為某些零部件的功能對於產品整體功能的需求，而這些都必然導致產品在使用中表現為功能不足以滿足使用者的需求。如手錶的準確性不夠，洗衣機把衣服洗得不夠乾淨，鋼筆墨水流出不夠均勻等。過剩功能雖然從定性的角度看屬於必要功能，但在數量上超過了使用者的需求。它可以表現為產品的整體功能在數量上超過了某一確定標準，也可以表現為某些零部件的功能超出產品整體功能的需求，造成了資源的浪費。例如國家規定的某汽車報廢里程限額為 30 萬公里，但該汽車在運行了 30 萬公里後其主要零部件依然性能穩定，可以繼續安全運行 5 萬公里，那麼該汽車的主要零部件相對於用戶而言就屬於過剩動能。過剩功能雖然從功能角度相對用戶來說沒有造成問題，但增加了不必要的成本，提高了產品的價格，削弱了產品的市場競爭力。

功能是對象滿足某種需求的一種屬性。這也就是說，在價值工程活動中，功能作為一種屬性是價值工程對象所固有的性質，是客觀存在的。它不隨時間、地點、條件和人的主觀感受而變化，與需求偏好和特點有關，可以用客觀的技術指標來衡量。但作為滿足某種需求的一種屬性，即與人的主觀感受有關。這種主觀感受不僅含有心理因素，還有技術因素、經濟因素和其他因素，是這些因素的結合統一，由用戶在市場購買時進行評估。因此，功能又是主觀的。因此在對功能進行描述時，

工程經濟學

是需要建立在充分的市場調查的基礎之上的。

功能的客觀屬性取決於功能載體的客觀性，但功能與其載體在概念上應該分開。因為用戶購買物品時需要的是它的功能，而不是物品本身，只要功能相同，物品是可以替代的，像防火紙替代石棉板那樣。由於人們需求的本質是產品的功能，而同一功能具有多個載體，為實現同一功能，也可能有多種手段。所以，功能可以與現有載體或手段相分離，從而可以去尋找替代的新載體或新手段。例如，顯示時間可由手錶實現，也可以由手機實現；既可以是指針顯示，也可以是液晶顯示。電子管電路的功能先後由晶體管電路、集成電路實現，當然，這種實現已不是簡單的載體替代或功能擴展，而是一種創新。從開展價值工程活動的實踐看，功能載體的替代在價值工程初始階段多表現為資源（特別是材料）的替代，但隨著價值工程活動的深入開展，以功能創新的結構替代原有結構，特別是局部功能結構創新影響產品發生質變的應用實例越來越多。

二、功能定義

功能定義，是通過對產品與其各組成部件的逐一解剖而認識它在產品中的具體效用，並用簡明扼要的語言給予結論上的表述。這一認識與表述的過程，就是功能定義。因為無論是產品或零部件，從現象來說它們具有作為物品所特有的外形或材質，及其所表現的物理性能。而功能定義就是要透過這些表面上的現象找出隱藏在背後的特性，從中抽出本質的東西——功能，並一項一項地加以區別和限定，特別是要把它們的關係搞清楚。顯然，功能定義的過程，就是將實體結構向功能結構抽象化的過程，即透過現象看本質的過程。功能定義的方法主要如下：

1. 使用功能的定義方法

使用功能大多是以一定的動作行為作用於某一特定的對象。由於動作行為必然以動詞來表述，被作用的對象是動詞的賓語。因此，對使用功能下定義時，要用動詞和名詞構成的動賓詞組來描述。動賓詞組作為功能定義的主要形式，不僅適用於使用功能，還適用於基本功能的定義。

2. 輔助功能的定義方法

輔助功能的定義是對產品基本功能實施過程中的輔助性要求所進行的限定與描述。例如，收音機的基本功能是「發生音響信息」，其輔助功能有：音質優美、性能穩定、造型大方、色澤美觀等。

3. 美學功能的定義方法

對美學功能下定義，就是對研究對象所具有的外觀、特性或藝術水準進行定性的表述。一般情況下，對象的外觀、特性或藝術水準用形容詞來描述，由此構成一個名詞加形容詞的陳述與被陳述關係的主謂詞組。例如，前述收音機的美學功能造型大方、色澤美觀就是這種結構。

第七章　價值工程

在給功能下定義時，必須注意以下幾點：

1. 抓住功能本質

在給功能下定義時要圍繞用戶所要求的功能，對事物進行本質思考。只有這樣，才能正確理解產品應具備的功能，才能抓住問題的本質。有些產品之所以給用戶提供不必要的功能、過剩功能或漏掉用戶所需要的功能，或功能水準不能滿足用戶要求等，往往是由於設計者沒有從用戶的要求出發，真正理解產品應具備的功能而造成的。所以說，能否抓住問題的本質來準確描述功能定義，對價值工程活動的好壞與成敗有著重大的影響。

2. 表達準確簡明

對於產品及其組成部分的功能定義的正確與否，直接關係到以後價值工程活動的成果。因此，必須定性準確，否則，以後在改進產品及產品組成部分的功能時，就會發生混亂現象。例如，鋼筆的功能定義，如果認為是「寫字」，這種表述就是不太合適的，因為這是站在人們使用鋼筆的角度出發來給鋼筆下的定義，所以，定性不準。如果站在客體的立場來給鋼筆下功能定義，則可以是「有節奏均勻地流出墨水」，這就相對定性準確些了。再如氣壓表的功能定義，如果描述為「測量壓力」，這雖然是站在客體的立場上給氣壓表下的功能定義，但也不夠精確。而應該是「測壓準確」或者是「精確地測量壓力」。因為，一個不精確的氣壓表是沒有使用價值的。為此，有時在給產品下功能定義時，還要加上一個對客體功能說明的規定性副詞。通過這樣準確性的描述，才能為今後改進產品的功能指出方向。還要注意功能定義的表達必須簡單明了，切合實際，不可一詞多義，含糊不清。

3. 盡可能定量化

盡可能使用能夠測定數量的名詞來定義功能，以便於在功能評價和方案創造過程中將功能數量化，利於價值工程活動中的定量分析。例如，吊車的功能，不能用「起吊物品」，因為物品這種表述是無法測量的。若改用「起吊重物」的表述，這就可以通過吊車的起重重量來具體量化，而且，在評價功能和成本高低時，就有了定量化的依據。

4. 要考慮實現功能的制約條件

雖然功能定義是從對象的實體中抽象「功能」這一本質的活動，但在進行功能定義時，不能忘記可靠的實現功能所應具備的制約條件。例如，對軸承和潤滑油的功能，則不能簡單地定義為減少摩擦，而應根據其特點（制約條件）描述為「減少滾動摩擦」或「減少滑動摩擦」。

在功能定義時，應該考慮的實現功能所需要的制約條件有：

（1）功能承擔對象是什麼？
（2）實現功能的目的是什麼？
（3）功能何時實現？
（4）功能在何處實現？

（5）實現功能的方式有哪些？
（6）功能實現的程度怎樣？

5. 注意功能定義表述的唯一性

在給功能下定義時，對研究對象及其構成要素所具有的功能要一項一項地明確，每一項功能只能有一個定義。若一個構成要素有幾項功能，就要分別逐項下定義。如暖水瓶外殼有兩項功能，則要分別定義為「保護瓶膽」和「美化外觀」。而若幾個構成要素同時具有某一項功能，則這些構成要素的功能定義中都應具有這一功能定義，也就是說，不論構成要素具有幾成功能，還是功能需要幾個要素同時實現，都要滿足某一特定功能必須對應於唯一的確定的功能定義。

功能定義確定以後，為了保證其準確無誤，還可以通過以下檢查提問的辦法來驗證：

（1）是否用主調詞組或動賓詞組簡明扼要地對功能下定義？
（2）對功能的理解是否一致？
（3）功能的表達是否一致？
（4）功能定義是否存在遺漏之處？
（5）功能的表達是否有利於定量化？
（6）給功能下定義時，是否考慮擴大改進思想？
（7）是否存在憑主觀推斷對功能下定義的現象？
（8）是否考慮了功能實現的制約條件？
（9）是否存在無法下定義的功能？
（10）是否每項功能只有一個定義？

三、功能整理

所謂功能整理，就是在功能定義的基礎上，按照功能之間的邏輯關係，把產品構成要素的功能按照一定的關係進行系統的整理與排列，然後繪製功能系統圖，以便從局部與整體的相互關係上把握問題，從而達到掌握必要功能和發現不必要功能的目的，並提出改進的辦法。對產品及其零部件進行功能定義和功能分類，這只是單獨對各個零部件進行功能分析，而沒有研究它們之間的內在依存關係。一個產品所屬的零部件在結構上既相對獨立，又相互聯繫；產品功能通過各零部件功能的相互聯結得到實現，所以一個產品既存在一個結構系統，又存在一個功能系統，而功能系統是更本質的東西，是生產者和使用者最終的目的。所以，我們必須從功能的角度去分析研究產品各零部件擔負的功能，零部件越多，它們之間的關係也越複雜。特別是一件大型產品，其零部件十分繁多，功能之間的內在關係錯綜複雜，如果不從功能系統的角度進行研究分析，就很難看清各個功能之間的邏輯關係及其重要程度。這樣，就不便於開展價值工程活動。因此，需要進一步加以整理。

第七章　價值工程

功能整理的作用主要如下：

（1）明確功能體系關係。功能體系主要由兩種關係構建：一種是從屬關係，即某一部分功能是從屬於另一部分功能的，表現為「目的與手段」的關係，手段是從屬於目的的，是為目的服務的；另一種是並列關係，即它們在功能系統中相互獨立，都是為了達到同一目的而設置的功能。通過功能整理，可以明確哪些是目的功能，哪些是手段功能，它們又是由哪些零部件（構成要素）來實現的。進而可以從大量的功能中明確它們之間的層次和從屬關係，明確它們是如何組成與產品結構相對應的體系來實現產品總體功能的，並進一步整理出一個與產品結構系統相對應的功能系統來。

（2）判別功能必要性。在功能整理過程中，可能會發現某些特有目的或無法連接上下位關係的功能，那麼，這些功能是否必要，就會突顯出該功能的零部件是否必要的問題，就很值得進一步探討了。如果目的功能十分肯定，卻找不到手段功能，就需要考慮是否應追加或補充其下位功能。同樣，當有若干項手段功能為同一目的功能服務時，則要考慮是否存在重複功能的問題。

（3）檢查功能定義準確性。在進行功能整理時，有時會發現有的功能找不到其目的功能。這種沒有目的的功能是否就是不必要功能呢？這時候還需要重新審核已有的功能定義。因為，有可能是功能定義表達不當，以致形成了目的性不明確的功能項目；或者是在功能定義過程中，遺漏了其目的功能。通過功能整理，進一步檢查功能定義，通過修改和補充，已達到完善功能定義的目的。

（4）奠定功能定量分析基礎。功能分析的最終步驟是功能定量分析，通過功能整理，可以定性地分析出各單項功能之間的內在邏輯關係，並繪製出各功能系統框圖，最終為進行有效的功能定量分析提供依據。

（5）明確改進重點。通過功能整理，可以清晰透澈地瞭解產品功能系統與產品結構系統的對應關係，可以準確地劃分功能區域，並相應地確定價值工程活動的範圍，做到抓大放小，突出重點，避免盲目低效價值工程工作。

2. 功能整理的一般程序

功能整理的主要任務就是建立功能系統圖。因此，功能整理的過程也就是繪製功能系統圖的過程，其工作程序如下：

（1）編製功能卡片。把功能定義寫在卡片上，每條寫一張卡片，這樣便於排列、調整和修改。

（2）選出最基本的功能。從基本功能中挑選出一個最基本的功能，也就是最上位的功能（產品和目的），排列在最左邊。其他卡片按功能的性質，以樹狀結構的形式向右排列，並分別列出上位功能和下位功能。

（3）明確各功能之間的關係。逐個研究功能之間的關係，也就是找出功能之間的上下位關係。

（4）對功能定義作必要的修改、補充和取消。

（5）按上下位關係，將經過調整、修改和補充的功能，排列成功能系統圖。

功能系統圖是按照一定的原則和方式，將定義的功能連接起來，從單個到局部，再從局部到整體而形成的一個完整的功能體系，其一般形式如圖 7.2 所示。

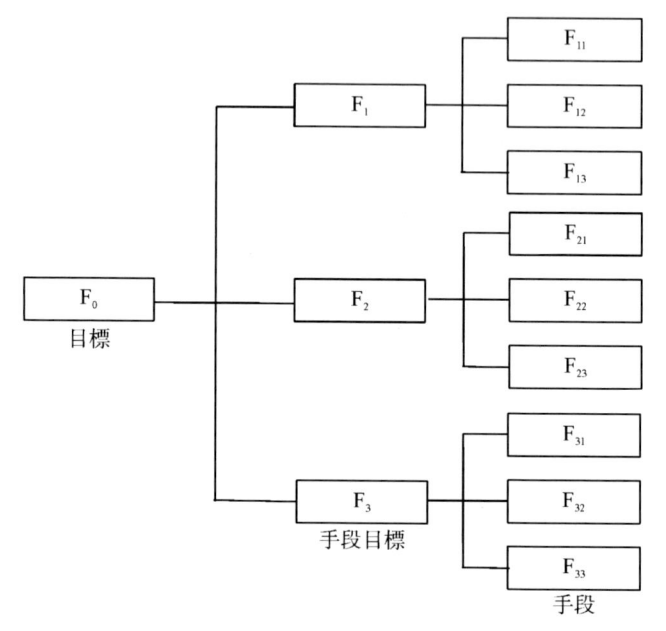

圖 7.2　功能系統圖

在圖 7.2 中，從整體功能 F_0 開始，由左向右逐級展開，在位於不同級的相鄰兩個功能之間，左邊的功能（上級）是右邊功能（下級）的目標，而右邊的功能（下級）是左邊功能（上級）的手段。

四、功能計量

功能計量是以功能系統圖為基礎，依據各個功能之間的邏輯關係，以對象整體功能的定量指標為出發點，從左向右地逐級測算、分析，確定出各級功能程度的數量指標，揭示出各級功能領域中有無功能不足或功能過剩，從而為保證必要功能、剔除過剩功能、補足不足功能的後續活動（功能評價、方案創新等）提供定性與定量相結合的依據。

功能計量又分為對整體功能的量化和對各級子功能的量化。

（1）整體功能的量化。整體功能的量化應以使用者的合理要求為出發點，以一定的手段、方法確定其必要功能的數量標準，它應能在質和量兩個方面充分滿足使用者的功能要求而無過剩或不足。整體功能的量化是對各級子功能進行計量的主要依據。

（2）各級子功能的量化產品整體功能的數量標準確定之後，就可依據「手段功能必須滿足目的功能要求」的原則，運用目的—手段的邏輯判斷，由上而下逐級推算、測定各級手段功能的數量標準。各級子功能的量化方法有很多，如理論計算法、

第七章　價值工程

技術測定法、統計分析法、類比類推法、德爾菲法等，可根據具體情況靈活選用。

五、功能評價

通過功能定義和功能整理，明確了用戶所要求的功能，僅僅是定性地解決了「功能是什麼」的問題。而要有效地開展價值工程活動，還必須解決「功能的成本是多少」和「功能的價值是多少」的問題，即通過對功能進行定量的分析，確定重點改善的功能，這才是功能評價所要解決的問題。

所謂功能評價，是指對通過功能系統分析所確定的功能領域進行定量化計算，並定量地評價功能價值，從而選出功能價值低、改善期望值大的功能作為價值工程的重點改進對象的活動。依據價值工程的基本關係式 $V = F/C$，要定量地評價功能價值，必須先將功能和成本數量化。成本可以用貨幣單位直接進行定量度量，但功能卻不同。一方面，大多數功能不易用數量準確計量；另一方面，有些功能雖可能直接計量，但一個產品各項功能的計量單位也會不盡相同，須找出一個共同的標準才能進行比較和評價；就是計量相同，也往往不能進行簡單的計算與比較。因此，功能評價的關鍵是將功能數量化，即對功能價值進行測定與比較。

功能評價，實際上就是指找出實現功能的最低費用作為功能的目標成本（又稱功能評價值）和兩者的差異值（改善期望值），然後選擇功能價值低、改善期望值大的功能作為價值工程活動的重點研究對象。功能評價工作可以更準確地選擇價值工程研究對象，同時，制定目標成本有利於提高價值工程的工作效率，提高工作人員的信心。

1. 計算功能現實成本

功能成本的核算工作與產品成本的核算工作存在著差異，後者是以產品作為成本核算對象並歸集成本，前者則是以功能作為核算對象來歸集成本。功能成本核算時會遇到這樣一些情況：一個功能是由若干個零部件或若干個其他功能組成；一個零部件或者一個功能可同時支持若干個功能。為了能較正確地計算功能成本，常常需要編製功能成本分析表，如表 7.6 所示。

表 7.6　　　　　　　　　　功能成本分析表

零件名	零件成本（元）	F_{11} 成本系數	F_{11} 成本	F_{12} 成本系數	F_{12} 成本	F_{13} 成本系數	F_{13} 成本	F_{14} 成本系數	F_{14} 成本
A	500	0.4	200			0.6	300		
B	240	0.5	120	0.5	120				
C	300			0.8	240	0.2	60		
D	600	0.2	120			0.1	60	0.7	420
合計	1,640		440		360		420		420

其編製方法如下：

（1）將功能系統圖中各個獨立功能、組成部分（零部件）以及成本列入表中。

（2）分析各個零件在上述功能中承擔的作用，分別列入功能欄中。為了便於測算，盡可能將零件的作用按其在各個功能中的重要性折算成系數。

（3）把各個零部件的成本在相應的功能中進行分攤並匯總，分別計算出各個功能的現實成本。

2. 計算功能評價值

功能評價值就是必要功能的最低成本或目標成本。功能評價值是個理論數據，實際工作中常用近似值來替代它，即虛擬的功能以及實現功能的成本，計算功能評價值的方法較多，這裡僅介紹功能重要性系數評價法。

功能重要性系數評價法是一種根據功能重要性系數確定功能評價值的方法。這種方法是把功能劃分為幾個功能區（即子系統），並根據各功能區的重要程度和複雜程度，確定各個功能區在總功能中所占的比重，即功能重要性系數。然後將產品的目標成本按功能重要性系數分配給各功能區作為該功能區的目標成本，即功能評價值。

功能重要性系數又稱功能評價系數或功能指數，是指評價對象（如零部件等）的功能在整體功能中所占的比率。確定功能重要性系效的關鍵是對功能進行打分。常用的評分方法有間接評分法、強制評分法等。

（1）間接評分法。間接評分法是把各功能（或零部件）按重要程度進行排序、兩兩比較得出重要性系數的一種方法。其計算過程如下：

確定各功能的重要度比值。

計算各功能的重要性系數，見表7.7。

$$重要性系數 = \frac{\frac{F_i}{F_5}}{\sum_{i=1}^{n} \frac{F_i}{F_5}} \qquad (7-3)$$

如果產品有五個功能，以 F_5 的重要程度為一個單位，F_4 的重要程度為 F_5 的1.5倍比值。以每個重要度比值除以合計重要度比值即為各功能重要性系數，如 F_1 對 F_5 的功能比值為4.5，除以合計比值11.8，則重要性系數為0.38，同理可以得出所有功能的重要性系數。

表7.7　　　　　　　　　　間接評分法計算表

功能比值	F_1	F_2	F_3	F_4	F_5
F_i/F_5	4.5	1.8	3	1.5	1
重要性系數	0.38	0.15	0.25	0.13	0.09

第七章　價值工程

（2）強制確定法，又稱為 FD 法，包括 0-1 評分法和 0-4 評分法。它是採用一定的評分規則——強制對比，來評定評價對象的功能重要性。

0-1 評分法。0-1 評分法是請 5-15 名對產品熟悉的人員參加功能的評價。首先按照功能重要程度兩兩對比打分。重要的打 1 分，相對不重要的打 0 分，見表 7.8。表 7.8 中要分析的對象（零部件）自己與自己相比不得分，用「×」表示。最後，根據每個參與人員選擇該零部件得到的功能重要性係數 W_i，可以得到該零部件的功能重要性係數平均值為：

$$W = \frac{\sum_{i=1}^{n} W_i}{k} \tag{7-4}$$

式中：k——參加功能評價的人數。

為避免不重要的功能得零分，可將各功能累計得分加 1 分進行修正，用修正後的總分分別去除各功能累計得分即得到功能重要性係數。

表 7.8　　　　　　　　　功能重要性係數計算表

零部件	A	B	C	D	E	功能總分	修正得分	功能重要性係數
A	×	1	1	0	1	3	4	0.267
B	0	×	1	0	1	2	3	0.200
C	0	0	×	0	1	1	2	0.133
D	1	1	1	×	1	4	5	0.333
E	0	0	0	0	×	0	1	0.067
合計						10	15	1.00

0-4 評分法。0-4 評分法與 0-1 評分法相似，操作性較強，但又能揭示各功能間重要程度，其準確度也高於 0-1 評分法。0-4 評分法的做法也是請若干位專家分別參加功能的證分。

a. 先按照功能的重要度一對一打分，絕對重要的功能打 4 分；
b. 比較重要的功能打 3 分；相對重要的功能各打 2 分；
c. 一般重要的功能打 1 分；
d. 相對不重要的功能打 0 分，見表 7.9。

然後，也將各個專家的評分值匯總計算平均值來確定功能的重要性係數。

表 7.9　　　　　　　　　0-4 評分法

功能名稱	A	B	C	D	E	F	得分
A	×	1	3	4	2	4	14
B	3	×	4	4	3	4	18

187

表7.9(續)

功能名稱	A	B	C	D	E	F	得分
C	1	0	×	3	1	3	8
D	0	0	1	×	0	2	3
E	2	1	3	4	×	4	14
F	0	0	1	2	0	×	3

3. 功能價值分析

在經過對產品整體及零部件進行功能的現實成本和目標成本的測算之後，就可以計算功能的價值，進而對價值分析評價。編製功能評價值與價值系數計算表7.10如下：

表7.10　　　　　　　　功能評價值與價值系數計算表

功能	功能重要性系數 ①	功能評價值 ②=目標成本×①	實現成本 ③	功能價值系數 ④=②/③	改善幅度 ⑤=③-②
A					
B					
C					
D					
合計					

功能的價值計算出來後，需要進行分析，以揭示功能與成本之間的內在聯繫，確定評價對象是否為功能改進的重點，以及其功能改進的方向及幅度，從而為後面的方案創造工作奠定良好的基礎。

根據表中所給出的計算方法，功能價值系數計算結果有以下三種情況：

（1）V=1。即功能評價值等於功能現實成本。這表明評價對象的功能現實成本與實現功能所必須的最低成本大致相當。此時，說明評價對象的價值為最佳，一般無需改進。

（2）V<1。即功能現實成本大於功能評價值。這表明評價對象的現實成本偏高，而功能要求不高。這時，一種可能是存在著過剩的功能，另一種可能是功能雖無過剩，但實現功能的條件或方法不佳，以致實現功能的成本大於功能的實際需要。這兩種情況都應列入功能改進的範圍，並且以剔除過剩功能及降低現實成本為改進方向，使成本與功能的比例趨於合理。

（3）V>1。即功能現實成本低於功能評價值。這表明該部件功能比較重要，但分配的成本較少。此時，應進行具體分析，功能與成本的分配可能已較理想，或者有不必要的功能，或者應該提高成本。

第七章　價值工程

應注意一個情況，即 V＝0 時，要進一步分析。如果是不必要的功能，該部件應取消，但如果是最不重要的必要功能，則要根據實際情況處理。

● 第四節　方案創新

方案創新是從提高對象的功能價值出發，在正確的功能分析和評價的基礎上，針對應改進的具體目標，通過創造性的思維活動，提出能夠可靠地實現必要功能的新方案的過程。從某種意義上講，價值工程可以說是創新工程，方案創造是價值工程取得成功的關鍵一步。因為前面所論述的一些問題，如選擇對象、收集資料、功能成本分析、功能評價等，雖然都很重要，但都是為方案創造服務的。前面的工作做得再好，如果不能創造出高價值的創新方案，也就不會產生好的效果。所以，從價值工程技術實踐的角度來看，方案創造是決定價值工程成敗的關鍵階段。

方案創新的過程中，要正確對待下述兩個問題：

1. 充分發揮人才的作用

首先，方案創新是一項開拓性的工作，它匯集了群體的思想和智慧。在知識爆炸的現代社會，個人的知識、專長、經驗及思考能力都是有限的，為此，要充分調動人的積極性和能動性，要組織不同專業、不同經驗的人參與，使其知識、經驗相互補充、思想相互啓迪，以進行創造性思維。其次，要善於使用人才。方案創新包括形成設計構想和制訂具體方案兩個步驟，不同步驟對人才使用的要求不同，在形成設計構想階段，需要人們的發散性思維，對人才的使用可以突破專業框架。因此，要盡可能組織各類人才，利用他們的專業知識和獨特見解，形成別具風格的設計構想；而在制訂具體方案階段，則要把設計構想具體化、方案化，對專業知識和實際經驗的依賴程度較高，這時，就需要有一批專業人才來完成方案設計。最後，要特別注重外行的啓迪作用。方案創新，貴在其新。在實際工作中，外行可能一語中的，因此，對一些看似幼稚的建議、離題的設想，應作詳細地、具體地分析，從其本質上看有無合理的成分，最終決定取捨。

2. 把握方案創新的指導思路

從方案創新階段我們要回答的問題（有無其他具有同樣作用的方案）來看，它應包含這樣兩層含義：一是創新。方案創新不是原有方案的重複、補充或是數量上的堆砌，而是在否定原有方案的基礎上所出現質的飛躍，是對原有框架的突破，二是以用戶需求為核心，價值工程的出發點是滿足用戶必要功能的同時盡可能降低成本，因此，各種方案設計都應該圍繞用戶需求這個核心，必須徹底瞭解用戶對各項功能的不同要求，從而尋找出既能滿足用戶需求的功能，又能最低限度降低成本的設計方案。

工程經濟學

方案創新的理論依據是功能載體具有替代性。這種功能載體替代的重點應放在以功能創新的新產品替代原有產品和以功能創新的結構替代原有結構方案。而方案創造的過程是思想高度活躍、進行創造性開發的過程。為了引導和啓發創造性的思考，可以採取各種方法。比較常用的方法有以下幾種：

（1）頭腦風暴法。頭腦風暴法是指自由奔放地思考問題。具體地說，就是由對改進對象有較深瞭解的人員組成的小集體，在非常融洽和不受任何限制的氣氛中進行討論、座談，打破常規、積極思考、互相啓發、集思廣益，提出創新方案。這種方法可使獲得的方案新穎、全面、富於創造性，並可以防止片面和遺漏。它通過召集一定數量的專家（10~15人）一起開會研究，共同應對某一問題做出集體判斷。頭腦風暴法的優點如下：

①它能夠發揮一組專家的共同智慧，產生專家智能互補效應。

②它使專家交流信息、相互啓發，產生「思維共振」作用，爆發出更多的創造性思維的火花。

③專家團體所擁有及提供的知識和信息量比單個專家所有的知識和信息量要大得多。

④專家會議所考慮的問題的方面以及所提供的備選方案，比單個成員單獨思考及提供的備選方案更多、更全面和更合理。

這種方法的主要缺點是：與會專家人數有限，代表性是否充分成問題；與會者易受權威及潮流的影響；出於自尊心等因素，有的專家易於固執己見等。

為了給專家提供一個充分發揮創造性思維的良好環境，獲得真知灼見，採用頭腦風暴法組織專家會議時，應遵守如下基本原則：

①提出論題或議題的具體要求，限制議題的範圍，並規定提出設想時所用的術語，使主題突出，而不至於漫無邊際。

②不能對別人的意見或建議評頭論足、提出懷疑，不要放棄和中止討論任何一個設想，而要對每一個設想加以認真研究，而不管它是否適當或可行。

③鼓勵與會者對已提出的設想或方案加以改進和綜合，給予準備修改自己的設想者以優先發言權。

④支持和鼓勵與會者解放思想，創造一種自由討論的氛圍，激發其想像力和創造力。

⑤發言要簡練、不要詳述，冗長的闡述將有礙創造性氣氛，使人感到壓抑。

⑥不允許參加者宣讀事先準備好的建議一覽表。

頭腦風暴法有各種類型，如直接的頭腦風暴法——這是依據一定的規則，鼓勵創造性活動的一種專家集體評估的方法；質疑的頭腦風暴法——這是同時召開兩個專家會議的集體產生設想或方案的方法（第一個會議按照直接的頭腦風暴法的要求進行，第二個會議對第一個會議提出的設想或方法加以質疑）；有控制地產生設想的方法——這是一種利用定向智力活動作用於產生設想的過程，用於開拓遠景設想

和獨到設想的方法；鼓勵觀察的方法——其目的是在一定限制條件下，就所討論的問題找出合理的方案；對策創造方法——即就所討論問題尋找一個統一的方案。

（2）哥頓法。這是美國人哥頓在 1964 年提出的方法。這個方法也是在會議上提方案，但究竟研究什麼問題，目的是什麼，只有會議的主持人知道，以免其他人受約束。例如，想要研究試製一種新型剪板機，主持會議者請大家就如何把東西切斷和分離提出方案。當會議進行到一定時機，再宣布會議的具體要求，在此聯想的基礎上研究和提出各種新的具體方案。

這種方法的指導思想是把要研究的問題適當抽象，以利於開拓思路。在研究到新方案時，會議主持人開始並不全部攤開要解決的問題，而是只對問題作一番抽象籠統的介紹，要求大家提出各種設想，以激發出有價值的創新方案。這種方法要求會議主持人機智靈活、提問得當。提問太具體，容易限制思路；提問太抽象，則方案可能離題太遠。

（3）專家意見法。這種方法又稱德爾菲（Delphi）法，是由組織者將研究對象的問題和要求，函寄給若干有關專家，使他們在互不商量的情況下提出各種建議和設想；專家返回設想意見，經整理分析後，歸納出若干較合理的方案和建議，再函寄給有關專家徵求意見，再回收整理；如此經過幾次反覆後專家意見趨向一致，從而最後確定出新的功能實現方案。這種方法的特點是專家們彼此不見面，研究問題的時間充裕，可以無顧慮、不受約束地從各種角度提出意見和方案。缺點是花費時間較長，缺乏面對面的交談和商議。

（4）專家檢查法。該方法由主管設計的工程師作出設計，提出完成所需功能的辦法和生產工藝，然後請各方面的專家（如材料、生產工藝、工藝裝備、成本管理、採購等方面）按順序審查。這種方法先由熟悉的人進行審查，以提高效率。

方案創新的方法很多，總的宗旨是要充分發揮出各有關人員的智慧，集思廣益，多提方案，從而為評價方案創造條件。

第五節　方案評價

通過方案創新，產生了許多可行方案，要選擇最佳方案並付諸實施，則必須對各個方案的優缺點進行分析、比較、論證和評價，並在評價過程中進一步完善待選定的方案。方案評價可以分為概略評價與詳細評價。

一、方案概略評價

在創新的方案有很多的情況下，受制於人力、財力、物力，不可能對所有的方案均制定具體的實施內容，然後再進行評價。方案概略評價就是從節省資源的目的

出發，從眾多的方案中，選擇出若干個有價值的備選方案的粗選方法。在概略評價階段，具有預測的性質，屬於探索性評價。此時，還沒有開展大量的試驗研究工作，還沒有準確的實踐方面的數據，主要是參考有關資料，匯總設計、生產及銷售部門的意見，來全盤考慮方案中的各種問題。要用較短的時間，對眾多的方案進行初步選擇。方法要求簡單、明確、易行。其工作步驟如下：

1. 方案評價前的整理、篩選

方案概略評價前，為了減少工作量，可將眾多方案進行整理、篩選。整理的基本內容有這樣幾項：一是確定各種方案的實質內容，明確其主要目標，即把各種方案中一些較抽象的概念、功能含糊的內容重新定義；二是挑選出價值提高明顯的方案；三是把各個方案中的內容、構思較類似的歸並為一類，從中選出較好的一種方案以備評價。

2. 方案的概略評價

概略評價是以粗筆墨對眾多的備選方案進行評比、篩選，其評價的參照物是現有的產品方案。概略評價包括技術、經濟、社會三個方面的主要影響因素，不同性質的方案，有不同的概略評價內容。一般可從以下幾個方面進行評價：

（1）技術可行性。對功能是否滿足用戶要求，滿足程度怎樣，企業內部是否具備實施方案技術條件，技術難題能否解決，相關企業外部條件能否解決等方面進行評價。

（2）經濟合理性。主要是測算方案的壽命週期成本，與目標成本進行比較，是否能實現預定的期望目標，企業內部是否允許，投資是否可能。

（3）社會適宜性。主要考慮是否符合國家政策法規，是否最有效地利用資源，有無造成環境污染或損害生態平衡，對國民經濟是否存在不利影響等。

（4）綜合分析。在結合技術、經濟和社會三方面因素基礎上，根據企業經營方針的需要，進行綜合分析、評價。考慮能否盈利，是否能提高對象的價值，是否能提高社會效益和經濟效益等。在以技術水準和成本水準為主要評價內容時，不能簡單地從粗略對比結果來篩選，而要從價值的升降來綜合考慮。因此，在概略評價的過程中，要在對比表格的基礎上，根據價值的高低，全盤考慮該方案能否滿足功能與成本方面的要求，從能否提高價值的角度來解決方案的取捨。

概略評價要求效率高，時間及時，而不要求詳盡確切，所以，在方法上要求簡便易行，形式靈活多樣，不受嚴格限制。既可使用技術、經濟指標類推，也可採用差異比較法或優缺點列舉評價法。

3. 概略評價注意事項

（1）對方案設想要進行系統整理。方案創新階段採取有效的方法，可以激發價值工作人員的創意，獲得眾多的創新設想方案。在對其概略評價之前，為了提高評價效率，需要對眾多的方案設想分別歸類，系統整理。對內容大致相同的設想歸為一類，以便取長補短，提高設想的質量，使之不斷完善。

第七章　價值工程

（2）概略評價不必要搞得很嚴密，評價標準不應過細過嚴，要透過現象抓住本質，避免把好的方案扼殺在萌芽狀態。一些有價值的方案，在設想階段往往很不完善，初看起來毫無道理，如果標準過嚴過細，很容易把它們淘汰掉。應當以寬容、積極的態度去發現和扶持它們，從而提供更多的有可能帶來突破性成效的備選方案。

（3）概略評價階段不能確定最後的提案。

（4）小組成員中只要有一人堅持認為方案可行，也應當暫時保留。

（5）對不採用的方案要弄清楚原因。

（6）對經濟性好而技術上難度大的方案，不可輕易否定。設想不明確的要適當具體化，表面上離題很遠的設想，要抓住實質，聯結主題，以利於評價的進行。

3. 方案的具體化

方案的具體化是賦予此方案的可操作性。其主要內容有：產品和零部件的結構設計；產品的生產流程；零部件的加工工藝及裝配設計；產品及零部件的檢測方法及體系；外購材料、配件及專用設備等。

為了進一步地詳細評價，對新方案中設計新工藝、新材料的生產環節，應作具體的試驗，以檢驗其是否達到預定的設計效果，如存在問題，則應及時調整或修改方案。

二、方案詳細評價

方案詳細評價是對已初步篩選入圍並具體化的若干個可行性方案進一步的評價，從中選擇出最優方案，以便正式提案審批和付諸實施。詳細評價的主要內容包括三個方面：技術評價、經濟評價和社會評價。有時，則需在三者的基礎上，對方案進行綜合評價。

1. 技術評價

技術評價就是評定新方案在技術上的可行性，以用戶要求的功能為依據，評價方案的必要功能和實現功能條件的強度。技術評價是以能否實現預定功能為中心，對新方案的技術性能、可靠性、外觀、協調性和成功率等方面進行逐項評價。對產品來說，一般可從以下幾個方面的內容進行評價：

（1）技術設計、設計原理、關鍵問題、先進性、成功率。

（2）產品或零件的功能、性能、加工性、裝配性、搬運性、安裝性、可靠性、維修性、操作性、安全性、外觀、整體協調性。

（3）材料供應的保證程度。

（4）目前存在問題的解決程度。

（5）制約條件的滿足程度。

技術評價一般可採用如下的工作步驟：

（1）準備工作。準備工作包括研究技術的目的，把握技術的要點，確定對比技

193

術，確定替代方案。

（2）尋找影響。在技術開發和技術應用過程中，新技術除產生預期效果外，往往還產生許多副效果。這些副效果有的有利於社會的進步，稱為正影響；但也有很多有礙社會的進步，稱為負影響。有的負影響是直接的、明顯的，有的負影響是潛在的，負影響中還有不可逆的負影響。尋找和分析這些負影響，特別是那些不可逆的負影響，是技術可行性評價的重要任務。要從各個方面、各種角度查明可能產生的直接影響及間接影響，必要時應通過各種試驗、計算或評定，取得必要的數據和資料。

（3）整理分析。對查明的各種影響的內容、相互關係和影響程度進行分析，並進行系統整理。

（4）挑選出非容忍性的影響，即社會不容許存在影響或可能對社會帶來極大危害的影響。這是方案的否決因素。

（5）制定對策。為消除非容忍性影響帶來的危害，制定相應的技術對策，進一步修訂替代方案。

（6）綜合評價，得出結論。

綜合評價是技術評價的最後階段，在上述各個階段的基礎上，對技術發展的各個替代方案進行綜合比較，從而決定最優方案。同時對要研究的技術與現有技術進行對比，對擬研究的技術是否發展和如何發展，作出結論性意見。

2. 經濟評價

方案的經濟可行性主要是以產品壽命週期成本為主要目標，同時，圍繞著新方案在實施過程中所產生的成本、利潤、年節約額，以及初期投資費用等進行測算和對比。

（1）成本評價。成本估算以壽命週期成本為標準，包括生產成本和使用成本兩部分。評價時把兩部分成本之和最低的方案視為經濟性最優的方案。但是，生產成本是企業可控制的，而使用成本與使用方法、使用狀態有關，企業難於控制，是不可控制成本。因此，評價時，實際上是以生產過程中產品產生的成本為主進行的。同時應該指出，進行成本預測時要以未來成本進行估算，不能簡單地套用現行成本資料。

（2）利潤評價。利潤是銷售收入減去成本和稅金以及銷售費用後的純收入。利潤是一個綜合指標，它反應了企業在一定時期內的經營成果。在單位產品利潤一定的情況下，產品銷售收入越多，說明產品越受歡迎，滿足用戶要求的程度越高，方案的價值越高。

（3）方案措施費用評價。方案措施費用是指實施方案時所投入的設計費用、設備安裝費用、試驗與試製費用等技術措施費用、生產組織調整費用，以及因採用新方案而產生的損失費。同時還要估算失敗風險損失，而且要評價與該方案所獲利潤的比值大小。

第七章　價值工程

（4）節約額和投資回收期的評價。為了評價方案的經濟效果，必須計算節約額和投資回收期。其中回收期越短的方案越有利。如果回收期超過標準回收期，則方案不可取。此外還要考慮到：回收期應小於該產品的生產期限；回收期要小於措施裝備和設備的使用年限；回收期內科學技術是否有大的突破等。

在經濟評價中，不能僅從企業的短期利益和局部利益來決定方案的優劣，應更多地兼顧國家、廠商、用戶三者之間的利益，實現企業長遠發展規劃，從而確定多贏的方案。

3. 社會評價

社會評價是指從宏觀角度上來評價方案實施後對社會利益產生影響的一種方法。主要是謀求企業利益、用戶利益及社會利益的一致性，謀求從企業角度對方案的評價與從其他角度對方案評價一致。社會評價的內容要根據方案的具體情況而定。一般要考慮以下幾個方面的問題：

（1）政策法規方面：是否符合國家有關政策、法令、規定、標準以及科技發展規劃的要求。

（2）國民經濟方面：方案的實施效果是否與國家的長遠規劃及國民經濟發展計劃要求相一致。方案的社會效果是否與社會範圍內的人、財、物、資源的合理利用相一致。

（3）生態環境方面：在防止環境污染、自然環境及保護生態平衡等方面是否存在抵觸或危害。

（4）用戶利益方面：是否符合使用者的風俗習慣，對身體健康、心理狀態、人際關係等有無不利影響，能否滿足使用要求。

（5）其他方面：包括發展對本地區、本部門產業經濟的影響，對工業佈局的影響，對出口創匯或節約外匯的影響，對填補國家空白及提高科技水準的影響，對改善社會就業及勞動條件的影響，對精神文明、人口素質、文化教育方面的影響等。社會評價是一個涉及範圍廣、關係複雜的問題，目前價值工程的方案評價只能作粗略評價。

4. 綜合評價

綜合評價是在上述三種評價的基礎上，對整個創新方案的諸因素作出全面系統的評價。為此，首先要明確評價項目，即確定評價所需的各種指標和因素；然後分析各個方案對每一評價項目的滿足程度；最後再根據方案對各評價項目的滿足程度來權衡利弊，判斷各方案的總體價值，從而選出總體價值最大的方案，即技術上先進、經濟上合理和社會上有利的最優方案。

方案綜合評價的方法有很多，常用的定性方法有德爾菲法、優缺點列舉法等；常用的定量方法有直接評分法、加權評分法、比較價值評分法、環比評分法、強制評分法、幾何平均值評分法等。下面簡要介紹幾種方法：

（1）優缺點列舉法。優缺點列舉法是指把每一個方案在技術上、經濟上的優缺

點加以詳細列出，進行綜合分析，並對優缺點做進一步調查，用淘汰法逐步縮小考慮範圍，從範圍不斷縮小的過程中找出最後的結論。

（2）直接評分法。直接評分法是指根據各種方案能達到各項功能要求的程度，按10分制（100分制）評分，再算出每個方案達到功能要求的總分，比較各方案總分，作出採納、保留、捨棄的決定，再對採納、保留的方案進行成本比較，最後確定最優方案。

（3）加權評分法。加權評分法又稱矩陣評分法。該方法是將功能、成本等各種因素，根據要求的不同進行加權計算，權數大小應根據它在產品中所處的地位而定，算出綜合分數，最後與各方案壽命週期成本進行綜合分析，選擇最優方案。加權評分法主要包括以下四個步驟：首先，確定評價項目及其權重係數；其次，根據各方案對各評價項目的滿足程度進行評分；然後，計算各方案的評分權數和；最後，計算各方案的價值係數，以較大者為優。

三、方案的實驗與提案

1. 方案的實驗研究

經過分析評價得到的優選方案，仍不能完全保證實施中不發生問題，尤其是在方案中採用了某些新方法、新手段、新工藝、新材料時。為了保證方案切實可行和達到提高價值的目的，必須對方案進行全面的測試和試驗。通過系統的測試和試驗之後，方能最終肯定其先進性、效益性和可行性。測試試驗的內容一般包括：

（1）方案能否可靠地實現使用者所要求的功能？實現程度如何？
（2）方案的技術性如何？根據是否可靠？
（3）方案的技術性計算是否完整無遺？實驗數據是否足夠可靠？
（4）方案的壽命週期成本是否最低？根據如何？
（5）方案實施所需的人力、物力、財力有無保障？能否解決？
（6）方案與外部環境的適應程度如何？有無嚴重不協調？
（7）方案是否達到目標成本預期值和經濟效益的要求？

方案的經濟性方面的檢查是不能缺少的，要從正式使用所處的內部與外部條件出發，檢查方案整個壽命週期中的成本費用、工時消耗等各種數據、資料，計算、驗證方案在正式使用時能否達到預計的經濟性指標。

方案的技術性測試也是不可缺少的，即使是在方案評價階段進行過單項的性能試驗或樣品試製，在正式編寫方案和上報方案之前，有必要再次進行全面試驗，試驗條件要盡可能與正式使用的條件相同。

方案實驗方法主要有性能試驗、模擬試驗、實地試驗、樣機試驗和理論驗證等。試驗工作應當在方案上交之前完成。某些性能試驗要貫穿在整個方案創造階段中進行，以取得必要的數據和資料。

第七章　價值工程

試驗項目和試驗條件，要按用戶的實際需要來制定，盡量與實際使用條件相吻合，不能逃漏必要的項目，也不能降低要求。測試項目的確定，應注意避免條條框框的約束，盡可能只保留最必要的項目。

試驗中取得的數據和資料，經過整理、分析之後，形成書面的試驗報告，必要時可附在提案中作為定量分析的依據。

負責檢查、測試的人員最好是沒有參與本方案設計的同行專家，避免出現人為因素。

2. 提案的編製和審批

價值工程一般採用提案表的形式，按照方案的每一項改進內容填寫一張，對重大項目，諸如新產品的設計，老產品的重大改進等，除填寫本表外還要匯總成價值工程提案總表，而且要求附有詳細的調查資料和技術、經濟、社會評價及設計圖紙和提案說明書等。

根據提案的內容和重要程度的大小，按照審批權限上報有關決策部門，報告中應該包含以下內容：

（1）價值工程分析對象產品的概況，選擇理由。
（2）價值工程提案表。
（3）價值工程提案總表。
（4）提案的有關技術設計和經濟分析方面的資料。
（5）價值工程工作表。包括各項專門情報功能系統圖、功能評價。方案的評價及具體化、試製驗證和調查改進效果。
（6）結論意見。

四、價值工程活動成果評價

在方案實施過程中，應該對方案的實施情況進行檢查，發現問題及時解決。方案實施完成後，要進行總結評價和驗收。

1. 經濟效果評價

對價值工程活動的經濟評價，可以根據需要，計算方案實施對能源、原材料消耗和勞動生產率、利潤等指標的效果。一般應重點計算以下幾項：

（1）節約率

$$節約率 = \frac{原成本 - 改進後的成本}{原成本} \qquad (7-5)$$

（2）年淨節約率

$$年節約率 = VE 後單件成本降低額 \times 年預計銷售量 \qquad (7-6)$$

（3）節約倍數

$$節約倍數 = \frac{年淨節約額}{VE 活動經費} \qquad (7-7)$$

工程經濟學

(4) 價值工程活動單位時間節約數

$$價值工程單位時間節約數 = \frac{全年淨節約額}{價值工程活動延續時間經費} \quad (7-8)$$

其中 VE 活動經費為實施 VE 方案所需工時（人數×時數）乘 VE 成員平均小時工資。

除上述各項外，還可以根據需要列出各種項目，進行分析前後的比較，如零件的減少量、減少率，某個功能的成本降低率，按單位能量、功率、顯量、容量等計算的經濟效益等。

2. 技術成果評價

可以按照規定的技術指標進行評價，如產品質量指標、壽命指標、安全指標等達到的程度。這種評價盡量採用定量評價。

3. 社會效益評價

社會效益評價包括填補國內外科學技術或品種發展的空白，滿足國家經濟或國防建設的需要，節約貴重稀缺物資，節約能源消耗，降低用戶購買成本或其他費用，防止或減少污染公害，增加就業效果和外匯效果等方面的效益。

4. VE 工作總結

待全部工作結束之後，要進行總結。總結的內容是預訂目標是否如期實現，與國內外同類產品相比還存在什麼差距等，同時要對 VE 活動的計劃安排、工作方法、人員組織等方面的優缺點、經驗和教訓進行總結，以便今後改進。

第六節　案例分析

北方某城市建築設計院在建築設計中用價值工程方法進行住宅設計方案優選，具體應用如下：

一、選擇價值工程對象

其院承擔設計的工程種類較多，如表 7.11 是該院近三年各種建築設計項目類別統計表。從表中可以看出住宅所占比重最大，因此將住宅作為價值工程的主要研究對象。

二、資料收集

(1) 通過工程回訪，收集廣大用戶對住宅的使用意見；

(2) 通過對不同地質情況和基礎形式的住宅進行定期的沉降觀測，獲取地基方面的第一手資料；

第七章　價值工程

（3）瞭解有關住宅施工方面的情況；

（4）收集有關住宅建設的新工藝及新材料的性能、價格和使用效果等方面的情報；

（5）分地區按不同地質情況、基礎形式和類型標準統計分析近年來住宅建築的各種技術經濟指標。

表 7.11　　　　　　　　各類建築設計項目比重統計表

工程類別	比重（%）	工程類別	比重（%）	工程類別	比重（%）
住宅	22.19	實驗樓	3.87	體育建築	1.89
綜合樓	6.86	賓館	3.10	影劇院	1.85
辦公樓	9.35	招待所	2.95	倉庫	1.42
教學樓	5.26	圖書館	2.55	醫院	1.31
車間	5.24	商業建築	2.10	其他 38 類	27.06

三、功能分析

由設計、施工及建設單位的有關人員組成價值工程研究小組，共同對住宅的 10 個方面功能進行定義、整理和評價分析：①平面佈局；②採光、通風、保溫、隔熱、隔聲等；③層高與層數；④牢固耐用；⑤三防設施（防火、防震和防空）；⑥建築造型；⑦室外裝修；⑧室內裝飾；⑨環境設計；⑩技術參數。

在功能分析中，用戶、設計人員、施工人員以百分形式分別對各功能進行評分，即假設以上 10 項功能合計為 100 分，分別確定各項功能在總體功能中所占比例，然後將用戶、設計人員、施工人員的評分意見進行綜合，三者的權重分別為 60%、30%、10%。經整理後，各功能重要性系數見表 7.12。

表 7.12　　　　　　　　各功能評分及重要性系數

功能		用戶評分		設計人員評分		施工人員評分		各功能重要性系數 φ_i
		得分 f_1	60% f_1	得分 f_2	30% f_2	得分 f_3	10% f_3	
適用	平面佈局	37.25	22.350	31.63	9.489	33.25	3.325	0.351,6
	採光通風	17.38	10.428	14.38	4.314	15.50	1.550	0.162,9
	層高層數	2.88	1.728	4.52	1.356	2.85	0.258	0.033,7
安全	牢固耐用	19.15	11.490	14.25	4.275	21.63	2.163	0.179,0
	三防設施	5.47	3.282	5.75	1.725	2.88	0.228	0.052,9

表7.12(續)

功能		用戶評分		設計人員評分		施工人員評分		各功能重要性系數 φ_i
		得分 f_1	60% f_1	得分 f_2	30% f_2	得分 f_3	10% f_3	
美觀	建築造型	4.25	2.550	6.87	2.061	5.30	0.530	0.051,4
	室外裝修	6.12	3.672	5.50	1.650	4.97	0.497	0.058,2
	室內裝飾	2.75	1.650	6.24	1.872	5.89	0.589	0.041,1
其他	環境設計	3.23	1.938	8.10	2.430	5.51	0.551	0.049,2
	技術參數	1.52	0.912	2.76	0.828	2.22	0.222	0.020,0
合計		100	60	100	30	100	10	1

各功能重要性系數計算式為

$$\varphi_i = \frac{60\% f_1 + 30\% f_2 + 10\% f_3}{100} \tag{7-9}$$

四、方案設計與評價

在某住宅小區設計中，該地塊的地質條件較差，上部覆蓋層較薄，地下淤泥較深。根據收集的資料以及上述功能系數的分析結果，價值工程研究小組集思廣益，創造設計了10餘個方案。在採用優缺點列舉法進行定性分析篩選後，對所保留的5個較優方案進行定量評價優選，如表7.13~表7.15所示。

表7.13　　　　　　　　　各方案成本及成本系數

方案	主要特徵	單方造價（元）	各方案成本系數
A	7層混合結構，層高3m，240內外磚牆，預制樁基礎，半地下室存儲間，外裝修一般，內裝飾好，室內設備較好	1,180	0.228,4
B	7層混合結構，層高2.9m，240內外磚牆，120非承重內磚牆，條形基礎，外裝修一般，內裝飾好	920	0.178,1
C	7層混合結構，層高3m，240內外磚牆，沉管灌注樁基礎，外裝修一般，內裝飾好，室內設備較好	1,210	0.234,2
D	5層混合結構，層高3m，空心磚內外磚牆，滿堂基礎，外裝修及室內裝修一般，屋頂無水箱	906	0.175,4
E	7層混合結構，層高3m，240內外磚牆，120非承重內磚牆，條形基礎，外裝修一般，內裝飾好	950	0.183,9
合計		5,166	1

註：各方案的建築面積相同

第七章　價值工程

表 7.14　　　　　　　　　　方案各功能評分

評價因素		方案各功能評價值				
功能因素	各功能重要性系數	A	B	C	D	E
平面佈局	0.351,6	10	10	9	9	10
採光通風	0.162,9	10	9	10	10	9
層高層數	0.033,7	9	8	10	9	9
牢固耐用	0.179,0	10	10	9	8	10
三防設施	0.052,9	8	7	8	7	7
建築造型	0.051,4	9	8	9	7	6
室外裝修	0.058,2	6	6	6	6	6
室內裝飾	0.041,1	10	8	8	6	6
環境設計	0.049,2	9	8	9	8	8
技術參數	0.020,0	8	10	9	2	10
各方案功能得分		9.487,1	9.094,8	8.928	8.288,2	8.943,5

表 7.15　　　　　　　　各方案價值系數及最佳方案

方案	功能得分	功能系數	成本系數	價值系數	最佳方案
A	9.487,1	0.212,0	0.228,4	0.928,2	
B	9.094,8	0.203,3	0.178,1	1.141,5	★
C	8.928	0.199,5	0.234,2	0.851,8	
D	8.288,2	0.185,3	0.175,4	1.056,4	
E	8.943,5	0.199,9	0.183,9	1.087,0	
合　計	44.741,6	1	1	—	

$$成本系數 C_k = \frac{方案成本}{各方案成本總和} \tag{7-10}$$

$$方案得分 f_k = \sum_{i=1}^{10} 重要性系數 \varphi_i \times 方案功能評分值 P_{ik} \tag{7-11}$$

$$功能系數 F_k = \frac{各方案得分 f_k}{各方案得分之和} \tag{7-12}$$

由表 7.15 可知，方案 B 的價值系數最大，為最佳方案。

思考與練習

1. 什麼是價值工程？如何理解其基本概念及相互關係？
2. 價值工程活動工作程序是什麼？
3. 價值工程對象的選擇原則和方法是什麼？
4. 什麼是功能定義？其基本方法和分類是什麼？
5. 什麼是功能整理？其工作步驟是什麼？
6. 什麼是功能評價？其內容是什麼？
7. 什麼是方案創新？應注意哪些問題？
8. 某工程師針對設計院提出的某住宅樓，提出了 A、B、C、D 四個方案，進行技術經濟分析和專家調整後得出如表 7.16 所示數據。使用價值工程選擇最優方案。

表 7.16　　　　　　　　方案功能得分及其重要度

方案功能	方案功能得分				方案功能重要程度
	A	B	C	D	
F	9	9	8	9	0.25
F	8	10	10	10	0.35
F	10	7	9	8	0.25
F	9	10	9	9	0.1
F	8	8	6	8	0.05
單位造價/元	1,325	1,208	1,226	1,215	1

第八章　工程項目後評價

● 第一節　工程項目後評價概述

一、工程項目後評價的概念

　　工程項目後評價是指對已經完成的項目的目的、執行過程、效益、作用和影響等所進行的系統、客觀的評價。具體來說，項目後評價是指在項目完成後，對項目的立項決策、建設目標、設計施工、竣工驗收、生產經營全過程所進行的系統綜合分析及對項目產生的財務、經濟、社會和環境等方面的效益和影響及其持續性進行客觀、全面的分析。

　　工程項目後評價時整個工程項目管理工作的延伸，通過工程項目後評價可以全面地總結工程管理中的經驗和教訓，並為以後改進工程管理和制定科學的投資計劃與政策反饋信息，提供依據，這對提高工程管理水準將起到重要作用。

　　工程項目可行性研究和工程項目（前）評估是在工程項目建設前進行的，其預測和判斷的正確性與否，最終工程的實際效益如何，需要在工程項目竣工投產後，根據實際數據資料和再預測資料進行再評估來檢驗。

　　工程項目竣工驗收只是工程建設完成的標志，而不是工程項目管理的終結。工程項目建設和營運是否達到投資決策時所確定的目標，只有經過生產經營確定實際投資效應，才能做出正確的判斷；也只有在這時對工程項目進行總結和評價，是工程項目管理工作的重要環節和不可或缺的組成部分。

二、工程項目後評價的分類

　　從不同角度出發，項目後評價可以分為不同的種類。

1. 根據評價的時點劃分

根據評價的時點不同，項目後評價可以分為項目跟蹤評價、項目實施效果評價和項目效益監督評價。

（1）項目跟蹤評價

項目跟蹤評價是指在項目開工以後到項目竣工驗收之前任何一個時點所進行的評價。其目的或是檢查項目評價和設計質量；或是評價項目在建設過程中的重大變更及其對項目效益的作用和影響；或是診斷項目發生的重大困難和問題，尋求對策和出路等。

（2）項目實施效果評價

項目實施效果評價也就是通常所說的項目後評價，是指在項目竣工以後的一段時期內所進行的評價。一般生產性行業在達到設計生產能力以後 2 年左右，基礎設施行業竣工以後 5 年，社會基礎設施可能更晚些。項目實施效果評價的目的通常是檢查評價項目達到預期目標的程度；總結經驗教訓，為新項目的宏觀導向、政策和管理反饋信息；同時，為完善已建項目、調整在建項目和指導待建項目服務。

（3）項目效益監督評價

項目效益監督評價是指在項目實施效果評價完成一段時間以後，在項目實施效果評價的基礎上，通過調查項目的經營狀況，分析項目發展趨勢及其對社會、經濟和環境的影響，總結決策等宏觀方面的經驗教訓。行業或地區的總結都屬於這類評價的範圍。

2. 根據評價的內容劃分

根據評價的內容不同，項目後評價可分為目標評價、項目前期工作和實施階段評價、項目營運評價、項目影響評價和項目持續性評價。

（1）目標評價

一方面，有些項目原定的目標不明確或不符合實際情況，項目實施過程中可能會發生重大變化，如政策性變化或市場變化等，所以項目後評價要對項目立項時原定決策目標的正確性、合理性和實踐性進行重新分析和評價；另一方面，項目後評價要對照原定目標完成的主要指標，檢查項目實際實現的情況和變化並分析原因，以判斷目的和目標的實現程度，也是項目後評價所需要完成的主要任務之一。判別項目目標的指標應在項目立項時就確定了。

（2）項目前期工作和實施階段評價

項目前期工作和實施階段評價主要通過評價項目前期工作和實施過程中的工作實踐，分析和總結項目前期工作的經驗教訓，為今後加強項目前期工作和實施管理累積經驗。

（3）項目營運評價

項目營運評價通過項目投產後的有關實際數據資料或重新預測的數據，研究建設項目實際投資效益與預測情況或其他同類項目投資效益的偏離程度及其原因，系

第八章　工程項目後評價

統地總計項目投資的經驗教訓，並為進一步提高項目投資效益提出切實可行的建議。

（4）項目影響評價

項目影響評價主要分析評價項目對所在地區、所屬行業和國家產生的經濟、環境、社會等方面的影響。

（5）項目可持續性評價

項目可持續性評價是指對項目的既定目標是否能按期實現，項目是否可以持續保持產生較好的效益，接受投資的項目業主是否願意並可以依靠自己的能力繼續實現既定目標，項目是否具有可重複性等方面做出評價。

3. 根據評價的對象劃分

根據評價的對象不同，項目後評價的劃分如下：

（1）大型項目或項目群的後評價。

（2）對重點項目中關鍵工程運行過程的追蹤評價。

（3）對同類項目運行結果的對比分析，即進行比較研究的實際評價。

（4）行業性的後評價，即對不同行業投資收益性差別進行實際評價。

4. 根據評價的主體劃分

根據評價的主體不同，項目後評價可以分為項目自評價、行業或地方項目後評價及獨立後評價。

（1）項目自評價

項目自評價由項目業主會同執行管理機構按照國家有關部門的要求編寫項目的自我評價報告，報行業主管部門、其他管理部門或銀行。

（2）行業或地方項目後評價

行業或地方項目後評價由行業或上級主管部門對項目自評價報告進行審查分析，並提出意見，撰寫報告。

（3）獨立後評價

獨立後評價由相對獨立的後評價機構組織專家對項目進行後評價，通過資料收集、現場調查和分析討論，提出項目後評價報告。

三、項目後評價的特點

工程項目後評價不同於工程項目可行性研究和項目（前）評估，由於評估的內容和評價的時點不同，因此具有以下特點：

1. 現實性

工程項目後評價分析研究的是項目實際情況，所依據的數據資料是現實發生的真實數據或根據實際情況重新預測的數據；而項目可行性研究和項目前評價分析研究的是項目未來的狀況，所用的數據都是預測數據。

2. 全面性

工程項目後評價的內容不僅包括投資項目立項決策、設計施工等投資過程，而

且包括生產、營運等過程；不僅要分析項目投資的經濟效益，而且還要分析項目的社會效益、環境效益以及潛在效益。

3. 探索性

項目後評價要分析企業現狀，發現問題並探索未來的發展方向，因而要求項目後評價人員具有較高的素質和創造性，把握影響項目效益的主要因素，並提出切實可行的改進措施。

4. 反饋性

工程項目後評價的目的在於對現有項目的投資決策、設計實施、生產營運等實際情況的回顧和檢查，並為有關部門反饋信息，以利於提高建設項目的決策水準和管理水準。因此，項目後評價的主要特點是反饋性。

5. 合作性

項目可行性研究和項目前評價一般只通過評價單位與投資主體間的合作，由專職的評價人員就可以提出評價報告；而後評價需要更多方面的合作，如專職技術經濟人員、項目經理、企業經營管理人員、投資項目主管部門等。各方融洽合作，項目後評價工作才能順利進行。

6. 反饋性

和項目前評估相比，後評價的最大特點是信息的反饋，也就是說，後評價的最終目標是將評價結果反饋到決策部門，作為新建項目立項和評估的基礎，以及調整投資規劃和政策的依據。

四、項目後評價的原則

為了充分實現和發揮項目後評價的作用，進行項目後評價時必須遵循一定的原則。工程項目後評價的基本原則如下：

1. 公正性原則

項目後評價應遵循公正性原則，即項目後評價工作必須從實際出發，尊重客觀事實，依據項目實際所達到的技術、經濟、社會和環境等各項指標，實事求是地評估項目的後果。

2. 全面性原則

項目後評價應遵循全面性原則，即項目後評價要全面地看待問題，既不脫離當時當地的客觀環境和條件，正確評價當時的工作，又要站在發展的高度評價項目的成敗，分析原因，總結經驗教訓，全面地對項目決策、設計施工、生產營運過程以及產生的結果作出評價。

3. 獨立性原則

項目後評價的獨立性原則指的是項目後評價應該由投資者和收益者以外的第三者來完成，避免由項目決策者和管理者自己評價，這樣才能保證後評價的公正性和

第八章　工程項目後評價

合法性。

4. 科學性原則

項目後評價的科學性主要包括：項目後評價工作必須有可靠的資料數據、科學的評估方法、合理的工作程序和有效的組織管理做保障；評價的結論和提出的改進建議要切合實際、切實可行；總結的經驗教訓要經得起實踐的檢驗；整個評價工作要有利於指導今後的項目決策和建設管理工作。

5. 透明性原則

透明性是項目後評價的重要原則之一。一方面，項目後評價往往引起公眾的高度關注，社會對投資決策活動及其效果實施有效的監督；另一方面，項目後評價的結論和成果要供更多的人借鑑，具有反饋性和擴散性。所以，項目後評價必須具有高度的透明性。

五、項目後評價的目的

工程項目後評價要達到總結經驗、研究問題、吸取教訓、提出建議，不斷提高項目決策、管理水準和投資效益的目的，具體體現在以下幾個方面：

（1）根據項目的實際成果和效益，檢查項目預期的目標是否達到，項目是否合理有效，項目的主要效益指標是否實現。

（2）通過分析評價，找出成功的經驗和失敗的教訓。

（3）為項目實施、營運中出現的問題提出改進建議，從而達到提高投資效益的目的。

（4）通過及時有效的信息反饋，提高和完善項目今後的營運管理水準。

（5）通過項目建設全過程各個階段工作的總結，提高未來新項目的決策科學化、民主化、程序化水準。

六、項目後評價的任務

項目後評價的任務包括：根據項目的進程，審核項目準備和評價文件中所確定的目的；確定在項目實施各階段實際完成的情況，分析變化的原因；分析工藝技術的選擇情況，尋找成功點和失敗點；對比分析項目的經濟效益情況；評價項目對社會、環境的作用和影響；從被評價項目中總結經驗教訓，提出建議，供同類項目和未來項目或投資決策參考。

七、項目後評價的作用

工程項目後評價是工程經濟評價的一個重要組成部分。項目後評價的實施，有利於檢驗工程項目管理工作的質量，對總結工程項目投資決策的經驗教訓，促進項目決策科學化、程序化、規範化和民主化，提高項目決策和實施的管理水準，具有

十分重要的意義。項目後評價的作用：

1. 總結項目管理的經驗教訓，提高項目管理水準

投資項目管理是一項十分複雜的活動，它涉及銀行、計劃、主管部門、企業、物資供應、施工等許多部門，只有這些部門密切合作，項目才能順利完成。如何協調各部門間的關係、採取什麼樣的具體協作形式等，都尚在不斷探索的過程中。項目後評價通過對已經建成項目實際情況的分析研究，總結項目管理經驗，指導未來項目管理活動，從而可以提高項目管理水準。

2. 提高項目決策科學化水準

通過建立完善的項目後評價制度和科學的方法體系，一方面可以增強前評價人員的責任感，促使評價人員努力做好前評價工作，提高項目預測的準確性；另一方面可以通過項目後評價的反饋信息，及時糾正項目決策中存在的問題，從而提高未來項目決策的科學化水準。

3. 為國家投資計劃、投資政策的制訂提供依據

通過項目後評價能夠發現宏觀投資管理中的不足，從而使國家可以及時地修正某些不適合經濟發展的技術經濟政策，修訂某些已經過時的指標參數。同時，國家還可以根據後評價所反饋的信息，合理確定投資規模和投資流向，協調各產業、各部門之間及其內部的各種比例關係。

4. 為銀行部門及時調整信貸政策提供依據

通過開展項目後評價，及時發現項目建設資金使用過程中存在的問題，分析研究貸款項目成功或失敗的原因，從而為銀行部門調整信貸政策提供依據，並確保投資資金的按期收回。

5. 可以對企業經營管理進行診斷，促使項目營運狀態的正常化

項目後評價是在項目營運階段進行的，因而可以分析和研究項目投產初期和達到生產能力時期的實際情況，比較實際情況和預測情況的偏差距離，探索產生偏差的原因，提出切實可行的措施，從而促進項目營運狀態正常化，提高項目的經營效益和社會效益。

第二節　項目後評價的內容及方法

一、項目後評價的內容

項目後評價位於項目週期的末端，它又可視為另一個新項目週期的開端。項目後評價的作用主要表現在其反饋功能上，它一方面總結了項目全過程中的經驗教訓；另一方面又對在建和新建項目起著指導作用。

項目後評價的基本內容一般包括目標評價、實施過程評價、效益評價、影響評

第八章　工程項目後評價

價、持續性評價五個方面。

1. 工程項目目標評價

評價項目立項時原來預定目標的實現程度，是項目後評價的主要任務之一，項目後評價要對照原定目標完成的主要指標，檢查項目實際實現的程度，即對地區，行業或國民經濟，社會發展的總體影響和作用，目標評價的另一任務是對項目原定決策目標的正確性、合理性和實踐性進行分析，有些項目原定的目標不明確，或不符合實際情況，項目實施過程中可能會發生重大變化，如政策性變化或市場變化等，項目後評價要對其進行重新分析。

工程項目目標後評價的具體內容包括以下幾個方面：

(1) 既定項目目標正確性與合理性的評價

工程項目目標的後評價的一項具體任務是要對項目原定目標的正確性和合理性進行分析評價。有些項目的原定目標存在不明確或不符合實際的情況，在項目實施過程中就要發生重大的目標變更。工程項目後評價要對項目原定目標的正確性與合理性進行分析評價，主要是對項目可行性研究報告的目標進行評價。對項目可行性研究報告的目標評價主要是評價項目前評價者在項目立項和可行性研究階段所確定的項目目標是否科學合理，對項目產品及技術水準、項目產品的服務對象、產品市場定位、產品價格、質量、售後服務、市場佔有率、綜合競爭能力、產品盈利和項目盈利等目標的確定是否合理。若項目預定目標偏離實際較遠，就應在工程項目後評價報告中給出評價和說明。

(2) 對於項目目標實現情況的後評價

對項目目標實現情況的分析和評價主要是分析和確認項目實際實現的各種目標的情況是否合理，以及評價它與項目原定計劃目標的一致性程度。由於根據項目前評價作出項目決策以後，項目所在國家及地區的宏觀經濟條件、市場供需情況和項目建設的各種條件都會發生變化，因此預定的項目目標的實現程度就成了工程項目後評價的主要任務之一。工程項目後評價要對照原定項目目標去分析和檢查實際完成的指標情況，檢查項目實際實現目標的情況和變化的情況，分析項目目標實際發生改變的原因，以判斷項目目標發生變化的原因和程度。

工程項目目標實現情況的評價方法見表 8.1。

表 8.1　　　　　項目預定目標的目的達到程度分析表

項目目標的內容和名稱	目標的預定值	目標實際達到的數值	目標的實現程度	目標偏離原因分析

2. 項目實施過程評價

過程評價一般應對照項目立項時所確定的目標和任務，分析和評價項目執行過

程的實際情況，從中找出產生變化的原因、總結經驗教訓。其主要內容包括前期工作評價、建設實施評價、生產運行評價和項目管理評價。

（1）項目前期工作評價

項目前期工作評價是指對立項決策、項目建設內容與規模、勘察設計、準備工作和決策程序等的評價。

（2）項目建設實施評價

項目建設實施評價是指對設備採購、工程建設、竣工驗收和生產準備等各個階段工作的評價，具體包括對施工準備、招標投標、工程進度、工程質量、工程造價、工程監理以及各種合同執行情況及生產運行準備情況等的評價。

（3）項目生產運行評價

項目生產運行評價是指對項目從正式投產到後評價期間項目的運行情況進行評價，主要包括對項目產品市場情況，原材料、燃料供應情況以及生產條件情況等進行評價。

（4）項目管理評價

項目管理評價是指對項目實施全過程中各階段管理者的工作水準作出評價，主要分析和評價管理者是否能有效地管理項目的各項工作，是否與政策機構和其他組織建立了必要的聯繫，人才和資源是否使用得當，是否有較強的責任感等。從中總結出項目管理的經驗教訓，並對如何提高管理水準提出改進措施和建議。

3. 項目效益評價

項目效益評價包括項目財務後評價和項目國民經濟後評價兩部分，目的是通過對項目財務評價指標和國民經濟評價指標的重新計算來確定原來的測算結果是否符合實際，並找出發生變化的主要原因。

（1）工程項目財務後評價

項目財務後評價是從企業角度對項目投產後的實際財務效益進行再評價，根據現行財務制度規定及項目建成投產後投入物和產出物的實際價格水準，重點分析總投資、產品成本、企業收益率、貸款償還期與當初預測值之間的差距，剖析原因，並作出新的預測。

項目財務後評價指標體系包括三類：第一類是反應項目實際財務效果的指標，與前評價中的指標一致；第二類是反應項目後評價與前評價兩者之間財務效果指標偏離程度的指標，如淨現值變化率、內部收益率變化率、投資利潤率變化率等；第三類是分析財務指標偏離原因的指標，包括固定資產投資變化率、產品銷售收入變化率、產品經營成本變化率等。

①項目盈利能力分析。工程項目後評價測算項目財務淨現值和內部收益率的目的是要將項目實際的財務結果與項目前評價進行對比分析，並且還要將項目的行業基準收益率和項目貸款利息進行分析，用以評價項目的盈利能力。在工程項目後評價的成本效益分析中，計算淨現值和內部收益率時要扣除物價上漲的因素。因此，

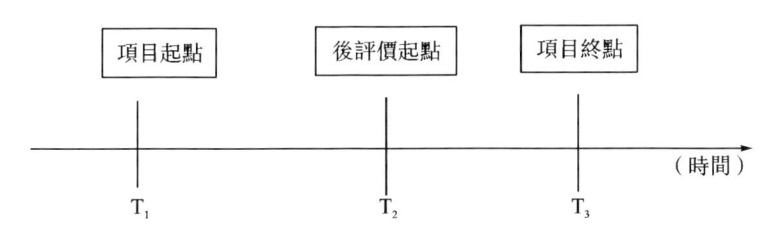

第八章　工程項目後評價

這種工程項目後評價必須建立在同度量的原則之上，必須按照工程項目後評價與前評價的不變價格進行，使評價比較的項目數據具有可比性。另外，以工程項目後評價的時點作為基準時間，工程項目後評價的財務分析數據可分為兩個時間段，此時點以前（T_1-T_2）使用不變價的實際發生數據，此時點以後（T_2-T_3）使用不變價的預測數據（見圖 8.1）。

圖 8.1　工程項目後評價時點

②項目清償能力分析。工程項目後評價中的項目清償能力分析主要用於分析和評價項目實際的財務清償能力。這需要考察的指標包括負債資產比、流動比率和速動比率。這裡的一項重要工作就是按項目的實際償還能力來計算借款的償還期。這可根據償還項目長期借款本金（包括融資租賃扣除利息後的租賃費）的稅後利潤、折舊和攤銷等數據來計算。這方面的後評價可以根據項目投產後的生產營運實際數據和未來的預測數據進行分析和評價。

③項目財務評價指標對比。項目的財務後評價中最重要的工作是對於項目前評價和項目實際發生的財務評價指標的對比分析。這種分析可以使用表 8.2 所示的對比表的形式進行。

表 8.2　　　　　　　　　財務效益對比表

序號	分析內容	名稱報表	評價指標名稱	指標值 前評價	指標值 後評價	偏離值	偏離原因
1	盈利能力分析	項目投資現金流量表	全部投資回收期				
2			財務內部收益率（稅前）				
3			財務淨現值（稅前）				
4		自有資金現金流量表	財務內部收益率（稅後）				
5			財務淨現值（稅後）				
6		損益表	資金利潤率				
7			資金利稅率				
8			資本金利潤率				

表8.2(續)

序號	分析內容	名稱報表	評價指標名稱	指標值 前評價	指標值 後評價	偏離值	偏離原因
9	清償能力分析	資金來源與運用表	借款償還期、償債準備率				
10			資產負債率				
11		資產負債表	流動比率				
12			速動比率				

(2) 項目國民經濟後評價

國民經濟後評價是從宏觀國家經濟角度出發，採用影子價格、影子匯率、影子工資和社會折現率等參數，對項目投產後的國民經濟效益進行再評價，重點分析項目的實際成本效益與預測成本效益之間的差別及產生的原因，包括投資的國民收入分析、直接外匯效益分析、調價的經濟分析、社會效益分析和環境效益評價等。

工程項目國民經濟後評價的主要作用是通過工程項目後評價指標與前評價指標的比較，分析項目前評價和項目決策質量以及項目實際的國民經濟成本效益情況，以及分析和給出項目的可持續性發展情況。表8.3為工程項目國民經濟效益指標對比表。

表8.3　　　　　　　　工程項目國民經濟效益指標對比表

序號	分析內容	名稱報表	評價指標名稱	指標值 前評價	指標值 後評價	偏離值	偏離原因
1	盈利能力分析	項目投資經濟效益費用流量表	經濟內部收益率				
2			經濟淨現值				
3		國內投資經濟效益費用流量表	經濟內部收益率				
4			經濟淨現值				
5	外匯效果分析	出口產品國內資源流量表及出口產品外匯流量	經濟換匯成本				
6		替代出口產品國內資源流量表及替代出口產品外匯流量	經濟節匯成本				

項目後評價中的國民經濟評價與前評價中的國民經濟評價的方法與內容是一致的，效益與費用的計算要建立在數據資料同期性的基礎上。

4. 項目影響評價

(1) 經濟影響評價

經濟影響評價主要分析項目對所在地區、所屬行業以及國家所產生的經濟方面的影響，包括資源合理配置、產業結構的調整、能源開發和綜合利用、技術進步等。

第八章　工程項目後評價

（2）環境影響評價

項目建設對環境的影響評價主要是對照前評價時的環境影響報告，重新審查項目實施後對環境產生的實際影響，審查項目環境管理的決策、規定、規範和參數的可靠性和實際效果。環境影響評價主要包括項目污染控制、區域環境質量影響、自然資源利用和保護、區域生態平衡影響和環境管理能力五個方面，見表8.4。

表8.4　　環境影響後評價內容

序號	項目	內容
1	項目污染控制	多數生產項目的一項重要環境保護工作就是控制項目的污染。工程項目後評價在檢查和評價項目污染評價項目污染控制方面的主要工作有分析和評價項目的廢氣、廢水、廢渣（簡稱「三廢」）及噪聲是否在總量和濃度上達到了國家和地方政府頒布的標準，評價項目實際的污染控制與項目設計之間的差距，項目的環保治理措施是否運轉正常和項目環保的管理是否有效等
2	區域環境質量影響	區域環境質區域環境質量影響主要分析項目對當地環境影響較大的污染物，這些物質與環境背景有關，並與項目的「三廢」排放有關
3	自然資源利用和保護	自然資源利用和保護包括項目對於水資源、海洋、土地、森林、草原、礦產、漁業、野生動植物等自然資源的合理開發、綜合利用、積極保護等方面的評價。這種對自然資源利用方面的評價分析的重點是節約資源和資源的綜合利用等。對於上述內容的評價方法要根據國家和地區環保部門制定的有關規定和辦法進行
4	區域生態平衡影響	區域生態平衡影響評價內容包括項目對於人類、植物和動物種群，特別是珍稀瀕危的野生動植物等生態環境所造成的綜合影響，這方面的後評價內容主要是評價項目實際對於區域生態環境的影響，以及對項目前評價的預計情況和工程項目後評價的實際情況進行必要的對比分析
5	環境管理能力	環境管理能力評價內容包括對環境監測管理情況、「三同時」制度（防治環境污染和生態破壞的設施，必與主體工程同時設計、同時施工、同時投產使用）和其他環保條例的執行情況；環保資金、設備的管理；環保制度和機構、政策和規定的制定情況；環保技術管理和人員培調情況等

（3）社會影響評價

對工程項目社會影響的後評價是分析項目對國家或地方的社會發展目標的實際影響情況等。

項目社會影響後評價的具體內容包括項目對於就業的影響，對於地區收入分配的影響，對於居民生活水準和生活質量的影響，對於地方和社區發展的影響及對於文化教育和民族宗教的影響，具體內容見表8.5。

表 8.5　　　　　　　　　　社會影響後評價的內容

序號	項目	內容
1	對於就業的影響	項目對於就業的影響主要是指項目對於就業的直接影響。項目對於就業影響的評價可用絕對量指標，也可以使用相對量指標。絕對量指標是項目實際直接收納的就業人員數量，可用下式計算，相對量指標是項目的就業率指標。 　　　單位投資就業人數＝新增就業人數/項目總投資 新增就業人數包括項目帶來的直接和間接新增就業人數，其中含所在地區婦女就業的人數分析；項目總投資包括直接和間接的投資
2	對於地區收入分配的影響	項目對地區收入分配的影響主要是指項目對地區的收入及其分配的影響，即項目對公平分配和扶貧的影響。項目對於這些方面的影響後評價主要是評價項目實際的影響和項目實際情況與項目前評價的預計情況的差距，以及造成這些差距的原因，從而修訂決策或採取相應的改進措施
3	對於居民生活水準和生活質量的影響	項目對於居民生活水準和生活質量的影響的後評價包括分析和評價項目實際引起的居民收入的變化，人口和計劃生育情況，住房條件和服務設施的改善，教育和衛生條件的提高，體育活動和文化娛樂活動的改善等，以及相應的項目前後評價的對比
4	對於地方和社區發展的影響	項目對地方和社會發展的影響的後評價主要評價項目實際上對於地區和社區的基礎設施建設以及未來發展的各種影響，項目對於地方和社區的社會安定、社區福利、社區組織和管理等方面的影響。這種後評價的內容也要作項目實際情況與項目前評價預計情況的比較
5	對於文化教育和民族宗教的影響	項目對於文化教育和民族宗教的影響包括項目對於文化和教育事業的影響，項目對於婦女社會地位的影響，項目對於少數民族和民族團結的影響，項目對於當地人民的風俗習慣和宗教信仰的影響等。這種後評價也包括對項目實際情況的評價和項目前後評價指標的對比

　　綜上所述，社會影響評價是對項目在社會發展方面的效益和影響進行分析，重點評價項目對所在地區和社區的影響。評價的主要內容有：項目對社會文化、教育、衛生的影響；對就業、扶貧、公平分配的影響；對居民生活條件和生活質量的影響；對婦女、民族團結、風俗習慣和宗教信仰等的影響。

　　對於項目社會影響的後評價除了表 8.5 的內容以外，還要在這些專項評價的基礎上，進行項目社會影響的綜合評價。表 8.6 是項目社會影響綜合評價的一種矩陣分析法的模式。

第八章　工程項目後評價

表 8.6　　　　　　　　　　項目社會影響綜合評價矩陣

序號	指標（定性和定量）			評價		說明(措施與費用)
	原定指標	實際實現	差別	原因	結論	
1						
2						
⋮						

（4）技術進步影響評價

工程項目技術進步影響評價主要是對項目工藝技術、技術裝備和工程技術選擇的可靠性、適用性、配套性、先進性、經濟合理性的再分析。在項目決策階段認為可行的工藝技術和技術裝備以及工程技術，在項目實施或使用中有可能與預想的結果有差別，許多不足之處會逐漸暴露出來，在工程項目後評價中就需要針對實踐中存在的問題、產生的原因認真總結經驗，以便在以後的項目設計或設備更新中選用更好、更適用、更經濟的設備，甚至對項目原有的工藝技術和技術裝備進行適當調整，更好地發揮技術和設備的經濟效益。

項目技術後評價的主要方法和內容與項目前評價基本相同。對於加工製造業項目，其內容主要包括：檢驗項目工藝技術與技術裝備的可靠性；檢驗工藝技術和技術裝備是否合理；檢驗工藝技術和裝備對產品質量的保證程度及檢驗工藝技術和技術裝備的配套性。

5. 項目持續性評價

項目的持續性是指項目完成之後，項目的既定目標是否還可以持續，項目是否可以順利地持續實施，項目業主是否願意並可以依靠自己的能力持續實現既定的目標。

項目持續性評價主要包括以下幾個方面：

（1）政府政策因素

根據政府的政策，重點分析政府政策對項目效益、目標的影響。

（2）管理、組織與參與因素

根據項目各機構的管理能力、效率來分析項目的持續性，如管理人員的素質、能力，管理機構的制度、組織形式、人員培訓以及地方政府和群眾的參與等各個方面。

（3）財務分析

在進行經濟財務持續性分析時應把評價時點前的投資均視為沉沒成本，項目是否持續的決策只能在對項目未來的收益、費用的合理預測及現有資產重估值的基礎上進行，通過資產負債表計算項目的清償能力、實際還貸能力，通過對項目未來的

工程經濟學

不確定性分析確定項目持續性的條件。

（4）技術因素

技術持續性評價根據項目前評價中的技術因素分析，確定關鍵技術的內容和條件，從技術培訓、當地對裝備維修條件的實際情況等方面，分析項目是否滿足所選技術裝備的需要，分析技術選擇與運行操作、配件費用與匯率變動的關係，分析新技術推廣的潛力、新產品開發的能力等。

（5）社會、文化、環境、生態持續性

社會、文化、環境、生態的持續性評價著重分析這幾個方面出現的負面作用與影響及值得以後借鑑的經驗與教訓。

二、項目後評價的方法

項目後評價的方法是進行後評價的手段和工具，沒有切實可行的後評價方法，就無法開展後評價工作。後評價與前期評價在方法上都採用定量分析與定性分析相結合的方法。但是評價選用的參數及比較的對象不同，決定了後評價方法具有不同於前期評價的特殊性。項目後評價最常用的方法包括對比分析法、邏輯框架法、成功度評價法和因果分析法。

1. 對比分析法

對比分析法是項目後評價的一般原則，對比是將項目前期的可行性研究和評估的預測結論，以及初步設計時的經濟指標，與項目的實際運行結果及在評價時所做的新的預測相比較，用以發現變化和分析原因。

項目後評價採用對比法時，一是要注意數據的可比性，二是要與其他項目進行對比，可以是同行業對比、同規模對比、同地區對比等。

對比分析法包括前後對比法和有無對比法。前後對比法是項目實施前後相關指標的對比，用以直接估量項目實施的相對成效。它將項目實施前與項目實施後的情況加以對不，把項目可行性研究和評估時所預測的效益與項目竣工投產營運後的實際結果相比較，找出差異，分析原因。這也是項目過程評價應遵循的原則之一。

有無對比法是指在項目週期內「有項目」（實施項目）相關指標的實際值與「無項目」（不實施項目）相關指標的預測值加以對比，用以度量項目真實的收益、作用及影響。是將項目投產後實際發生的情況與沒有運行的投資項目可能發生的情況相對比，以度量項目的真實效益、影響和作用。這種對比的重點主要是分清項目自身的作用和項目以外的作用，主要適用於項目的效益評價和影響評價。

2. 邏輯框架法（LFA）

邏輯框架結構矩陣，簡稱邏輯框架法（Logical Framework Approach，LFA），是由美國國際發展署於 1970 年提出的一種項目開發的工具，用於項目的規劃、實施、監督和評價。

第八章　工程項目後評價

它是目前國際上廣泛用於規劃、項目、活動的策劃、分析、管理、評價的基本方法，許多國際組織也把這種方法作為援助項目的計劃、管理和後評價的主要方法。

邏輯框架法不是一種機械的方法或程序，而是一種綜合、系統地研究問題的思維框架模式。這種方法有助於對關鍵因素和重要問題做出合乎邏輯的分析。它為項目計劃者和評價者提供一種分析框架，用以確定工作的範圍和任務，並通過對項目目標和達到目標所需要的手段進行邏輯關係的分析。

邏輯框架法是一種概念化論述項目的方法。它用一張簡單的框圖來清晰地分析一個複雜項目的內涵和關係，使之更易理解。這種方法是將幾個內容相關且必須同步考慮的動態因素組合起來，通過分析其間的邏輯關係，從設計、策劃到目的、目標等方面來評價一項活動或一個項目。邏輯框架法的核心概念是事物的因果邏輯關係。即「如果」提供了某種條件，「那麼」就會產生某種結果，這些事件包括事物內在的因素和事物所需要的外部因素。

邏輯框架法的基本模式使用一張矩陣圖來表示，見表8.7。邏輯框架由4×4的模式組成，橫行代表項目目標的層次，包括達到這些目標所需要的方法（垂直邏輯）；豎列代表如何驗證這些目標是否達到（水準邏輯）。垂直邏輯用於分析項目計劃做什麼，弄清項目與結果之間的關係，確定項目本身和項目所在地的社會、物質、政治環境中的不確定因素。水準邏輯的目的是要衡量項目的資源和結果，確立客觀的驗證指標及其指標的驗證方法來進行分析。水準邏輯要求對垂直邏輯4個層次上的結果做出詳細說明。

表8.7　　　　　　　　　　邏輯框架法的模式

層次描述	客觀驗證指標	驗證方法	重要外部條件
層次（影響）	目標指標	監測和監督手段及方法	實現目標的主要條件
目的（作用）	目的指標	監測和監督手段及方法	實現目的的主要條件
產出（結果）	產出物定量指標	監測和監督手段及方法	實現產出的主要條件
投入（措施）	投入物定量指標	監測和監督手段及方法	實現投入的主要條件

3. 成功度法

成功度法即所謂的打分評價法。它是以邏輯框架法分析的項目目標的實現程度和經濟效益分析的評價結論為基礎，以項目的目標和效益為核心所進行的全面系統評價。此方法是依靠評價專家或專家組的經驗，對項目各方面的執行情況進行打分並評定其等級，再通過綜合評價方法來確定項目總體的成功程度。

成功度評價見表8.8，對其中各項內容做如下說明：

（1）評定項目指標。評定具體項目的成功度時，選擇與項目相關的評價指標。

（2）項目相關重要性。項目相關重要性分為重要、次重要和不重要三級。評價人員應根據具體項目的類型和特點，確定出各項指標與項目相關的重要性程度。

(3) 評定等級。項目成功度評價等級劃分為 A、B、C、D、E 五級。其中：

A（成功）：完全實現或超出目標。相對成本而言，總體效益非常大。

B（基本成功）：目標大部分實現。相對成本而言，總體效益較大。

C（部分成功）：部分目標實現。相對成本而言，取得了一定效益。

D（不成功）：實現的目標很少。相對成本而言，取得的效益很小或不重要。

E（失敗）：未實現目標。相對成本而言，虧損或者沒有取得效益，項目不得不放棄。

表 8.8　　　　　　　　　　項目成功度評價表

評定項目指標	項目相關重要性	評價等級	評定項目指標	項目相關重要性	評價等級
宏觀目標和產業政策			項目投資及其控制		
決策及其程序			項目經營		
佈局與規模			機構和管理		
項目目標及市場			項目財務效益		
設計與技術裝備水準			項目經濟效益和影響		
資源和建設條件			社會和環境影響		
資金來源和融資			項目可持續性		
項目進度及其控制			項目綜合評價		
項目質量及其控制					

4. 因果分析法

對於一些建設週期較長的工程項目，在其整個建設過程中會受到社會經濟發展變化與國家政策等內外因素的影響。這些項目實施中的主客觀因素影響會導致項目實際的技術經濟指標與項目前評價階段的預測發生一定的偏差，而且對於項目的實施和運行效果發生較大的影響。因此，在項目後評價時除了要評價這些因素影響的結果以外，還要使用因果分析法去發現問題、分析問題，提出解決這些問題的對策、措施和建議，以便使今後的營運效果能夠得以改善。

（1）因果分析的對象。因果分析的對象包括：對工程項目管理法規及辦事程序的執行；工程技術及質量指標的變化，如設計方案、工期、工程建設數量及規模、設施設備技術標準等方面的變化；經營方式、管理體制及經濟效益指標的變化。

（2）因果分析的方式。因果分析常採用因果分析圖的方式進行。根據因果圖的形狀，也可稱之為魚刺圖或樹狀圖。一個投資項目的工程質量或效益等方面的技術經濟指標往往會受到不同因素的影響，這些因素的共同作用，在項目的設計、施工建設、營運管理過程中，使得實際指標與前評價階段預期的目標產生一定的差距，以至於影響到項目實施的總體目標或子目標。在這些複雜的原因中，由於它們不都

第八章　工程項目後評價

是以同等效力作用於實施效果或指標的變化過程的，必定有主要的、關鍵的原因，也有次要的或一般的原因。在項目評價中不能對上述這些原因泛泛而論，必須從這些錯綜複雜的原因中整理出頭緒，找出使指標產生變化的真正起關鍵作用的原因。這不是一件輕而易舉的事情。因果分析圖就是這樣一種分析和尋找影響項目主要技術經濟指標變化原因的簡便有效的方法或手段。

因果分析圖的工作步驟如下：

第一，作圖。從項目中首先要找出或明確所要分析的問題或對象，並畫一條從左至右的帶箭頭的粗線條，作為主幹，表示要分析的問題。在箭頭的右側寫出所要分析的問題或指標，如圖8.2所示。

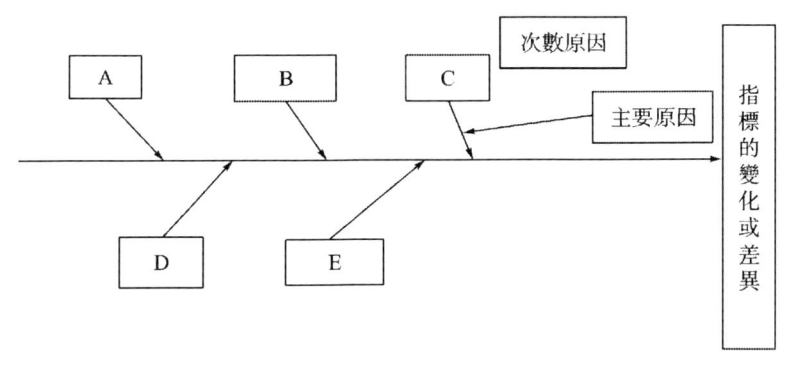

圖8.2　因果分析圖

第二，原因分類。將原因、分析意見和收集的信息，按照問題的性質或屬性進行分類，如外部因素、內部因素、主要因素、次要因素等。

第三，重要原因確定。對於造成項目重大變化，或對項目實施目標和效果產生重大影響的主要原因和核心問題加上突出的標記，作為重點分析評價對象。

第三節　項目前期工作與實施的後評價

一、前期工作後評價

1. 項目前期工作後評價的任務與意義

項目前期工作亦稱項目準備工作，包括從編製項目建議書到項目正式開工過程中的各項工作內容。對其進行後評價的任務，主要是評價項目前期工作的實效，分析和總結項目前期工作的經驗教訓。其意義在於，分析研究項目投資實際效益與預測效益的偏差在多大程度上是由於前期工作失誤所致，其原因何在，為以後加強工作管理累積經驗。

2. 項目前期工作後評價主要內容

（1）項目籌備工作的評價；

（2）項目決策的評價；

（3）廠址選擇的評價；

（4）勘察設計工作的評價；

（5）「三通一平」工作的評價；

（6）資金落實情況的評價；

（7）物資落實情況的評價。

二、項目實施後評價

1. 項目實施後評價的任務與意義

正式開工後，就意味著項目建設工作從前期工作轉入實施階段，包括從項目開工起到竣工驗收、交付使用為止的全過程。對其進行後評價的任務，主要是評價項目實施過程中各主要環節的工作實效，分析和總結項目實施管理中的經驗和教訓。其意義在於，分析和研究項目實際投資效益與預計效益的偏差在多大程度上是在項目實施過程中造成的，為以後進一步改進項目管理工作累積經驗。

2. 項目實施後評價的內容

項目實施後評價的內容主要包括以下幾個方面：

（1）項目開工的主要分析和評價

①項目開工條件是否具備，手續是否齊全。

②項目實際開工時間與計劃開工時間是否相符，提前或延遲的原因何在，對整個項目建設乃至投資效益發揮的影響如何。

（2）項目變更情況的主要分析和評價

①項目範圍變更與否，變更的原因是什麼。

②項目設計變更與否，變更的原因是什麼。

③項目範圍變更、設計變更對項目建設工期、造價、質量的實際影響如何。

（3）項目施工組織與管理的主要分析和評價

①施工組織方式是否科學合理。

②是否推行了工程項目管理，效果如何。

③施工項目進度控制方法是否科學，成效如何。

④施工項目成本控制方法是否科學合理，成效如何。

⑤施工技術與方案制訂的依據是什麼，有何獨到之處，對項目實施有何影響，有何主要經驗。

（4）項目建設資金供應與使用情況的主要分析和評價

①建設資金供應是否適時適度，是否發生過施工單位停工待料或整個項目因資

第八章 工程項目後評價

金不足而停建緩建的情況，其原因何在。

②建設資金運用是否符合國家財政信貸制度規定，使用是否合理，能否充分挖掘建設單位內部潛力、精打細算地使用資金，以保證建設任務按期完成或提前完成。

③資金占用情況是否合理。

④考核和分析全部資金的實際作用效率。

（5）項目建設工期的主要分析和評價

①核實各單位工程實際開工、竣工日期，查明實際開工推遲的原因並計算實際建設工期。

②計算實際建設工期變化率，主要是竣工項目定額工期率指標，並分析實際建設工期與計劃工期產生偏差的原因。

③計算建築安裝單位工程的施工工期，以分析建設工期的變化。在進行項目建設工期後評價時，還應分析和研究投產前生產準備工作情況及其對建設工期的影響。

（6）項目建設成本的主要分析和評價

①查看主要實物工程量的實際數量是否超出預計數量，超出多少，原因何在。

②分析設備、工器具購置費用及工程建設其他費用是否與實際情況相符，設備的選型是否按設計中所列的規格、型號、質量標準採購。如果不一致，其原因何在，它對建設成本的增減有何影響。

③主要材料的實際消耗量是否與計劃的情況相符；材料實際購進價格是否超出了預算中的預算價格；是否出現過因採購供應的材料、規格、質量達不到設計要求而造成浪費的現象。如果出現上述幾種情況，原因何在，對建設成本的增減有何影響。

④各項管理費用的取費標準是否符合國家的有關規定，是否與工程預算中的取費標準相一致，不一致的原因何在。

（7）項目工程質量和安全情況的主要分析和評價

①計算實際工程質量合格品率、實際工程質量優良品率。

②將實際工程質量指標與合同文件規定的或設計規定的工程質量狀況進行比較，找出偏差，進行分析。

③設備質量情況如何，設備及安裝工程質量能否保證投產後正常生產的需要。

④有無重大質量事故，產生事故的原因何在。

⑤計算和分析工程質量事故的經濟損失，包括計算返工損失率，因質量事故所造成的實際損失，以及分析無法補救的工程質量事故對項目投產後投資效益的影響程度。

⑥有無重大工程安全事故，其原因何在，所帶來的實際影響如何。

（8）項目竣工驗收的主要分析和評價

①項目竣工驗收組織工作及其效率，竣工驗收委員會的成員組成是否符合國家有關規定。

②項目竣工驗收的程序是否符合國家有關規定。

③項目竣工驗收是否遵守有關部門規定的驗收標準,未遵循標準的原因何在。對項目投資效益的發揮有何影響。

④項目竣工驗收各項技術資料是否齊全,是否按有關規定對各項技術資料進行系統整理。

⑤項目投資包干、招標投標等有關合同執行情況如何,合同不能履行的原因何在。項目投資包干、招標投標的具體形式有何特色,對今後改進項目管理有何經驗教訓。

⑥收尾工程和遺留問題的處理情況,處理方案實際執行情況如何,是否對投資效益有重大影響。

(9) 同步建設的主要分析和評價

①相關項目在時間安排上是否同步,不同步的原因何在,有何影響。

②建設項目所採用的技術與前、後續項目的技術水準是否同步,不同步的原因何在,對項目投資效益的發揮有何影響。

③相關項目之間的實際生產能力是否協調、配套,不配套的原因何在,對項目投資效益的發揮有何影響。

④建設項目內部各單項工程之間建設速度是否滿足要求,不滿足要求的原因何在。

⑤項目同步建設方面有何經驗教訓,並提出改進意見。

(10) 項目實際生產能力和單位生產能力投資的主要分析和評價

①項目實際生產能力有多大,與設計生產能力的偏差情況如何,產生的原因何在,對項目實際投資效益的發揮影響程度如何。

②項目實際生產能力與產品實際成本的高低有何關係,項目所形成的生產規模是否處在最優的經濟規模區間。

③項目實際生產能力與產品實際市場需求量的關係如何。

④項目實際生產能力與實際原材料來源和燃料、動力供應及交通運輸條件是否相應,應如何調整,對項目投資效益的影響程度如何。

實際單位生產能力投資是項目後評價的一個綜合指標,它反應項目建設所取得的實際投資效果。它是竣工驗收項目全部投資使用額與竣工驗收項目形成的綜合生產能力之間的比率。將它與設計概(預)算的單位生產能力造價比較,可以衡量項目建設成果的計劃完成情況,綜合反應項目建設的工作質量和投資使用的節約或浪費。與同行業、同規模的竣工項目比較,在消除不同建設條件因素後可以反應項目建設的管理水準。實際單位生產能力投資的評價,可通過計算單位生產能力投資變化率來進行,以此來衡量項目實際單位生產能力投資與預計的或與其他同類項目實際的單位生產能力投資的偏差程度,並具體分析產生偏差的原因。

第八章 工程項目後評價

第四節 項目營運後評價

1. 項目營運後評價的目的與意義

項目營運後評價的目的是通過項目投產後的有關實際數據資料或重新預測的數據，衡量項目的實際經營情況和實際投資效益，分析和衡量項目實際經營狀況和投資效益與預測情況或其他同類項目的經營狀況和投資效益的偏離程度及其原因，系統地總結項目投資的經驗教訓，並為進一步提高項目投資效益提出切實可行的建議。項目營運後評價的意義主要表現為以下幾個方面：

（1）全面衡量項目實際投資效益。
（2）系統地總結項目投資的經驗教訓，指導未來項目投資活動。
（3）通過採取一些補救措施，提高項目營運的實際經濟效益。

2. 項目營運後評價的內容與方法

項目營運階段包括從項目投產到項目壽命期末的全過程。由於項目後評價的時機一般選擇在項目達到設計生產能力的 1~2 年內，項目的實際投資效益還未充分體現出來，所以項目營運後評價除了對項目實際營運狀況進行分析和評價外，還需要根據投產後的實際數據來推測未來發展狀況，需要對項目未來發展趨勢進行科學的預測。項目營運後評價主要有以下七方面內容：

（1）企業經營管理狀況的評價

①企業投產以來經營管理機構的設置與調整情況，設置的機構是否科學合理，調整的依據是什麼，調整前後運行效率比較，是否適應企業生存和發展的需要等。
②企業管理領導班子情況。
③企業管理人員配備情況。
④經營管理的主要策略是什麼？
⑤企業現行管理規章制度情況。
⑥企業承包責任制情況。
⑦從企業經營管理中可以吸取哪些經驗教訓，並提出改善企業經營管理進一步發揮項目投資效益的切實可行的建議。

（2）項目產品方案的評價

①項目投產後到項目後評價時為止的產品規格和品種的變化情況。
②產品方案調整對發揮項目投資效益有何影響，產品方案調整的成本有多大。
③現行的產品方案是否適應消費對象的消費需求，現行產品方案與前評價或可行性研究時設計的產品方案相比，有多大程度的變化，產品方案的變化在多大程度上影響到項目投資效益。
④產品銷售方式的選擇。

(3) 項目達產年限的評價

項目達產年限是指投產的建設項目從投產之日起到其生產產量達到設計生產能力時所經歷的全部時間，一般以年表示。項目達產年限有設計達產年限與實際達產年限之分。設計達產年限是指在設計文件或可行性研究報告中所規定的項目達產年限；實際達產年限是指從項目投產起到實際產量達到設計生產能力時所經歷的時間。建設項目的設計達產年限與實際達產年限由於受各種因素的影響難免出現不一致的情況，所以在項目後評價時，有必要對項目達產年限進行單獨評價。

項目達產年限評價的內容和步驟是：

①計算項目實際達產年限。

②計算實際達產年限的變化情況。主要與設計或者前評價預測的達產年限進行比較，可以用實際達產年限變化率或實際達產年限與設計或預測的達產年限的差額來表示。

③實際達產年限與設計達產年限相比發生變化的原因何在。

④計算項目達產年限變化所帶來的實際效益或損失。

⑤項目達產年限評價的結論是什麼，其經驗教訓是什麼，為促使項目早日達產有何可行的對策措施。

(4) 項目產品生產成本的評價

產品生產成本是反應產品生產過程中物資資料和勞動力消耗的一個主要指標，是企業在一定時期內為研製、生產和銷售一定數量的產品所支出的全部費用。項目產品生產成本的高低對項目投資效益的發揮會產生顯著作用。生產成本高，則項目銷售利潤減少，項目投資效益降低；生產成本低，則項目銷售利潤增多，項目投資效益增加。在項目後評價時，進行項目產品生產成本評價的目的，在於考核項目的實際生產成本，衡量項目實際生產成本與預測生產成本的偏離程度，分析產生這種偏離的原因，為今後項目投資進行成本預測提供經驗，同時為提高項目實際投資效益提出切實可行的建議。

項目產品生產成本評價的內容和步驟如下：

①計算項目實際產品生產成本，包括生產總成本和單位生產成本。在項目後評價時，產品生產成本也可以不重新計算，而從企業有關財務報表中查得。

②分析總成本的構成及其變化情況。

③分析實際單位生產成本的構成及其變化情況。

④與項目前評價或可行性研究中的預測成本相比較，計算實際生產成本變化並分析實際生產成本與預測成本的偏差及其產生的原因。

⑤項目實際生產成本發生變化對項目投資效益的影響程度有多大，降低項目實際生產成本的有效措施是什麼。

(5) 項目產品銷售利潤的評價

銷售利潤是綜合反應項目投資效益的指標，對其進行評價的目的，在於考核項

第八章　工程項目後評價

目的中心產品銷售利潤和投產後各年產品銷售利潤的變化情況，比較和分析實際產品銷售利潤與項目前評價或可行性研究中的預測銷售利潤的偏離程度及其原因，提出進一步提高項目產品銷售利潤及提高項目投資效益的有效措施。

產品銷售利潤評價的內容和步驟如下：
①計算投產後歷年實際產品銷售利潤產生變化的原因。
②計算實際產品銷售利潤變化率。
③分析項目實際產品銷售利潤偏離預測產品銷售利潤的原因，計算各種因素對實際產品銷售利潤的影響程度。
④提出提高實際產品銷售利潤的對策和建議。

（6）項目經濟後評價

項目經濟後評價是項目後評價的核心內容之一。項目經濟後評價的目的是衡量項目投資的實際經濟效果。一方面，比較和分析項目實際投資效益與預測投資效益的偏離程度及其原因；另一方面，通過信息反饋，為今後提高項目決策科學化水準服務。經濟後評價分為項目財務後評價和國民經濟後評價兩項內容。

（7）對項目可行性研究水準進行綜合評價

儘管在項目前期工作後評價和實施後評價中都已從某種角度對項目可行性研究水準作出過評價，但只有在項目營運後評價時，才有可能對項目可行性研究水準進行綜合評價。因為項目營運階段是項目實際投資效益發揮的時期，通過項目營運後評價，尤其是通過項目經濟後評價，才能具體計算出項目的實際投資效益指標，這樣才便於與可行性研究中的有關預測指標進行比較。項目可行性研究水準評價的內容主要是對項目可行性研究的內容和深度進行評價。其評價的內容和步驟是：

①考核項目實施過程的實際情況與預測情況的偏差。
②考核項目預測因素的實際變化與預測情況的偏離程度，主要包括投資費用、產品產量、生產成本、銷售收入、產品價格、市場需求、影子價格、國家參數和各項費率等的偏差。
③考核可行性研究各種假設條件與實際情況的偏差，主要包括產品銷售量、通貨膨脹率、貸款利率等的偏差。
④考核實際投資效益指標與預測投資效益指標的偏離程度，主要是實際投資利潤率、實際投資利稅率、實際淨現值、實際投資回收期、實際貸款償還期、實際內部收益率等的變化。
⑤考核項目實際敏感性因素和敏感性水準。
⑥對可行性研究深度進行總體評價。方法是通過上述各項考察，綜合計算預測情況與實際情況的偏差幅度，然後根據設定的標準，評價可行性研究的深度。根據國外項目後評價情況，並結合中國的實際，可行性研究深度的評價標準應該是：a. 偏離程度小於 15% 時，可行性研究深度符合合格要求；b. 偏離程度在 15%～25% 之間時，可行性研究深度相當於預測可行性研究水準；c. 偏離程度在 25%～35% 之

同時，可行性研究深度相當於編製項目建議書階段的預測水準；d. 偏離程度超過35%時，可行性研究的深度不合格。

⑦具體研究和分析項目的實際可行性研究水準，表現為⑥中出現 b、c、d 三種情況的原因。是預測依據不可信還是預測方法不科學？是預測人員素質不夠高還是人為干預所致？是預測水準所致還是由客觀環境演變造成的等。

⑧可供今後提高項目可行性研究水準的經驗教訓是什麼？

思考與練習

1. 簡述工程項目後評價的概念及特點。
2. 簡述項目後評價與項目可行性研究的差別。
3. 簡述項目後評價的作用及原則。
4. 簡述項目過程後評價的內容。
5. 簡述項目實施後評價的內容。
6. 簡述項目營運後評價的意義與內容。

國家圖書館出版品預行編目（CIP）資料

工程經濟學 / 牟紹波, 向號 主編. -- 第一版.
-- 臺北市：崧博出版：崧燁文化發行, 2019.05
　　面；　公分
POD版

ISBN 978-957-735-819-6(平裝)

1.工程經濟學

440.016　　　　　　　　　　108006139

書　　　名：工程經濟學
作　　　者：牟紹波、向號 主編
發 行 人：黃振庭
出 版 者：崧博出版事業有限公司
發 行 者：崧燁文化事業有限公司
E-mail：sonbookservice@gmail.com
粉絲頁：　　　　　網　址：
地　　　址：台北市中正區重慶南路一段六十一號八樓815室
8F.-815, No.61, Sec. 1, Chongqing S. Rd., Zhongzheng Dist., Taipei City 100, Taiwan (R.O.C.)
電　　　話：(02)2370-3310　傳　真：(02) 2370-3210

總 經 銷：紅螞蟻圖書有限公司
地　　　址:台北市內湖區舊宗路二段121巷19號
電　　　話:02-2795-3656 傳真:02-2795-4100　　網址：
印　　　刷：京峯彩色印刷有限公司（京峰數位）

　　本書版權為西南財經大學出版社所有授權崧博出版事業股份有限公司獨家發行電子書及繁體書繁體字版。若有其他相關權利及授權需求請與本公司聯繫。

定　　　價：350元
發行日期：2019年05月第一版
◎ 本書以POD印製發行